Temperature-controlled Crack Prevention of Onshore Wind Turbine Foundation Concrete and Its Simulation Analysis

陆上风电机组基础混凝土温控防裂仿真分析

中国电建集团华东勘测设计研究院有限公司
大连理工大学
刘明华　杜志达　任金明　赵生校　郭晨　胡小坚　著

中国电力出版社
CHINA ELECTRIC POWER PRESS

内 容 提 要

本书依托国内外风电工程实例，系统阐述了陆上风电机组基础混凝土温控防裂及仿真分析的原理和工程应用，包括风电机组的设计选型、基础施工、热传导和徐变温度应力有限元分析原理、热结构耦合分析方法、温度应力影响因素分析、不同类型基础实例的仿真计算、参数敏感性分析、基于BP神经网络温度应力预测系统构建、温度控制措施、防裂工法及效益分析。

本书内容丰富，取材新颖，概念清晰，提出了一些新的分析方法，并特别重视理论联系实际，兼有科学性和实用性。

本书可供土木、水利、电力等工程专业的设计、科研人员使用，也可供高等院校有关专业师生参考。

图书在版编目（CIP）数据

陆上风电机组基础混凝土温控防裂仿真分析/中国电建集团华东勘测设计研究院有限公司等著．—北京：中国电力出版社，2023.12

ISBN 978-7-5198-8299-0

Ⅰ.①陆…　Ⅱ.①中…　Ⅲ.①风力发电机-发电机组-混凝土-温度控制—防裂—计算机仿真　Ⅳ.①TM315

中国国家版本馆CIP数据核字（2023）第216778号

出版发行：中国电力出版社
地　　址：北京市东城区北京站西街19号（邮政编码100005）
网　　址：http：//www.cepp.sgcc.com.cn
责任编辑：畅　舒（010—63412312）
责任校对：黄　蓓　李　楠
装帧设计：赵丽媛
责任印制：吴　迪

印　　刷：三河市万龙印装有限公司
版　　次：2023年12月第一版
印　　次：2023年12月北京第一次印刷
开　　本：787毫米×1092毫米　16开本
印　　张：17
字　　数：299千字
印　　数：0001—1000册
定　　价：150.00元

前言

Preface

随着世界性能源危机日益加剧和全球环境污染日趋严重，大力发展清洁可再生能源，走低碳经济发展道路，已成为全球能源的发展趋势和推动能源转型、应对全球气候变化的普遍共识和一致行动。“十四五”以来，碳达峰碳中和作为我国污染防治攻坚战的首要任务，被首次写入国民经济和社会发展的五年规划中，这意味着一个以化石能源为主的时代开始向非化石清洁能源的时代迈进。

电力行业是我国实现碳达峰碳中和目标的关键行业，将助力全社会低碳转型。风能作为一种重要的可再生能源，因其清洁环保、储量丰富、分布广泛、开发潜力大等优点，在世界能源体系绿色转型的过程中发挥关键的作用，风电工程在未来一段时间也将成为国内施工建设的重要组成部分。随着我国风机单机容量的不断提高，所需基础体积也逐渐扩大，使其具备大体积混凝土的特点。相较于一般的大体积混凝土，由于施工条件的限制，风机基础通常采用泵送混凝土，强度高，水泥用量大，浇筑过程中在基础内部容易集聚大量的水化热，由于混凝土表面散热较快，较大的内外温差使基础生成超过混凝土抗裂强度的温度应力。同时由于陆上风电场往往修建在我国风能较为集中的“三北”地区（华北、东北、西北地区）的山脊、丘陵或者海边地带，施工及运行环境恶劣，更加加剧了风机基础由于温度应力的影响，在基础表面和内部产生温度裂缝，给风机机组的安全稳定运行带来不同程度的危害，因此对风电工程大体积混凝土基础防裂的研究具有重要的意义。

本书以国内外四种不同类型风机基础工程为依托，建立各自的三维有限元模型，模拟计算风机基础在不同工况和不同温控措施条件下的温度场和应力场，深入了解各影响参数对风机基础温度、应力场的影响大小和影响规律，分析各温控措施对减少风机基础混凝土温度裂缝的作用，分析各类型风机基础混凝土开裂的风险及裂缝可能出现的位置，为风机基础混凝土的温控防裂提供参考。

本书经历了确立选题、编制提纲、收集资料、撰写初稿、统稿、评审和定稿等阶段。通过全体参与人员共同努力，本书得以出版，在此特别向魏凯迪、王龙威、陶帅、俞建强、马立恬等人员表示衷心的感谢。

由于著者水平以及所掌握的资料等有限，不妥、错误和疏漏在所难免，希望广大读者提出宝贵意见和建议。

著者

2023 年 4 月

目录
Contents

前言

第1章　综述　/　1

1.1　风能　/　1

1.2　风机基础混凝土的温控防裂问题　/　2

1.2.1　概述　/　2

1.2.2　风机基础混凝土温控防裂存在的问题　/　3

1.2.3　实际工程案例的温度检测及裂缝情况　/　5

第2章　风电机组的设计选型　/　7

2.1　风电机组概述　/　8

2.1.1　基本形式　/　8

2.1.2　主要系统介绍　/　9

2.2　风电基础类型　/　11

2.2.1　桩基础　/　11

2.2.2　重力扩展基础　/　12

2.3　风电基础设计　/　13

2.3.1　基本规定　/　14

2.3.2　风机基础载荷　/　14

2.3.3　风机基础设计　/　15

第 3 章 风电机组基础混凝土施工 / 22

3.1 地基处理施工 / 22

3.2 灌注桩基础施工 / 24

第 4 章 热传导及有限元分析 / 28

4.1 热传导方程与边值条件 / 28

4.2 非稳定温度场有限元计算 / 31

第 5 章 徐变温度应力及有限元分析 / 36

5.1 混凝土温度应力类型 / 36

5.2 混凝土徐变计算 / 37

5.3 混凝土温度徐变应力有限元计算 / 37

第 6 章 有限元仿真分析程序 / 41

6.1 热结构耦合分析 / 41

6.1.1 热分析 / 41

6.1.2 热耦合分析 / 42

6.1.3 温度应力分析步骤 / 43

6.2 ANSYS 二次开发技术 / 44

6.2.1 APDL 参数化语言设计 / 44

6.2.2 用户可编程特性（UPFs） / 44

6.2.3 UPFs 用户子程序 / 45

6.3 仿真分析中的若干问题 / 46

6.3.1 温度场计算 / 46

6.3.2 应力场计算 / 46

6.3.3 程序设计 / 47

第 7 章　风机基础混凝土温度应力影响因素　/　48

7.1　外形尺寸　/　48

7.2　材料热力学性能　/　49

7.2.1　热学性能　/　49

7.2.2　绝热温升　/　50

7.2.3　弹性模量　/　52

7.2.4　泊松比　/　53

7.2.5　线膨胀系数　/　53

7.2.6　自生体积变形　/　54

7.3　外界环境条件　/　54

7.3.1　气温　/　54

7.3.2　风速　/　55

7.4　施工条件　/　55

7.4.1　浇筑温度　/　55

7.4.2　施工间隔　/　56

7.5　温控防裂措施　/　56

7.5.1　混凝土材料性能优选　/　56

7.5.2　表面保温　/　56

7.5.3　冷却水管　/　57

7.6　影响因素总结　/　58

第 8 章　风机基础混凝土系列仿真计算　/　60

8.1　工程资料　/　60

8.2　典型小实心圆盘基础温度应力仿真计算分析　/　66

8.2.1　工程概况　/　66

8.2.2　计算参数　/　66

8.2.3　有限元模型　/　68

8.2.4　计算流程说明　/　69

8.2.5 计算结果 / 71
8.2.6 结果分析 / 76
8.3 典型空心圆盘基础温度应力仿真计算分析 / 79
8.3.1 工程概况 / 79
8.3.2 计算参数 / 79
8.3.3 有限元模型 / 80
8.3.4 计算流程说明 / 80
8.3.5 计算结果 / 81
8.4 典型八边形筏板基础温度应力仿真计算分析 / 88
8.4.1 工程概况 / 88
8.4.2 计算参数 / 88
8.4.3 有限元模型 / 90
8.4.4 计算流程说明 / 90
8.4.5 计算结果 / 90
8.5 典型大实心圆盘基础温度应力仿真计算分析 / 97
8.5.1 工程概况 / 97
8.5.2 计算参数 / 97
8.5.3 有限元模型 / 99
8.5.4 计算流程说明 / 99
8.5.5 计算结果 / 101
第9章 参数敏感性模拟计算分析 / 107
9.1 有限元模型 / 109
9.1.1 分析方案 / 109
9.1.2 影响分析 / 109
9.2 基础混凝土弹性模量 / 111
9.2.1 分析方案 / 111
9.2.2 影响分析 / 111

9.3 垫层混凝土弹性模量 / 114
9.3.1 分析方案 / 114
9.3.2 影响分析 / 114
9.4 混凝土密度 / 117
9.4.1 分析方案 / 117
9.4.2 影响分析 / 117
9.5 土密度 / 120
9.5.1 分析方案 / 120
9.5.2 影响分析 / 120
9.6 混凝土导热系数 / 123
9.6.1 分析方案 / 123
9.6.2 影响分析 / 123
9.7 土导热系数 / 126
9.7.1 分析方案 / 126
9.7.2 影响分析 / 127
9.8 泊松比 / 130
9.8.1 分析方案 / 130
9.8.2 影响分析 / 130
9.9 混凝土线胀系数 / 133
9.9.1 分析方案 / 133
9.9.2 影响分析 / 133
9.10 混凝土比热容 / 136
9.10.1 分析方案 / 136
9.10.2 影响分析 / 136
9.11 混凝土绝热温升 / 139
9.11.1 分析方案 / 139
9.11.2 影响分析 / 140
9.12 风速 / 143

9.12.1 分析方案 / 143

9.12.2 影响分析 / 143

9.13 年平均气温 / 146

9.13.1 分析方案 / 146

9.13.2 影响分析 / 147

9.14 气温年较差 / 149

9.14.1 分析方案 / 149

9.14.2 影响分析 / 150

9.15 施工开始日期 / 153

9.15.1 分析方案 / 153

9.15.2 影响分析 / 153

9.16 本章小结 / 158

第 10 章 基于 BP 神经网络的风机基础温度应力预测 / 159

10.1 预测模型设计思路 / 159

10.2 小实心圆盘基础温度应力预测模型 / 160

10.2.1 数据样本的构建和处理 / 160

10.2.2 BP 神经网络结构设计 / 166

10.2.3 小实心圆盘基础 BP 神经网络预测模型检验 / 170

10.3 空心圆盘基础温度应力预测模型 / 173

10.3.1 数据样本的构建和处理 / 173

10.3.2 BP 神经网络结构设计 / 176

10.3.3 空心圆盘基础 BP 神经网络预测模型检验 / 178

10.4 八边形筏板基础温度应力预测模型 / 181

10.4.1 数据样本的构建和处理 / 181

10.4.2 BP 神经网络结构设计 / 184

10.4.3 八边形筏板基础 BP 神经网络预测模型检验 / 186

10.5 大实心圆盘基础温度应力预测模型 / 189
10.5.1 数据样本的构建和处理 / 189
10.5.2 BP 神经网络结构设计 / 192
10.5.3 大实心圆盘基础 BP 神经网络预测模型检验 / 194
10.6 风机基础混凝土温度应力预测软件介绍 / 197
10.6.1 登录软件 / 197
10.6.2 选择风机基础类型 / 198
10.6.3 输入参数 / 198
10.6.4 结果查询 / 201
10.6.5 关于软件 / 201

第 11 章 风机基础混凝土温度控制分析 / 203

11.1 算例分析 / 203
11.2 表面保温 / 206
11.2.1 分析方案 / 206
11.2.2 保温效果分析 / 207
11.3 冷却水管 / 216
11.3.1 分析方案 / 216
11.3.2 效果分析 / 217
11.4 表面保温和冷却水管共同作用 / 221
11.4.1 分析方案 / 221
11.4.2 效果分析 / 221
11.5 改变绝热温升及其组合温控 / 226
11.5.1 改变绝热温升 / 226
11.5.2 改变绝热温升并加盖保温层 / 231
11.5.3 改变绝热温升、加盖保温层、加设冷却水管共同作用 / 237
11.6 MgO 抗裂剂 / 240
11.6.1 自生体积变形考虑因素 / 240
11.6.2 抗裂剂添加部位 / 243

第 12 章　风机基础混凝土温控防裂工法　/　252
12.1　特点　/　252
12.2　工艺原理　/　253
12.2.1　表面保温作用机理　/　253
12.2.2　智能测温原理　/　253
12.3　施工工艺流程及操作要点　/　253
12.3.1　施工工艺流程　/　253
12.3.2　操作要点　/　253
12.3.3　混凝土的测温技术　/　255
12.3.4　温度监测质量控制　/　256

第 13 章　效益分析　/　257

参考文献　/　258

第1章 综　　述

1.1 风　　能

我国风能资源非常丰富，资源总量在 33.26 亿 kW 左右，大概有 31.33%的风能资源可以被利用。其中 75%是海洋上的风能资源，其余部分均在陆地上。

相较于传统的火力发电是利用风能推动叶片转动，进而带动发电装置，实现风能向电能的转化，该过程并不会消耗传统能源。随着风电技术的逐步完善与成熟，我国已经具备独立开发大规模风电项目的能力，因此储量丰富的风能资源已经成为我国最具开发潜力和商业价值的可再生能源。从经济发展角度看，大力推行风力发电可以降低传统能源的使用，极大缓解国家财政压力；从资源消耗角度看，风电的推广可以快速地缓解资源短缺带来的困境；从保护环境角度看，风电的发展有利于降低因利用传统能源发电所产生的环境污染。所以风能非常适合作为长期战略性能源选择。

2015 年 12 月 12 日，联合国气候变化大会达成了一项具有里程碑意义的《巴黎协定》，为应对全球变暖和能源短缺等国际问题，该协定的签署促进了能源革命和转型，加速了可再生能源的发展。开发利用风能是增加能源供应、调整能源结构、保障能源安全、减排温室气体、保护生态环境和构建和谐社会的一项重要措施，对实现中国经济、社会可持续发展具有重要促进作用。

据统计，地球风能的总储量约为 2×10^{18} kWh/年，仅利用其中的 1%进行发电，就可满足全球的电力需求。风力发电场是利用风能的主要方式，自 1980 年美国风力发电公司在英国 Hampshire 修建了世界上第一座风电场，风力发电已经历了数十年的发展。图 1-1 给出了 2010～2020 年全球风机总装机容量，可以看出全球风机总装机容量逐年增加，年平均增长率达15%，发展迅猛，且主要为陆上风电。

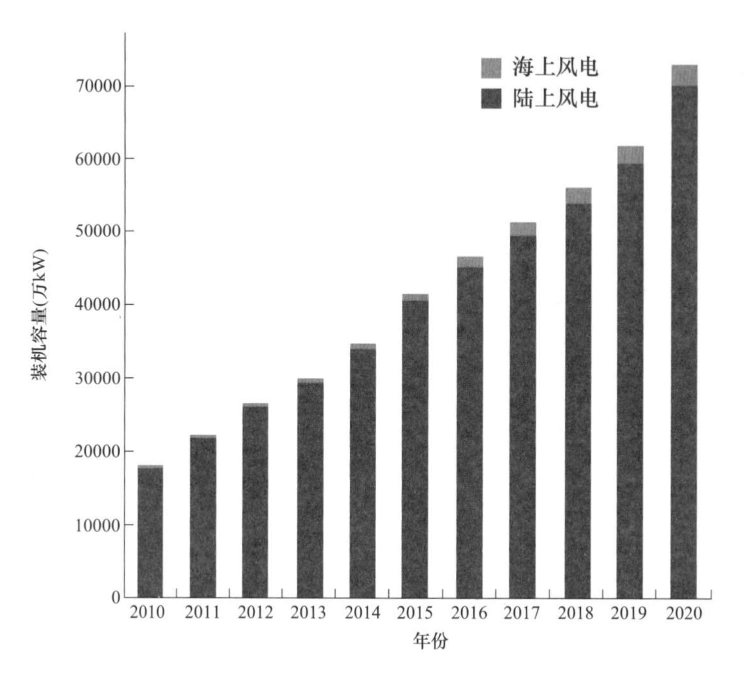

图 1-1　2010～2020 年全球风机总装机容量趋势

我国风能资源丰富，据中国气象科学研究院估计，我国10m高度层实际可开发的风能资源总储量为32.26亿kW，实际可开发量为2.53亿kW，居世界第三位，开发潜力巨大。但我国对风电开发的起步较晚，1986～1990年才开始进行风电场建设的探索，在风力发电技术方面仍落后于西方国家。据国家能源局关于全国电力工业统计数据显示，2020年，风力发电总装机容量为28153万kW，增长率高达34.6%，增长率在四种主要发电方式中位居第一；2021年，风力发电总装机容量为32848万kW，增长率高达16.6%，增长率仅次于太阳能发电。目前风力发电已成为我国第三大发电方式，且随着“双碳”目标的提出，政府出台了一系列鼓励政策，风力发电未来仍将是我国清洁能源发展的重点，具有广阔的发展前景。

1.2　风机基础混凝土的温控防裂问题

1.2.1　概述

风机基础属于大体积混凝土结构，易产生温度裂缝。大体积混凝土结构温度裂缝的形成主要是因为温度变形受到约束产生的应力大于混凝土抗拉强度。根据引起应力的原因，混凝土的温度应力可以分为自身约束应力和外部约束应力。混凝土中的水泥水化会产生大量的热量，由于混凝土是热的不良导体，热量会聚集在内部导致内部温度较高，而混凝土表面散热较快温度较低，内部和表层温度变化的不同导致各部位温度变形不协调，形成大体积混凝土的自身约束。在大体积混凝土结构浇筑初期，自身约束应力一般在内部为压应力，在表面为拉应力，容易导致表面裂缝。如果混凝土结构的全部或者部分边界受到外界约束，当混凝土温度变化时，由于边界受到约束不能自由变形而引起的应力就是外部约束应力。两种应力可能相互叠加，共同导致混凝土温度裂缝的产生。

相比一般的大体积混凝土，风机基础混凝土强度较高，水泥用量更大，在浇筑的过程中产生的水化热也更多，温度变化速率、温度峰值和温度梯度均较大，容易产生较大的温度应力。由于陆上风电场往往修建在我国风能较为集中的“三北”地区（华北、东北、西北地区）的山脊、丘陵或者海边地带，施工及运行环境恶劣，温差较大，也使风机基础混凝土的温度应力进一步扩大。另外由于施工条件的限制，风机基础通常采用泵送混凝土，需要对骨料的最大粒径有所限制，采用比较大的坍落度，这也会加剧风机基础的温度应力。由于风机基础混凝土浇筑完成后较短的时间内即被埋入地表之下，不易发现温度裂缝，人们往往会忽视风机基础混凝土的温度裂缝问题。

温度应力是风机基础混凝土产生裂缝的重要原因，而裂缝会破坏结构整体性，降低构件的刚度，影响结构的承载能力，为侵蚀性物质提供通道，造成钢筋腐蚀和结构破坏，降低结构的耐久性，危害风电机组的安全稳定运行。

1.2.2 风机基础混凝土温控防裂存在的问题

风机基础是风力发电机组“风机-塔架-基础”耦联体系的重要组成部分，均为现浇钢筋混凝土结构，形式多种多样，其中圆形扩展基础因为结构形式简单，受力明确，便于施工，应用最为广泛。风机基础具有承受 360°方向重复荷载和大偏心受力的特殊性，受力状态十分复杂，采用极限状态方法设计，设计使用年限在 50 年以上。

风机基础是典型的大体积混凝土，几何形状相对简单，坐落在软基或者其他约束性不强的基础上，一般配有大量的钢筋，以常见的扩展圆台形基础为例，边缘厚度一般为 0.8～2m，直径可达 15～22m，高度可达 5～7m，混凝土总方量可达 500～700m^3。

由于目前对大体积混凝土的下限尺度没有一个清晰的界定，由于地基约束作用不强，并且大量配筋，长期以来，风机基础混凝土被当作一般结构混凝土看待，在设计和施工中对温控防裂重视不足。

水电水利规划设计总院制定的《风电场机组地基基础设计规定》（FD003—2007）中，对风机基础设计的各个方面，如地基承载力计算、基础的稳定验算、倾斜变形、基础结构内力配筋计算、材料强度验算、裂缝宽度验算等都进行详尽的规定，但是没有涉及基础混凝土的温控防裂问题。

大部分风电工程有关裂缝控制的重点在于裂缝宽度的验算和限制。目前不同规范中对最大允许裂缝宽度的规定基本一致，根据国内外设计规范及有关试验资料，混凝土最大裂缝宽度的控制标准大致如下：

（1）无侵蚀介质，无防渗要求，0.3～0.4mm；

（2）轻微侵蚀，无防渗要求，0.2～0.3mm；

（3）严重侵蚀，有防渗要求，0.1～0.2mm。

国内目前实际工程的设计与施工中，鲜见对风机基础混凝土的温控防裂问题进行专门的计算分析，一般参照《大体积混凝土施工标准》（GB 50496—2018）等规范，采用如下的控制指标：①混凝土浇筑体在入模温度基础上的温升值不宜大于50℃；②混凝土浇筑体的里表温差（不含混凝土收缩的当量温度）不宜大于25℃；③混凝土浇筑体的降温速率不宜大于2.0℃/d；④混凝土浇筑体表面与大气温差不宜大于20℃。在施工中温控措施的重点是温度监测，采取表面苫盖的保温措施控制里表温差和表气温差。

风机基础混凝土在施工组织上的特点，决定了比较容易产生温度裂缝。首先是从市场上采购商品混凝土，采用泵送的流态混凝土，短时间内一次浇筑到顶，传统的大级配、干硬性、降低出机口温度、分层散热等传统温控措施，难以实施。其次，基础混凝土在浇筑后较短的时间内即进行掩埋覆盖，掩埋后内部温度仍然很高，甚至可能处在温升期，在有些情况下，比如地下水位较高或者冬季，掩埋覆盖会导致混凝土表面温度与环境温度接近，里表温差极易超标。最后，混凝土浇筑施工在一年四季都可能安排，在极端天气条件和恶劣环境条件下，里表温差和表气温差都很难控制。根据对施工实际的文献报道，风机基础混凝土内部最高温度，大部分超过60℃，最高可达70～80℃，绝大部分工程项目的里表温差和表气温差都超过预定的标准。

风机基础混凝土温度裂缝已经见诸文献报道，有关科研机构专门针对风机基础温度裂缝和其他荷载裂缝的处理开展了科研工作。根据分析，风机基础混凝土温度裂缝之所以尚未引起高度重视，首先是因为风机基础混凝土的温度裂缝，初期都表现为自身约束产生的表面裂缝，不易引起重视。其次是风机基础混凝土在浇筑完成后很快被掩埋覆盖，除非发生问题，很少会重新挖开进行裂缝检查，所以后期发生的裂缝和裂缝的发展变化情况不易被发现。

由于风机基础是受力非常复杂的混凝土结构，长期承受高强度的振动荷载，温度裂缝非常容易继续发展，甚至贯通，可能发展成为位置不利的结构缺陷，另外由于裂缝的存在，会诱发钢筋锈蚀和沿着裂缝面的混凝土性状改变，影响基础混凝土的耐久性，特别是存在地下水和其他侵蚀性环境的情况下，会导致机组使用寿命的严重降低。因此风机基础混凝土的温度裂缝必须尽量避免。

鉴于上述情况，需要对风机基础混凝土温控防裂问题给予高度重视，有必要针对每个工程的具体情况制定专门的温控标准和措施。事实上相关规范对大体积混凝土都建议进行温控验算，如《大体积混凝土施工标准》（GB 50496—2018）即有相关的要求："大体积混凝土工程施工前，宜对施工阶段大体积混凝土浇筑体的温度、温度应力及收缩应力进行试算，并确定施工阶段大体积混凝土浇筑体的升温峰值，里表温差及降温速率的控制指标，制定相应的温控技术措施"。

1.2.3 实际工程案例的温度检测及裂缝情况

1. 李子箐风电场

李子箐风电场位于云南省红河州泸西县，该风电场的风机基础采用C35钢筋混凝土圆形扩展基础，基础埋深2.7m，底板直径为17.5m。在基础混凝土浇筑完成后经观测发现：最先浇筑的11座基础中，除了13、14、24号基础之外，其余8座风机基础均出现清晰可见的浅表裂缝。其中最为严重的18号风机基础裂缝深度达到5～15mm，最大裂缝宽度为0.32mm。

对11座基础混凝土温度数据进行分析得出，距离基础表面越远，水化热散失速率越慢，温升越高，且基础内部混凝土在浇筑后3～4天便可迅速达到最高温度，相较于未产生裂缝的3座基础，出现裂缝的基础内部和表面最高温度均较高。同等条件下，内部最高温度越高，则因外部约束产生的温度拉应力越大，产生温度裂缝的概率越高。

2. 宁海某风电场

宁海某风电场位于浙江宁波，该风机基础因施工原因分两次进行浇筑，且两次的间隔时间为 20 天。浇筑结束后，在基础的侧面和上表面均发现存在连续性的裂缝，且侧面裂缝出现渗水。为探究裂缝原因，在现场对裂缝所在部位钻取直径 50mm、深度 280mm 的混凝土芯样。观测发现整个芯样全长均有裂缝，缝宽小于 0.2mm。可以断定第二次混凝土浇筑后，在混凝土断面内部产生了贯穿性裂缝。

该基础采用 42.5 普通硅酸盐水泥，强度大、水化热高。上部混凝土浇筑时，下部一期混凝土已浇筑 20 天，混凝土强度达到较高的水平，对上部混凝土成型收缩产生约束作用，形成拉应力，因混凝土在浇筑初期强度低、抗拉能力弱，使上部混凝土产生的拉应力超过抗拉强度，在结构对称中线部位和应力集中部位产生温度收缩裂缝。

3. 如东某风电场

如东某风电场位于江苏省如东县，其风机基础由上部的八边形台柱和下部的八边形承台组成，上下两部分分两次进行浇筑，混凝土采用强度等级为 C40 的商用泵送混凝土。其中 7 号和 8 号风机基础在浇筑完成后，承台和台柱均产生不同程度的裂缝，缝宽在 0.2～0.4mm 之间，裂缝深度在 5～39cm 之间。

为确保后期施工过程中风机基础不出现温度裂缝，该项目采用了不同的温控措施来降低基础混凝土的最高温度和内外温差。主要措施为：①按照水平 1m 的间距布设冷却水管；②采用风冷和水冷的方式降低混凝土的入仓温度，将其控制在 16～28℃之间；③混凝土入仓浇筑后，每隔 3m 布设一台振捣器，采用同向同时振捣的方式提高混凝土的施工质量；④拆模后在基础表面用含水的草麻袋进行覆盖，并用塑料薄膜对其进行覆盖保水，以降低基础表面的散热速率。经过上述温控措施的应用，风机基础裂缝问题得到了有效的解决。

第2章　风电机组的设计选型

风电机组是风电场中最为核心的设备，其投资占比约为整个风机项目总投资的50%。因此在风电场建设中，风电机组的设计选型最为关键，它不仅要确保风机设备安全可靠地运行，还需考虑对风能利用的高效性和经济性。风电机组选型是指在综合考虑工程所在地的所有影响因素（风能资源、气候条件、工程施工条件等）后为风电场选择最为适合的机型，在保证风机设备安全运行、施工条件满足的前提下充分利用当地的风能资源，进而实现风电场效益的最大化。

风机选型时需要考虑多方面的因素：

（1）国内外风电机组制造商的制造水平和综合实力。制造商综合实力的强弱将直接决定风电机组的质量和售后问题。由于机组的制造费用十分昂贵，一般在2000～4000元/kW，有的甚至更高，这就要求制造厂商不仅必须拥有雄厚的经济实力和多方位的融资渠道，还必须具有极强的抗风险能力，以确保机组在运行期间各类产品的检修维护和可能面临的主要部件大面积更换等潜在风险。

（2）必须满足风电场的建设特性。单纯仅靠风电机组本身的性能和质量不足以决定整个风电场的发电效益，只有与风电场的风能资源和环境条件相匹配的时候才能充分发挥和利用当地的风能资源，以获得最高的效益。在进行风电机组选型时，业主和制造厂商首先应深度了解和调研风电场所在区域的气候条件和风能资源，准确掌握风能的各项指标，包括最高风速、最低风速、风速变化周期及湍流强度等数据。进而根据国家指定的安全等级标准来选择合适的机组。通常风轮直径大的机组捕捉低风速所蕴含的风能能力较强。所以应该在满足安全等级的前提之下优先选择风轮直径大的机组。

2.1 风电机组概述

2.1.1 基本形式

风力发电机组根据运行方式的不同，可以将其分为两种不同的类型。一种是独立运行的离网型风电机组，另一种是接入电力系统运行的并网型风电机组。

离网型风电机组不与电网连接，运行时不会受到电网电压和频率的限制，主要利用蓄电池等储能装置或与其他发电技术相配合解决不发达地区的电力供给难题，发电规模较小，结构较为简单。

并网型风电机组是指机组需和电网连接，向电网输送有功功率，同时吸收或者发出无功功率的风力发电系统，多应用于发电规模较大的风力发电场，发电容量在几兆瓦甚至几百兆瓦，通常由成百上千台机组构成。并网运行的风力发电场可以得到大电网的补充和支撑，更充分地开发和利用风力资源，是国内外主要采用的机组类型。本节主要讨论并网型风电机组的选型问题。

并网型风电机组的基本原理是：风带动叶片旋转，将风能转化为机械能，再利用增速齿轮箱带动发电机轴转动，将机械能转化为电能供用户使用。按照风机旋转主轴的方向不同，并网型风电机组可以分为水平轴风电机组和垂直轴风电机组，如图 2-1 和图 2-2 所示。

与水平轴型式相比，垂直轴风电机组的优点在于其传动系统和发电机安装在地面，在运行过程中惯性力和重力的方向保持不变，便于维护、检修和控制，而且不需要偏航系统，因此疲劳寿命比水平轴风机长。但垂直轴型式的机组启动风速较高，风能利用系数较低，同时还存在较为复杂的机械振动问题和气动弹性问题，技术研发水平相对滞后，其在兆瓦级大型风电机组市场占有率不高。目前国内外的风电场工程中多采用水平轴型式。

根据叶轮和塔架的位置关系可以将水平轴风电机组分为上风向和下风向两种。上风向机组在塔架之前迎风运行，需要安装偏航装置使风轮跟踪风向的变化随时调整方向，而下风向机组与其受风面刚好相反，且无须安装偏航装置便可实现自动对风。但下风向风电机组叶片会周期性地通过塔架的尾流，产生附加噪声和激振力，叶片所承受的荷载较为复杂，风能利用系数低。所以现在主流的风电机组采用水平轴、上风向、三叶片的设计。

图 2-1 水平轴风电机组

图 2-2 垂直轴风电机组

2.1.2 主要系统介绍

风电机组主要包括风轮系统、传动系统、发电机系统、偏航系统、液压和制动系统。

（1）风轮系统。风轮系统是利用叶片转动将风能转化为机械能的系统，包含桨叶、轮毂和变桨系统三部分，如图 2-3 所示。

图 2-3 风轮系统

桨叶的性能与翼型和结构所使用的材料有关，而理想的叶片技术指标为：当年平均风速一定时尽可能多地产出电量；对最大输出功率有限制作用；抗极限载荷和疲劳载荷性能好；应控制叶尖挠度在一定范围内，规避叶片与塔架发生撞击；避免发生共振；质量小成本低。

轮毂是连接风力发电机组的机舱和叶片的部件，它可以将风轮的力和力矩传递到主传动机构中去。现阶段风电机组大多采用刚性轮毂，其特点是制造成本低、维护少，三叶片机组通常采用球体和三面圆柱体。

变桨系统是通过调节叶片的桨距角来控制风轮吸收风能的系统，存在于变桨变速型机组。其作用是：①当风电机组开始启动时，通过调节桨距以获得充分的启动转矩；②可以确保风电机组的功率稳定处于额定功率附近；③当风速突然加大或运行出现异常时，执行顺桨动作，可避免飞轮超速；④变桨系统是风电机组最关键的制动系统。

（2）传动系统。传动系统是指从轮毂到发电机之间的主传动链，其中包括主轴及其轴承座、齿轮箱和联轴器等。

主轴是在风电机组中用于连接轮毂和齿轮箱的装置，将叶片转动产生的动能传递给齿轮箱。

齿轮箱是位于风轮与发电机之间的一个重要构件。风轮较低的转速远远不能满足发电机组的发电需求，因此齿轮箱可以将风轮传输进来的低转速转换成高转速传递给发电机系统，故也称齿轮箱为增速箱。齿轮箱由传动轴、箱体部分组成：

1）传动轴也称为大轴，其作用是将风轮提供的动能传递到齿轮机箱的齿轮。

2）箱体由前机体、中机体和后机体三部分组成。其用来承担来自风轮的作用力和齿轮产生的反作用力，并将力传递到主机架。

（3）发电机系统。风力发电机是将机械能转化成电能并输出交变电流的部件。根据定桨距失速型风机和变速恒频变桨距风机的特点，国内目前的发电机分为异步型发电机和同步型发电机。异步发电机的转速取决于电网的频率，只能在同步转速附近很小的范围内变化。为充分利用低风速的风能，还可以采用可变极数的异步发电机。

同步型发电机一般有两种并网方式：一种是准同期直接并网，另一种是交-直-交并网，第一种并网方式普遍应用在小型的风电场中。近年来由于大功率电子技术的快速发展，变速恒频风电机组得到了广泛的发展，同步发电机也在风电机组中得到了广泛的应用。

（4）偏航系统。偏航系统也称为对风装置，其主要作用有两点：其一是当风速矢量的方向发生变化时，机舱可以围绕塔架中心线旋转，能够快速平稳地将风轮对准风向，使风轮扫掠面与风向始终保持垂直，确保风轮能最大程度地吸收风能。偏航系统在风向稳定时可以提供一定的锁紧力矩，以保证风力发电机组的安全运行。其二是当风向持续朝一个方向变化时，风电机组也会随其持续偏航，为避免风电机组外悬电缆由于过度扭绞而产生断裂或失灵，偏航系统可控制其达到设计纽绞值时自动解除纽绞。

（5）液压和制动系统。液压系统是一个公共服务系统，它为风力发电机上一切使用液压作为驱动力的装置提供动力。在定桨距发电机组中，液压系统的功能是驱动风电机组的气动刹车和机械刹车；在变桨距发电机组中。液压系统主要控制变距机构，实现风力发电机组的转速控制、功率控制，同时也控制机械刹车机构。

制动系统主要分为气动和机械两种制动形式。气动制动在定桨风机上让桨叶的液压缸动作，使叶尖的扰流在离心力的作用下甩出，转动 90°，产生气动阻力，实现气动制动。机械制动是在风机齿轮箱高速轴端或（小风机）低速轴端安装有盘式刹车，利用液压或弹簧的作用，使刹车片与刹车盘作用，产生制动力矩，因为机械刹车在制动时产生很大的热量，所以一般情况下只在转速很低的情况下才动作。

2.2 风电基础类型

风机基础结构安全是保证风力发电机组安全稳定运行的一个重要保障。风机基础结构除了承担自身和上部结构重力外，还具有承受 360°方向的重复风荷载和大偏心受力的特殊性，与其他行业的建筑物相比有较大的不同，风力发电机组对基础有着更高的要求。陆上风机基础位于整个风机结构的最底端，大部分位于土壤之下，主要为钢筋混凝土基础，目前陆上风电场基础型式主要有桩基础、重力扩展基础和其他新型基础。

2.2.1 桩基础

桩基础是由多个混凝土桩和连接在桩顶的承台共同组成用于承受动静荷载的基础形式，如图 2-4 所示。当风力发电场所在地区地基土符合下列情况时，基础形式可选用桩基础进行施工。

（1）地基上部软弱土层不能满足承载力和变形要求，下部土层为硬土层，承载能力较高，可作为持力层。

（2）需要承受较大的偏心荷载、水平荷载、动力荷载和周期性荷载作用时。

（3）基础需承受向上的力时，可利用桩基础每个混凝土桩与周围土层的负摩阻力来抵抗。

（4）当基础周边存在大型建筑物、构筑物、堆积物、边坡堆载或施工影响。

（5）地下水位较高。

由于桩体埋深较大，能穿越上部软弱土层，将荷载传至承载力和抗变形能力较强的深部岩土上，故可以有效减小结构的不均匀沉降并提高基础的承载力。但相较于其他基础形式，桩基础施工难度高，打桩过程中容易出现断桩、斜桩等问题，且工程量大、造价高、施工周期长，多用于湿陷性黄土地区、河网地下水饱和地区。

图 2-4　桩基础

2.2.2　重力扩展基础

重力扩展基础是将上部结构传来的荷载，通过向侧边扩展成一定的底面积，使作用在基底的压应力满足承载力要求的基础。该基础是目前风电场设计施工中应用最为普遍的基础类型，单机机组容量在 750～6000kW 的风电场均有应用。重力扩展基础适用于上部机组荷载较大，有时存在偏心荷载或承受弯矩、水平荷载的建筑物基础；适用于地表及下层土质较好的情况。

重力扩展基础的体型有方形、八边形、圆形等不同形式，工程中多以圆形为主，如图 2-5 所示。

该基础具备以下特点：①抗弯、抗剪能力强；②基础埋深较浅，土方开挖量较小；

③基础刚度大，力学模型简单，结构安全性能高；④对地基土的适用范围较广；⑤与基础环锚固较好，基础与上部结构的整体性高；⑥施工工艺成熟、施工周期短，施工简单。但是该基础相较于梁板式基础和桩基础，基础工程量及占地面积较大，且不适用于承载能力低、不均匀变形较大的土层。故该基础类型多应用于三北地区等低压缩性且承载能力高的场地。

图2-5 圆形重力式基础

2.3 风电基础设计

风力发电机基础在设计过程中应该本着因地制宜、保护环境和节约资源的原则，做到安全使用、经济合理和便于施工。同时需遵循以下标准：

（1）风力发电机组不同类型基础（扩展基础、梁板式基础、岩石预应力锚杆基础、桩基础）承台的形状宜采用圆形。

（2）风机基础或承台混凝土必须一次进行浇筑成型。

（3）在风机基础或承台混凝土底部应该设置混凝土垫层。且垫层厚度不应小于100mm，软弱地基上的垫层混凝土厚度不应小于200mm，且垫层混凝土的强度等级必须高于C15。

（4）内置钢筋的混凝土保护层厚度应该严格按照规范中的要求，同时对于严寒地区风机基础特殊部位的保护层厚度宜做适当调整。

(5) 基础环与台柱混凝土之间应该设止水。

风力发电机基础是风机塔筒的底座，不仅承担了上部结构的所有重量，还担负着抗震、抗强风等极端情况下的全部受力。因此一座坚固耐久的风机基础对风机安全、稳定运行起到至关重要的作用。准确认识和把握风机基础的设计原理，对基础的设计和后期事故预防都具有实际的工程意义。

2.3.1 基本规定

根据风电机组的单机容量、轮毂高度和地基的复杂程度，风机基础可以分为三个等级。如表 2-1 所示。

表 2-1　　风机基础设计等级

设计等级	单机容量、轮毂高度、地基类型
1	单机容量大于 1.5MW、轮毂高度大于 80m、复杂地形或软土地基
2	介于 1、3 级之间的基础
3	单机容量小于 0.75MW、轮毂高度小于 60m、地基条件简单的岩土地基

注 1. 地基基础设计级别按照表中指标划分分属不同等级时，按照最高等级确定。

2. 对 1 级地基基础，当地基条件较好时，经论证基础设计等级可以降低一级。

2.3.2 风机基础载荷

风机基础在承接上部风机机组运行过程中，由于所处的工况条件不同，基础的载荷通常分为四种：惯性力和重力载荷、空气动力载荷、运行载荷和周期载荷。其中惯性力和重力载荷也被称为静力载荷，是指当风电机组在不转动的情况下，由振动、地球引力及地震作用产生的作用在结构各个部位上的载荷。空气动力载荷是风机机组在运行过程中，风轮转速、过风轮平面的风速、湍流、空气密度和风机零部件之间相互作用产生的载荷。运行载荷由风机的操作和控制产生。周期载荷是指随时间周期性变化，叶片转动引起的机组各结构部件的载荷。

若把地基当作半无限弹性体，把基础当作另一种刚度较大的弹性介质。则在两种介质之间存在一定的接触应力，该应力不仅与基础所承受的上部荷载大小及分布有关，而且与两种介质的自身特性相关。其中基础的刚度和柔度对接触应力的影响最为明显。通常在实际工程应用中，为了便于计算，将基础底面面积较小且厚度较大不易产生挠曲变形的当成刚体看待；将地面面积较大，厚度较薄易产生挠曲的视为柔性基础。本书就刚性基础进行详细描述。

刚性基础的基底压力分布根据荷载的大小呈现出以下不同的形态：

（1）当基础荷载较小时，基底压力两端大，中间小，如图2-6（a）所示。

（2）当荷载增加时，两端压力不断增大，且向中间集中，导致中间部位的压力增大，如图2-6（b）所示。

（3）当荷载继续增加时，随着中间压力的不断集中，压力形状形成抛物线形，如图2-6（c）所示。

（4）当荷载持续增加时，中间部位的基底压力继续增大，形成钟形分布，如图2-6（d）所示。

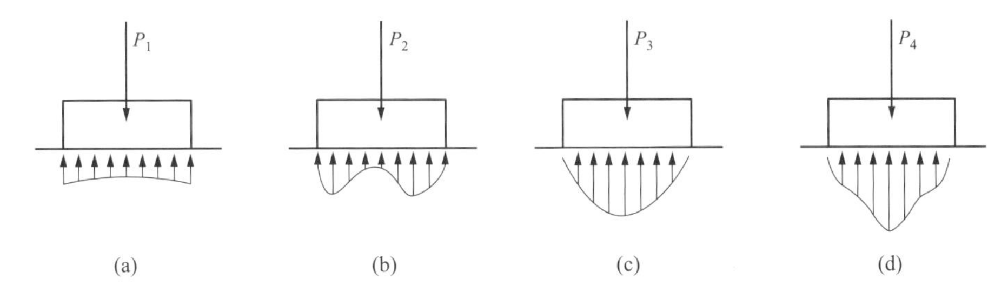

图2-6　刚性基础基底压力分布

基底压力的这种变化形态实际是跟土的抗剪强度有关。当土受到的剪切应力超过土的抗剪强度时，便会发生剪切破坏。当基础两端的剪应力增加到最大值时，该部位的剪应力最先达到抗剪强度而发生剪切，应力不再增大且处于塑性状态。当基底压力随基础荷载提高而继续增加时，由于两端压力不再提高，导致应力需重新进行分配，而向中间部位转移，随着基础荷载的不断增大，应力分布最终形成钟形。

2.3.3　风机基础设计

风电机组基础一般为现浇钢筋混凝土结构。从结构的形式来看，常用的基础类型可分为重力扩展基础和桩基础两种。下文就这两种基础类型进行详细介绍。

1. 重力扩展基础

当机组高度不超过某特定范围，可选用重力扩展式基础。该基础对风电机组、塔架、地基基础以及超额负载等在极限风速时的颠覆趋势有其特有的抵制作用。由于扩展基础必须承受一定的重力负荷，因此其边缘尺寸也由地层内段的负荷承载容量决定。扩展基础一般为圆形，如图 2-7 所示。

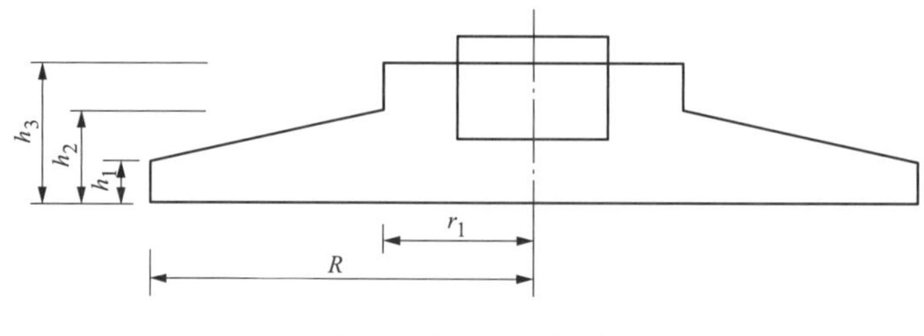

图 2-7 扩展基础体型

（1）扩展基础设计时，构造应该满足规范要求：

1）基础半径 R 宜为轮毂高度的 1/12～1/8，基础整体高度 h_3 宜为轮毂高度的 1/40～1/25，基础边缘高度 h_1 宜为半径 R 的 1/40～1/30，且不应小于 0.6m。

2）基础环外围混凝土的厚度不宜小于 1.0m，锚笼环外围混凝土厚度不宜小于 0.6m，基础圆台边坡的坡度不宜大于 1∶4。

3）扩展基础外形尺寸应该符合式（2-1）要求

$$\frac{R-r_1}{h_2} \leqslant 2.5 \tag{2-1}$$

式中 R——基础底面半径，m；

r_1——台柱半径，m；

h_2——基础变截面高度，m。

（2）计算扩展基础底板内力时，可按照均布荷载计算。且均布荷载取外悬挑 2/3 处的最大压力，其数值可以按式（2-2）计算

$$p=\frac{N}{A}+\frac{M}{I}\cdot\frac{2R+r_1}{3} \tag{2-2}$$

式中 p——基础近似均布地基净反力，kPa；

N——作用于基础顶面的垂直荷载设计值，kN；

M——作用于基础底面的总弯矩设计值，kN·m；

A——基础底面实际受压区面积，m^2；

I——基础底面惯性矩，m^4。

基础的高度是影响其抗冲切强度的重要因素。当风机机组传递给基础较大的载荷作用时，若基础高度较小，则会产生冲切破坏，沿基础四周出现混凝土拉裂，故冲切面处的混凝土抗冲切强度必须大于荷载作用下地基反力产生的冲切力。往往基础台柱边缘、

基础环与基础交界处易产生冲切破坏，因此更应关注该部位的抗冲切能力。其受冲切强度计算应满足式 2-3 的要求：

$$\gamma_0 F_1 \leqslant 0.35\beta_{hp} f_t (b_t + b_b) h_0 \tag{2-3}$$

式中 γ_0——结构重要性系数；

F_1——冲切破坏体以外的荷载设计值，kN；

β_{hp}——承台受冲切承载力截面高度影响系数，当 $h \leqslant 800$mm 时，β_{hp} 取 1.0，当 $h \geqslant 2000$mm 时，β_{hp} 取 0.9，其间按照线性内插法取值；

f_t——混凝土轴心抗拉强度设计值，kPa；

b_t——冲切破坏锥体斜截面上边圆周长，m；

b_b——冲切破坏锥体斜截面下边圆周长，m；

h_0——承台冲切破坏锥体计算截面的有效高度，m。

（3）基础底板的配筋应该按照抗弯计算确定，并符合下列的规定：

1）基础底板底面配筋的弯矩值分布如图 2-8（a）所示。

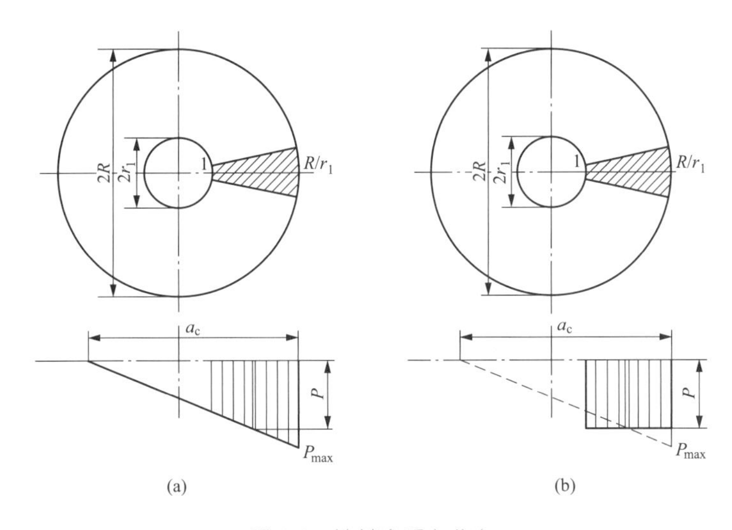

图 2-8 地基净反力分布

（a）地基净反力实际分布；（b）地基净反力等效分布

但在实际计算中为了便于计算，可按承受均布荷载的悬臂构件进行计算，基础台柱半径 r_1 处的弯矩设计值，可以根据地基净反力分布。具体可以按照式（2-4）计算。

$$M_{dh} = \frac{p \cdot (2R + r_1) \cdot (R - r_1)^2}{6r_1} \tag{2-4}$$

式中 M_{dh}——荷载效应基本组合下基础底板单位弧长的弯矩设计值，kN·m；

R——基础底板半径，m。

2）基础底板顶面配筋的弯矩值可按照承受均布荷载的悬臂构件进行计算，且基础台柱半径 r_1 处单位弧长的上部弯矩设计值可按式（2-5）计算

$$M_{\mathrm{dh}}=\frac{q\cdot(2R+r_1)\cdot(R-r_1)^2}{6r_1} \tag{2-5}$$

式中　q——基础底板顶面近似均布荷载，kPa。

3）圆形基础底板应按径向配筋取变截面位置进行计算。单位宽度径向配筋弯矩可以按照 $2/3M_{\mathrm{dh}}$ 计算，单位宽度环向配筋弯矩可以按照 $1/3M_{\mathrm{dh}}$ 计算。

2. 桩基础

桩基础是一种承载能力高、适用范围广的基础形式。桩是将建筑物的荷载传递给地基土，且本身具有一定刚度和抗弯能力的传力构件，其横截面尺寸远小于其长度。若地基浅层的土质较差，不能充分满足上部建筑物对地基的强度和变形要求，或者基础的不均匀沉降会影响上部风电机组的正常运行，则可以利用桩基础来解决上述问题。其作用是穿过性能较差的浅层土，将荷载传至地下较深承载性能好的土层，以满足承载力和沉降要求。桩基础的承载能力较大，不仅能承受竖向和水平荷载，还能抵抗和承受上拔荷载和振动荷载，是目前应用最广泛的深基础形式。本书将对群桩式基础进行介绍。群桩式基础如图 2-9 所示。

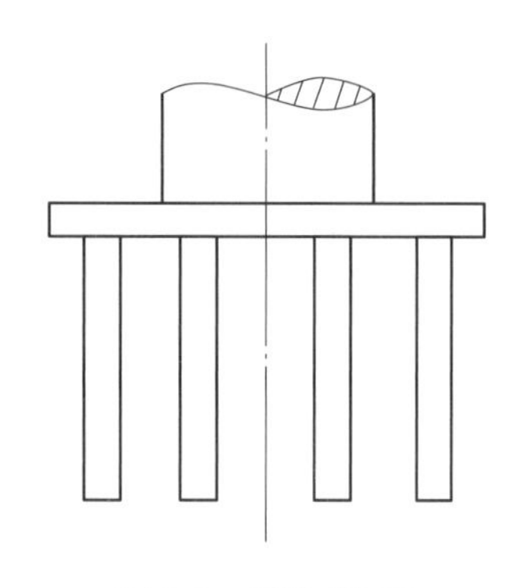

图 2-9　群桩式基础

在对群桩式基础进行设计时，基桩构造应该符合规范中下述要求：

（1）基桩布置应使桩群承载力合力点与竖向永久荷载合力点重合。

（2）基桩宜选择较硬土层作为桩端持力层。桩端全断面进入持力层的深度对黏性土、粉土不宜小于桩直径（边长）的 2 倍，砂土不宜小于桩直径（边长）的 1.5 倍，碎石类土不宜小于 1 倍。当存在软弱下卧层时，桩端以下硬持力层厚度不宜小于桩直径（边长）的 3 倍。

（3）桩基所处环境不存在腐蚀性时，桩身混凝土强度等级灌注桩不应低于 C25，预制桩不应低于 C30，预应力管桩不应低于 C60，预应力高强混凝土管桩不应低于 C80。

（4）扩底灌注桩的扩底直径，不宜大于桩身直径的 3 倍，扩底端尺寸应符合现行行业标准《建筑桩基技术规范》（JGJ 94）的相关规定。

群桩基础主要从以下几个方面设计结构：

（1）桩顶受力计算。群桩基础中单桩桩顶受力计算时，应该分别考虑荷载效应的标准组合和基本组合。

荷载效应标准组合应按照轴心竖向力作用、偏心竖向力作用、水平力作用分别采用式（2-6）进行计算

$$N_{ik}=\frac{N_{k}+G_{k}}{n}$$

$$N_{ik}=\frac{N_{k}+G_{k}}{n}+\frac{M_{Xk}y_{i}}{\sum y_{i}^{2}}\pm\frac{M_{Yk}x_{i}}{\sum x_{i}^{2}} \tag{2-6}$$

$$H_{ik}=\frac{H_{k}}{n}$$

式中 N_{ik}——轴心或偏心竖向力作用下第 i 基桩或复合基桩的竖向力，kN；

N_{k}——作用于桩基承台顶面的竖向力，kN；

G_{k}——桩基承台和承台上土自重，对地下水位以下部分扣除水的浮力，kN；

n——桩数；

M_{Xk}、M_{Yk}——偏心竖向力作用下作用于承台底面，绕通过桩群形心的 y、x 主轴的力矩（kN·m）；

x_{i}、y_{i}——第 i 基桩或复合基桩至 y、x 轴的距离，m；

H_{ik}——作用于第 i 基桩或复合基桩的水平力，kN；

H_{k}——作用于桩基承台底面的水平面，kN。

计算荷载效应基本组合下的桩顶受力，仅需对式（2-6）中的荷载标准值乘以荷载分项系数即可。

（2）基桩竖向承载力。

1）在荷载效应标准组合下的竖向承载力计算应满足下列要求。

轴心竖向力作用下

$$N_{ik}\leqslant R \tag{2-7}$$

偏心竖向力作用下，除了满足式（2-7）要求，还应验算

$$N_{ikmax}\leqslant 1.2R \tag{2-8}$$

水平力荷载作用下

$$H_{ik} \leqslant R_h \tag{2-9}$$

2）地震作用效应和荷载效应标准组合，应符合下列情况：

轴心竖向力作用下

$$N_{Ek} \leqslant 1.25R \tag{2-10}$$

偏心竖向力作用下，除了满足式（2-10）要求，还应验算

$$N_{Ekmax} \leqslant 1.5R \tag{2-11}$$

式（2-7）～式（2-11）中 N_{ik}——荷载效应标准组合轴心竖向力作用下，基桩或复合基桩的平均竖向力，kN；

R——基桩或复合桩竖向承载力特征值，kN；

N_{ikmax}——偏心竖向力作用下，桩顶最大竖向力，kN；

H_{ik}——基桩 i 桩顶处的水平力，kN；

R_h——基桩或复合基桩水平承载力特征值，kN；

N_{Ek}——地震作用效应和荷载效应标准组合下基桩或复合基桩的平均竖向力，kN；

N_{Ekmax}——地震作用效应和荷载效应标准组合下基桩或复合基桩的最大竖向力，kN。

3）单桩竖向承载力特征值应按照式（2-12）确定

$$R_a = \frac{1}{K}Q_{uk} \tag{2-12}$$

式中 R_a——单桩竖向承载力特征值，kN；

Q_{uk}——单桩竖向极限承载力标准值，kN；

K——安全系数，取2.0。

（3）基桩抗拔承载力验算。承受拔力的桩基，应按照式（2-13）验算群桩基础非整体破坏时基桩抗拔承载力

$$N_{ik} \leqslant \frac{T_{uk}}{2} + G_p \tag{2-13}$$

式中 N_{ik}——荷载效应标准组合下的基桩拔力，kN；

T_{uk}——群桩呈非整体破坏时基桩的抗拔极限承载力标准值，kN；

G_p——基桩自重，kN。

（4）桩基础承台受冲切承载力。承台受边桩冲切承载力如图2-10所示。

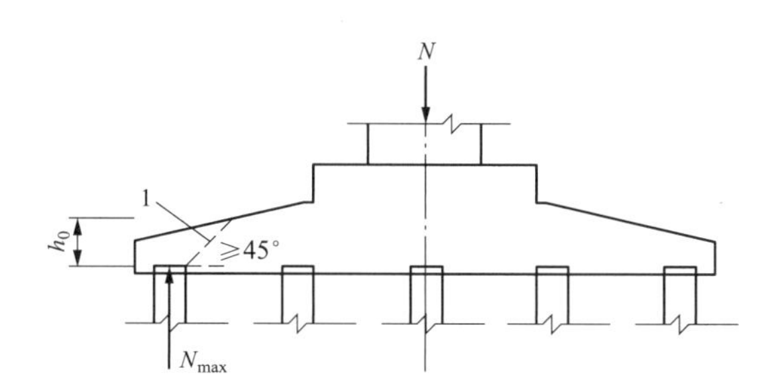

图2-10　承台受边桩冲切承载力计算示意图

计算应满足式（2-14）的要求

$$\gamma_0 N_{max} \leqslant 0.7\beta_{hp} f_t A_s \tag{2-14}$$

式中　N_{max}——扣除承台及其上填土自重后的边桩桩顶竖向力设计值最大值，kN；

A_s——边桩冲切截面面积，m^2。

第3章　风电机组基础混凝土施工

我国陆上风电大规模开发已超过十年时间，基础设计也由之前参考引自国外进口风电机组时附带的基础施工图纸，发展到机组厂家提供概念设计，由设计院进行施工图设计。机组单机容量也由原先广泛使用的850、1500kW，发展到目前广泛使用的2500kW以上机型，同时，轮毂高度也由50m增加至120、140m等。随着国内风机基建项目的快速发展，陆上风电场的建设区域由开发条件优越的荒滩戈壁、草原平原发展到丘陵山地、平原河网、高山大川等修建难度较大的地区，为风电机组施工提出更为苛刻的要求。

3.1　地基处理施工

随着我国风电的大力发展，今后在西北地区和局部华北地区的黄土地区、华东地区和华中地区的平原河网地区将会建设更多的风力发电场。但软弱地基面临强度低、压缩性大、沉降不均匀的问题。而且随着上部结构荷载日益增大，变形要求更加严格，因此为了安全地承托上部的风机结构，必须考虑对土基进行处理。目前国内最常见的风电机组基础软基处理办法有换填法和挤密法。

1. 换填法

换填法是将风力发电机基础下方的软弱土层或不均匀土层挖掉，然后逐层填入高强度、低压缩性且无侵蚀的砂石、素土、灰土、工业废料等材料，以人工或机械方法夯实后作为基础持力层的地基处理方法。该方法适用于浅层软弱地基及不均匀地基的处理，如淤泥、淤泥质土、湿陷性黄土、素填土、杂填土地基以及暗沟等的浅层处理。陆上风电场风机基础一般主要用砂和砂石垫层来进行换填。换填时应遵循以下各方面的要求。

（1）基坑开挖时，为避免坑底土层受到扰动，可预留距坑底设计高程约200mm厚的土，待铺填垫层之前再将其挖除。同时将基坑四周挖成带有一定角度的斜坡，防止在振捣时塌方。

（2）铺设垫层前，将坑底预留土层清除，若垫层下方存在淤泥质土层，可利用受载抛石进行挤淤处理。若存在软土时，可预先在软土上铺设一层200mm左右的细砂或土工织物。

（3）人工级配的砂砾石，应先将砂砾石拌和均匀后，再进行铺平夯实。

（4）铺设垫层时，应控制每层砂垫层的铺设厚度，逐层进行铺设和夯实。

通过换填法对地基进行处理后，其主要作用表现为以下几个方面：

（1）提高地基的承载力。基础土层的抗剪强度直接影响了地基的承载力水平，换填上抗剪强度高的砂石等材料后可有效提高上层地基的承载力，避免发生破坏。

（2）减少沉降量。用密实性较高的砂石或其他材料换填浅层软弱土后，一方面减小浅层的沉降量，另一方面可以增强对上方应力的扩散作用，而弱化下卧层土所承担的压力，而减小下部土层的沉降量。

（3）防止冻胀。用粗颗粒的材料换填后，由于空隙较大所以不容易产生毛细现象，可以避免基础在高寒地区因结冰而造成冻胀。

2. 挤密法

挤密法是指利用振动、冲击或水冲等方式在软弱地基中成孔，再向已形成的孔中填入砂、砂石、灰土等材料并夯实成结构紧密的桩体，并与原土层形成复合地基的地基处理方法。按照填入材料的不同，挤压桩也分为不同的种类，如砂桩、砂石桩、灰土桩等。

根据制桩工艺的不同，碎石桩可以分为干法碎石桩和振冲碎石桩。干法碎石桩在制桩过程中不需要水，直接采用干振、锤击的方法成桩。而振冲碎石桩是在振动的过程中辅以水冲的制桩方法，故也称为湿法碎石桩。风电场根据地质条件不同选择不同的制桩方法进行地基处理，本书对振冲碎石桩的施工工序进行讲解。

（1）对基坑底部进行整平处理，并标注桩位。

（2）将装载振冲器的车辆安排就绪，并将振冲器对准桩位。

（3）启动振冲器，将其缓慢下放并沉入土中至孔底以上300～500mm，再将振冲器提至孔口，记录振动器经过不同孔深处的电流值和时间。往复提降1～2次，直至孔内泥浆变稀。

（4）向孔内泥浆中倒入填充料，并将振冲器沉入填料中，利用振冲器产生的水平振动和侧向挤压作用，增大孔内孔隙水压力，对填充料进行密实处理，重复该步骤直至各深度处的电流达到密实电流即可。

（5）在制桩过程中，将产生的泥浆水利用泵吸至预先挖掘的沉淀池中。

（6）提出振冲器，并完成剩余桩段施工，再将振冲器移至下一桩位。

（7）待所有桩体施工完成后，挖除桩顶1m高的桩体后，再铺设上层垫层并压实。

3.2 灌注桩基础施工

灌注桩是利用钻机在基础上钻出一个桩孔，在孔内安置钢筋笼后直接浇筑混凝土而形成的桩基础。目前国内该类型基础多应用在湿陷性黄土地区，根据成孔工艺的不同，灌注桩分为泥浆护壁成孔灌注桩和干作业钻孔灌注桩。本书主要对泥浆护壁成孔灌注桩进行介绍。

泥浆护壁钻孔灌注桩是指钻孔时，钻机在泥浆护壁的条件下向基础中的土层缓慢钻进，利用泥浆的流动性可以将钻机产生的渣料带出桩孔，且在泥浆的保护下，桩壁不易发生坍塌，当钻进至桩孔设计孔底高程后，采用水下混凝土浇筑的方式自下而上形成的桩。根据护壁泥浆循环方式的不同，泥浆护壁成孔主要分为正循环回转钻孔和反循环回转钻孔两种方式：

（1）正循环回转钻孔法是钻机的钻杆和钻头在回转装置的驱动下切削破碎岩土，切削下来的渣料经过泥浆泵运至存储在钻杆内部的泥浆中，并从钻孔端部的钻头射出，带动渣料沿孔壁上升，待溢出孔口后流入挖设的泥浆池进行沉淀，沉淀结束将上层泥浆引至循环池以待钻机使用。其优点是钻机体型小、设备简单便于操作、故障率较低，但携带渣料直径小，排渣能力差，孔周岩土重复破碎严重。

（2）反循环回转钻孔法是钻机在切削岩土后，采用泵吸、气举、喷射等措施抽吸携带渣料的泥浆从钻杆内腔排出的方法。其优点是振动小、噪声低、钻孔效率高、排渣彻底，但其在钻进时需要大量的泥浆进行循环，且遇到大粒径的岩石钻进困难，遇到疏松土层时，易发生坍塌。

1. 施工工艺流程

泥浆护壁成孔灌注桩施工工艺流程如图 3-1 所示。

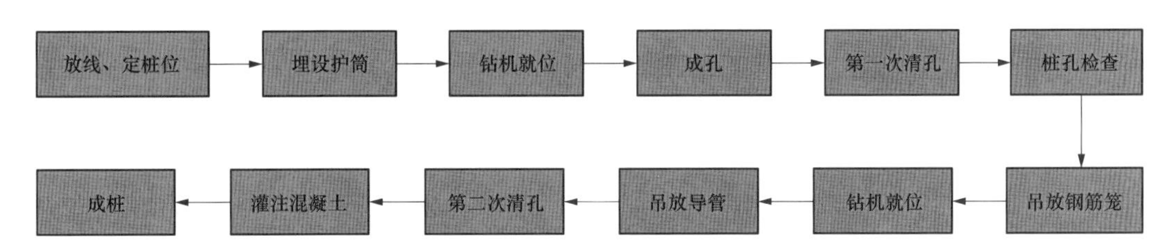

图 3-1　泥浆护壁成孔灌注桩施工工艺流程图

2. 泥浆制备

制浆前应选择合适的黏土，若原土拌制的泥浆不能满足要求，则需选择高塑性黏土或膨润土，必要时也可加入工业碱、聚丙烯酰胺等化学制品，以改善泥浆性能。制浆时，将充分打碎的黏土填入套管内，利用冲击锥冲击制浆，等搅拌完成后，提取部分泥浆试样测量其配比，若满足性能要求，即可进行钻孔。施工期间护筒内的泥浆面应高出地下水位 1.0m，当水位受涨落影响时，泥浆面应高出 1.5m 以上。

3. 放线、定桩位

由专业测量人员根据给定的控制点用双控法测量桩位，并用标桩标定准确。

4. 填设护筒

钻机就位前在桩位土层内埋设 6～8mm 的厚钢板护筒，护筒设置应该符合下列规定：

(1) 护筒内径比孔口大 100～200mm，黏土中的埋深不宜小于 1.0m，砂土中不宜小于 1.5m，埋设高度应满足孔内泥浆面高度的要求。

(2) 护筒中心应尽量和桩位中心点重合，最大误差不宜超过 50mm。

(3) 护筒上部宜开设 1～2 个溢流孔。

(4) 若存在地下水位波动影响，可将护筒加深加高，必要时可打入不透水层。

5. 钻机就位

钻机就位前应检查钻机各系统和仪表等能否正常作业。待检查结束后对桩位周围场地进行整平，将钻机开至桩位正上方，若出现不均匀沉降和偏移，可在下方铺垫枕木或石板，并用水平尺进行校核，确保钻机在施工过程中的稳固。水平校核完成后用双向吊锤球对钻机导杆进行垂直度校正，并在正式开机前全方位复核。

6. 成孔

利用钻机钻孔之前，检查钻头直径是否和孔径相匹配，并及时更换严重受到磨损的钻头。通过电控系统和双向吊锤球调整钻杆的垂直度，并将钻杆中心与桩孔中心对齐，确保在钻进过程中孔的垂直度。启动钻机后，先让泥浆泵和转盘空转一段时间，将泥浆变为高压泥浆。在钻头经过护筒时应慢速钻进，通过护筒后可以在确保钻孔质量的前提下提高钻机的前进速度。待钻孔深度达到设计桩底标高后，停止钻进，钻进过程中产生含钻渣的泥浆利用设备抽吸到外部的沉淀池中，经过沉淀处理后可排至储浆池供钻机循环使用。

7. 清孔

桩孔钻进至设计深度后，应立即进行清空。利用灌注水下混凝土的导管作为吸泥管，高压风作为动力将孔内泥浆抽排走。如果泥浆中没有大颗粒钻渣可采用置换泥浆法清孔；若泥浆中含有较大颗粒的砂石，应采用反循环清孔；孔深 50m 以内的桩可以采用泵吸反循环工艺；孔深 50m 以上的桩可采用气举反循环工艺。直至桩孔内沉渣厚度和泥浆密度符合规范要求。

8. 吊放钢筋笼

清孔结束后，利用超声波成孔质量检测仪、验孔器等设备对孔径、孔深、垂直度、孔位中心偏差、孔底沉渣量进行全面检测，待检测指标均符合规范要求，则在孔内安置钢筋笼，须满足以下要求：

（1）钢筋笼在吊装、运输、下放过程中，吊点应设置在加强箍筋的位置，并在运输过程中用绳索进行固定，防止剧烈晃动发生变形。

（2）下放时尽量将钢筋笼的中心点对准孔位中心，缓慢下放，避免与孔壁发生接触碰撞，下放到位后进行固定。要对准孔位，缓慢下放，避免与井壁碰撞，安放到位后立即进行固定。

（3）待钢筋笼安设完成后，仔细检查确认钢筋顶端高度是否满足要求。

9. 二次清孔

在混凝土灌注前，为了避免因提升钻机过程中沉淀更多的渣料致使混凝土导管不能完全通入孔底，可向孔底进行短暂的高压水或高压风喷射，将沉淀物漂浮上来进行二次清孔。

10. 混凝土灌注

《建筑桩基技术规范》(JGJ 94—2008) 中指出：混凝土导管底部须距离孔底 300～500mm，且当孔底 500mm 以内的泥浆相对密度小于 1.20、含砂率小于 8%、黏度小于 28s (孔底沉渣厚度：端承桩，≤50mm；摩擦端承、端承摩擦桩，≤100mm；摩擦桩，≤150mm)，方可灌注混凝土。当检验质量合格后，应立即开始混凝土灌注作业，灌注时应满足以下要求。

(1) 灌注混凝土的导管直径应控制在 200～250mm，壁厚不小于 3mm，分节长度一般为 2.0～2.5m，特殊情况根据实际工程来定，导管与钢筋应保持 100mm 的距离，导管使用前应试拼装，以水压力 0.6～1.0MPa 进行试压。

(2) 导管一次埋入混凝土面以下 0.8m 以上，在后期的浇筑中，导管埋深应保持在 2～6m，且导管必须居中。

(3) 混凝土灌注过程中导管要经常上下活动，以便混凝土的扩散和密实。下料不宜太快、太猛。提升导管时应尽量保持导管居中，避免发生左右摇摆，若卡在钢筋笼上可转动导管缓慢提升。

(4) 拆卸导管时动作要迅速，且拆下的导管应及时用水进行清洗，避免残留的混凝土凝固。

第 4 章　热传导及有限元分析

混凝土结构温度的变化不均匀会导致其膨胀或收缩的不均匀，在约束的作用下就会产生相应的拉应力或压应力，当应力值大于混凝土的允许极限应力时就会产生裂缝，危害结构安全。因此，精确求解混凝土的温度场是进行混凝土温度应力场计算的前提。

4.1　热传导方程与边值条件

取各向同性微元立方体 $\mathrm{d}x\mathrm{d}y\mathrm{d}z$，单位时间内微元体在左界面吸收热量 $q_x\mathrm{d}y\mathrm{d}z$，而后在右界面流失热量 $q_{x+\mathrm{d}x}\mathrm{d}y\mathrm{d}z$。那么整个微元体 x 轴向所保留的热量即为 $q_x\mathrm{d}y\mathrm{d}z-q_{x+\mathrm{d}x}\mathrm{d}y\mathrm{d}z$。

根据热传导基本原理，热流密度 q 与温度梯度 $\partial T/\partial x$ 的关系为

$$q_x=-\lambda\frac{\partial T}{\partial x} \tag{4-1}$$

式中　λ——导热系数，kJ/(m・h・℃)。

运用 $Taylor$ 级数展开热流密度并保留前两项，得

$$q_{x+\mathrm{d}x}=q_x+\frac{\partial q_x}{\partial x}\mathrm{d}x=-\lambda\frac{\partial T}{\partial x}-\lambda\frac{\partial^2 T}{\partial x^2} \tag{4-2}$$

于是，沿 x 轴向传入微元体的净热量为

$$(q_x-q_{x+\mathrm{d}x})\mathrm{d}y\mathrm{d}z=\lambda\frac{\partial^2 T}{\partial x^2}\mathrm{d}x\mathrm{d}y\mathrm{d}z \tag{4-3}$$

同理，热流量沿 y 轴和 z 轴方向时，微元体的净热量分别为

$$(q_y - q_{y+dy})dzdx = \lambda \frac{\partial^2 T}{\partial y^2} dxdydz \tag{4-4}$$

$$(q_z - q_{z+dz})dxdy = \lambda \frac{\partial^2 T}{\partial z^2} dxdydz \tag{4-5}$$

考虑水泥水化放热反应，假定单位体积水泥在单位时间内水化反应释放的热量为 Q，上述微元体产生的热量即为 $Qdxdydz$。

在 $d\tau$ 时间段内，导致微元体温度上升所需热量为

$$c\rho \frac{\partial T}{\partial \tau} d\tau dxdydz \tag{4-6}$$

式中 c——混凝土比热容，kJ/(kg·℃)；

τ——时间，h；

ρ——密度，kg/m^3。

根据热平衡理论可知，物体温升所需热量等于流入该物体的热量加上该物体内部水化热释放的热量，即

$$c\rho \frac{\partial T}{\partial \tau} d\tau dxdydz = \left[\lambda\left(\frac{\partial^2 T}{\partial x^2} + \frac{\partial^2 T}{\partial y^2} + \frac{\partial^2 T}{\partial z^2}\right) + Q\right] dxdydzd\tau \tag{4-7}$$

简化得到混凝土热传导微分方程

$$\frac{\partial T}{\partial \tau} = a\left(\frac{\partial^2 T}{\partial x^2} + \frac{\partial^2 T}{\partial y^2} + \frac{\partial^2 T}{\partial z^2}\right) + \frac{Q}{c\rho} \tag{4-8}$$

式中 a——导温系数，$a = \lambda / c\rho$，m^2/h；

T——温度，℃。

混凝土在水化热条件下，绝热温度增速为

$$\frac{\partial \theta}{\partial \tau} = \frac{Q}{c\rho} = \frac{Wq_c}{c\rho} \tag{4-9}$$

式中 θ——绝热温升，℃；

W——水泥用量，kg/m^3；

q_c——单位质量水泥单位时间水化放热量，kJ/(kg·h)。

根据式（4-8），热传导方程可转换为

$$\frac{\partial T}{\partial \tau} = a\left(\frac{\partial^2 T}{\partial x^2} + \frac{\partial^2 T}{\partial y^2} + \frac{\partial^2 T}{\partial z^2}\right) + \frac{\partial \theta}{\partial \tau} \tag{4-10}$$

已知热传导方程，为求得混凝土温度场的定解，还需确定混凝土初始瞬间的温度分

布及混凝土表面与周围介质之间进行热交换的规律，即初始条件和边界条件。

初始条件：在初始时刻，坐标（x，y，z）的温度是已知的，可用下式表示：

$$(T)_{\tau=0}=T_{(x,y,z)} \tag{4-11}$$

混凝土温度场计算的边界条件主要有以下四种：

（1）第一类边界条件。混凝土表面温度 T 是时间的已知函数，即

$$T(\tau)=f(\tau) \quad \tau>0 \tag{4-12}$$

实际工程中，混凝土表面与水直接接触面可按第一类边界条件计算，即混凝土表面温度与已知的水温相等。

（2）第二类边界条件。混凝土表面的热流量是时间的已知函数，即

$$-\lambda\frac{\partial T}{\partial n}=f(\tau) \quad \tau>0 \tag{4-13}$$

式中　n——物体表面外法线方向。

如果物体表面是绝热情况，则有

$$\frac{\partial T}{\partial n}=0 \tag{4-14}$$

（3）第三类边界条件。混凝土和空气接触，假定经过混凝土表面的热流量与混凝土表面温度 T 和空气温度 T_a的差成正比，即

$$-\lambda\frac{\partial T}{\partial n}=\beta(T-T_a) \tag{4-15}$$

式中　β——表面散热系数，kJ/(m^2·h·℃)。

由式（4-15）可知，当β值接近无穷时，$T=T_a$，即转化成第一类边界条件；当表面散热系数$\beta=0$时，$\partial T/\partial\tau=0$，又转化成绝热边界条件。

（4）第四类边界条件。当两种不同的固体接触时，如果接触良好，两物体接触面之间的热流量和温度连续传递不受阻，边界条件可表示为

$$\begin{cases} T_1=T_2 \\ \lambda_1\dfrac{\partial T_1}{\partial n}=\lambda_2\dfrac{\partial T_2}{\partial n} \end{cases} \tag{4-16}$$

如果两物体的接触面接触不良，则温度不连续，即 $T_1\neq T_2$，此时需要引入接触热阻的概念。当两接触面缝隙间的热容量可以忽略时，接触面上的热流量在非连续传递时可继续保持热量平衡，即

$$\begin{cases}\lambda_1 \dfrac{\partial T_1}{\partial n} = \dfrac{1}{R_c}(T_2 - T_1) \\ \lambda_1 \dfrac{\partial T_1}{\partial n} = \lambda_2 \dfrac{\partial T_2}{\partial n}\end{cases} \tag{4-17}$$

式中　R_c——接触不良引起的热阻，通过试验确定。

4.2　非稳定温度场有限元计算

非稳定温度场的有限元解法可分为显式和隐式解法。显式计算方法不必求解联立方程组，对计算机的内存要求不高，但这种解法在时间步长上受数值积分稳定条件限制。隐式解法的计算精度更高，且隐式解法可采取较大步长，从而节约计算时间。随着计算机硬件水平的提高，目前隐式解法在各计算领域广泛应用。本节着重叙述隐式解法。

空间问题的泛函为

$$I(T) = \frac{1}{2}\iiint_R F(T, T_x, T_y, T_z)\mathrm{d}x\mathrm{d}y\mathrm{d}z + \iint_C G(T)\mathrm{d}s \tag{4-18}$$

根据平面问题可以证明，当泛函 $I(T)$ 在空间问题下取得极小值时，需满足：

在区域 R 内

$$\frac{\partial F}{\partial T} - \frac{\partial}{\partial x}\left(\frac{\partial F}{\partial T_x}\right) - \frac{\partial}{\partial y}\left(\frac{\partial F}{\partial T_y}\right) + \frac{\partial}{\partial z}\left(\frac{\partial F}{\partial T_z}\right) = 0 \tag{4-19}$$

在边界 C 上（第三类边界条件）

$$\frac{\partial G}{\partial T} + l_x \frac{\partial F}{\partial T_x} + l_y \frac{\partial F}{\partial T_y} + l_z \frac{\partial F}{\partial T_z} = 0 \tag{4-20}$$

式（4-19）和式（4-20）就是空间问题的欧拉方程，l_x、l_y、l_z代表边界面外法线的方向余弦。

在三维不稳定温度场中，温度 $T(x, y, z, t)$ 的计算在区域 R 内满足以下方程

$$\frac{\partial^2 T}{\partial x^2} + \frac{\partial^2 T}{\partial y^2} + \frac{\partial^2 T}{\partial z^2} + \frac{1}{a}\left(\frac{\partial \theta}{\partial \tau} - \frac{\partial T}{\partial \tau}\right) = 0 \tag{4-21}$$

当 $\tau = 0$ 时：　　$T = T_0(x, y, z)$

当 $\tau > 0$ 时，在边界 C'（第一类边界条件）上：　　$T = T_b$

当 $\tau > 0$ 时，在边界 C 上：　$l_x \dfrac{\partial F}{\partial T_x} + l_y \dfrac{\partial F}{\partial T_y} + l_z \dfrac{\partial F}{\partial T_z} + \dfrac{\beta}{\lambda}(T - T_a) = 0$

式中　τ——时间；

a——导温系数；

θ——绝热温升；

λ——导热系数；

T_a——气温；

β——表面放热系数；

T_b——边界温度。

设单元节点为 i，j，k，…，p，节点温度为 $T_i(\tau)$，$T_j(\tau)$，$T_k(\tau)$，…，$T_p(\tau)$，那么单元内任一点的温度 $T^e(x, y, z, \tau)$ 可用节点温度表示如下

$$T^e(x,y,z,\tau)=N_i(x,y,z,\tau)T_i+N_j(x,y,z,\tau)T_j+N_k(x,y,z,\tau)T_k+\cdots$$
$$+N_p(x,y,z,\tau)T_p=[N_i,N_j,N_k,\cdots,N_p]\begin{Bmatrix}T_i\\T_j\\T_k\\\cdots\\T_p\end{Bmatrix}=[N]\{T\}^e \tag{4-22}$$

将式（4-22）分别对 x、y、z 求偏导数，得到

$$\begin{cases}\dfrac{\partial T^e}{\partial x}=\sum\limits_{\alpha=i}^{p}\dfrac{\partial N_i}{\partial x}T_\alpha\\ \dfrac{\partial T^e}{\partial y}=\sum\limits_{\alpha=i}^{p}\dfrac{\partial N_i}{\partial y}T_\alpha\\ \dfrac{\partial T^e}{\partial z}=\sum\limits_{\alpha=i}^{p}\dfrac{\partial N_i}{\partial z}T_\alpha\end{cases}\text{，即}\begin{Bmatrix}\dfrac{\partial T^e}{\partial x}\\ \dfrac{\partial T^e}{\partial y}\\ \dfrac{\partial T^e}{\partial z}\end{Bmatrix}=[B_t]\{T\}^e \tag{4-23}$$

其中

$$[B_t]=\begin{Bmatrix}\dfrac{\partial N_i}{\partial x} & \dfrac{\partial N_j}{\partial x} & \dfrac{\partial N_k}{\partial x}\cdots & \dfrac{\partial N_p}{\partial x}\\ \dfrac{\partial N_i}{\partial y} & \dfrac{\partial N_j}{\partial y} & \dfrac{\partial N_k}{\partial y}\cdots & \dfrac{\partial N_p}{\partial y}\\ \dfrac{\partial N_i}{\partial z} & \dfrac{\partial N_j}{\partial z} & \dfrac{\partial N_k}{\partial z}\cdots & \dfrac{\partial N_p}{\partial z}\end{Bmatrix}$$

将式（4-23）对时间求偏导数，得

$$\frac{\partial T^e}{\partial \tau}=N_i\frac{\partial T_i}{\partial \tau}+N_j\frac{\partial T_j}{\partial \tau}+N_k\frac{\partial T_k}{\partial \tau}+\cdots+N_p\frac{\partial T_p}{\partial \tau}=[N]\frac{\partial\{T\}^e}{\partial \tau} \tag{4-24}$$

设 W_{i} 为权函数，在子域 ΔR 内利用加权余量法对式（4-23）计算得

$$\iiint_{\Delta R}W_i\left\{\frac{1}{2}\left[\left(\frac{\partial T}{\partial x}\right)^2+\left(\frac{\partial T}{\partial y}\right)^2+\left(\frac{\partial T}{\partial z}\right)^2\right]+\frac{1}{a}\left(\frac{\partial \theta}{\partial \tau}-\frac{\partial T}{\partial \tau}\right)T\right\}\mathrm{d}x\mathrm{d}y\mathrm{d}z=0 \tag{4-25}$$

根据伽辽金法，取 $W_i=N_i$，代入式（4-25）得

$$\iiint_{\Delta R}N_i\left\{\frac{1}{2}\left[\left(\frac{\partial T}{\partial x}\right)^2+\left(\frac{\partial T}{\partial y}\right)^2+\left(\frac{\partial T}{\partial z}\right)^2\right]+\frac{1}{a}\left(\frac{\partial \theta}{\partial \tau}-\frac{\partial T}{\partial \tau}\right)T\right\}\mathrm{d}x\mathrm{d}y\mathrm{d}z=0 \tag{4-26}$$

对式（4-26）进行分部积分，有

$$\iiint_{\Delta R}\left[\left(\frac{\partial T}{\partial x}\frac{\partial N_i}{\partial x}+\frac{\partial T}{\partial y}\frac{\partial N_i}{\partial y}+\frac{\partial T}{\partial z}\frac{\partial N_i}{\partial z}\right)-\frac{N_i}{a}\left(\frac{\partial \theta}{\partial \tau}-\frac{\partial T}{\partial \tau}\right)\right]\mathrm{d}x\mathrm{d}y\mathrm{d}z-\iint_s\frac{\partial T}{\partial n}N_i\mathrm{d}s=0 \tag{4-27}$$

将式（4-23）和式（4-24）代入式（4-27），并将其转化成矩阵形式，得

$$\iiint_{\Delta R}[B_t]^T[B_t]\{T\}^e\mathrm{d}v-\iiint_{\Delta R}\frac{1}{a}[N]^T\frac{\partial \theta}{\partial \tau}\mathrm{d}v+\iiint_{\Delta R}\frac{1}{a}[N]^T[N]\frac{\partial\{T\}^e}{\partial \tau}\mathrm{d}v-\iint_s[N]^T\frac{\partial T}{\partial n}\mathrm{d}s=0 \tag{4-28}$$

对全部单元求和，考虑边界条件 $\frac{\partial T}{\partial n}=-\frac{\beta}{\lambda}(T-T_{\mathrm{a}})$，得

$$\sum_e\left\{\iiint_R[B_t]^T[B_t]\mathrm{d}v+\frac{\beta}{\lambda}\iint_s[N]^T[N]\mathrm{d}s\right\}\{T\}^e+\sum_e\left\{\iiint_R\frac{1}{a}[N]^T[N]\mathrm{d}v\right\}\frac{\partial\{T\}^e}{\partial \tau}-\sum_e\left(\iiint_R\frac{1}{a}[N]^T\frac{\partial \theta}{\partial \tau}\mathrm{d}v\right)-\sum_e\left(\frac{\beta T_{\mathrm{a}}}{\lambda}\iint_s[N]^T\mathrm{d}s\right)=0 \tag{4-29}$$

令：$[H]=\sum_e[h]^e=\sum_e\{\iiint_e[B_t]^T[B_t]\mathrm{d}v+\frac{\beta}{\lambda}\iint_s[N]^T[N]\mathrm{d}s\}$

$[C]=\sum_e[c]^e=\sum_e\left\{\frac{1}{a}\iiint_R[N]^T[N]\mathrm{d}v\right\}$

$[P]=\sum_e\{\iiint_R\frac{1}{a}[N]^T\frac{\partial \theta}{\partial \tau}+\frac{\beta T_a}{\lambda}\iint_s[N]^T\mathrm{d}s\}$

则式（4-29）变为

$$[H]\{T\}+[C]\frac{\partial\{T\}}{\partial \tau}=\{P\} \tag{4-30}$$

通过离散时间域，并进行线性插值，在时间域 $0\sim\Delta\tau$ 内，节点温度 $\{T\}$ 可表示为

$$\{T\}=[N_0(\tau)\ N_1(\tau)]\begin{Bmatrix}\{T\}_0\\ \{T\}_1\end{Bmatrix} \tag{4-31}$$

式中 $N_0(\tau)$、$N_1(\tau)$——分别表示与时间有关的形函数，$N_0(\tau)=1-\dfrac{\tau}{\Delta\tau}$，

$N_1(\tau)=\dfrac{\tau}{\Delta\tau}$。

将式（4-31）对节点温度的时间求偏导，得

$$\frac{\partial\{T\}}{\partial\tau}=\left[-\frac{1}{\Delta\tau}\ \frac{1}{\Delta\tau}\right]\begin{Bmatrix}\{T\}_0\\ \{T\}_1\end{Bmatrix} \tag{4-32}$$

将初始温度 $\{T\}_0$ 作为已知条件，对 $\{T\}_1$ 求解，令时间域的权函数 $W_1(\tau)=N_1(\tau)$，得

$$\int_0^{\Delta\tau}N_1(\tau)\left([H]\{T\}+[C]\frac{\partial\{T\}}{\partial\tau}-\{P\}\right)\mathrm{d}\tau=0 \tag{4-33}$$

将式（4-31）和式（4-32）代入式（4-33）得

$$\int_0^{\Delta\tau}\frac{\tau}{\Delta\tau}\left([H][N_0(\tau)\ N_1(\tau)]\begin{Bmatrix}\{T\}_0\\ \{T\}_1\end{Bmatrix}+[C]\left[-\frac{1}{\Delta\tau}\quad\frac{1}{\Delta\tau}\right]\begin{Bmatrix}\{T\}_0\\ \{T\}_1\end{Bmatrix}-\{P\}\right)\mathrm{d}\tau=0 \tag{4-34}$$

对时间积分，并用 $\{P\}$ 表示 $[N_0(\tau)\quad N_1(\tau)]\begin{Bmatrix}\{P\}_0\\ \{P\}_1\end{Bmatrix}$，得

$$\frac{2}{\Delta\tau}\int_0^{\Delta\tau}\frac{\tau}{\Delta\tau}\{P\}\mathrm{d}\tau=\frac{1}{3}\{P\}_0+\frac{2}{3}\{P\}_1 \tag{4-35}$$

将式（4-35）代入式（4-34）中，可得到下式

$$\left(\frac{2}{3}[H]+\frac{1}{\Delta\tau}[C]\right)\{T\}_1=\left(\frac{1}{3}\{P\}_0+\frac{2}{3}\{P\}_1\right)-\left(\frac{1}{3}[H]-\frac{1}{\Delta\tau}[C]\right)\{T\}_0 \tag{4-36}$$

其中 $\{T\}_0=\{T(\tau_0)\},\{T\}_1=\{T(\tau_0+\Delta\tau)\}$

$\{P\}_0=\{P(\tau_0)\},\{P\}_1=\{P(\tau_0+\Delta\tau)\}$

$$[H]=\sum\left\{\iiint_R[B_i]^T[B_i]\mathrm{d}v+\frac{\beta}{\lambda}\iint_s[N]^T[N]\mathrm{d}s\right\}$$

$$[C]=\sum\left\{\iiint_R\frac{1}{a}[N]^T[N]\mathrm{d}v\right\}$$

$$[P]=\sum\left\{\iiint_R \frac{1}{a}[N]^T \frac{\partial \theta}{\partial \tau}\mathrm{d}v\right\}+\sum\left\{\frac{\beta T_{\mathrm{a}}}{\lambda}\iint_s [N]^T \mathrm{d}s\right\}$$

当 $\tau_0=0$ 时，初边值条件可能存在不协调，因此在第一个计算时段 $\Delta\tau$ 内，应采用直接差分方法。将 $\frac{\partial\{T\}}{\partial \tau}=\frac{\{T\}_1-\{T\}_0}{\Delta\tau}$ 代入式(4-31)得

$$[H]\{T\}_1+[C]\frac{\{T\}_1-\{T\}_0}{\Delta\tau}=\{P\}_1 \tag{4-37}$$

化简得

$$\left([H]+\frac{[C]}{\Delta\tau}\right)\{T\}_1=\{P\}_1+\frac{[C]}{\Delta\tau}\{T\}_0 \tag{4-38}$$

至此，可通过求解式（4-37）和式（4-38）得到各节点温度，进而得出计算域中混凝土的不稳定温度场。

第 5 章　徐变温度应力及有限元分析

5.1　混凝土温度应力类型

混凝土温度应力指混凝土浇筑后水化热聚集使其内部温度升高，且温度变化产生的体积变形受到内外条件约束，而产生的相应约束反力。根据引起应力的原因，混凝土温度应力可以分为以下两类：

（1）自生应力。混凝土为完全静定结构或不受约束作用时，若其内部温度线性分布，混凝土无温度应力；若其内部温度非线性变化，结构内部互相约束产生的反力就是自生应力。自生应力示意图如图 5-1（a）所示。

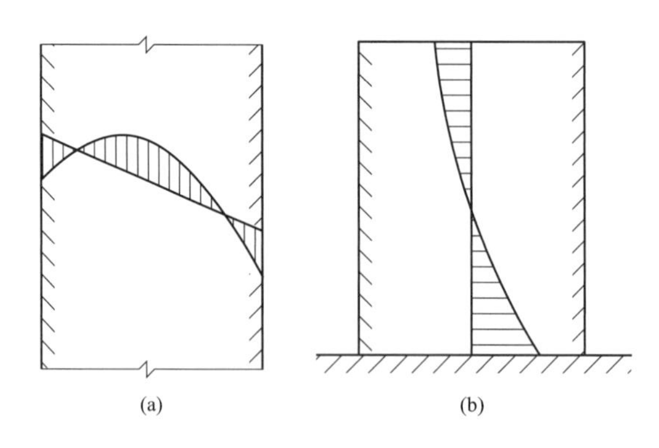

图 5-1　混凝土温度应力示意图

（a）自生应力示意图；（b）约束应力示意图

（2）约束应力。当混凝土结构受到外界约束时，其内部温度变化引起的变形受到约束而不能自由变形而产生的应力为约束应力。约束应力示意图如图 5-1（b）所示。

一般情况下混凝土结构中上述两种应力相互叠加，最终产生较大的温度应力，甚至导致混凝土结构产生温度裂缝。

5.2　混凝土徐变计算

混凝土的徐变指在持续荷载作用下，混凝土结构的变形将随时间不断增加的现象。一般徐变变形比瞬时弹性变形大 1～3 倍。因此，混凝土的徐变是应力计算中不可忽略的重要因素。

20 世纪初，相关学者便开展了对混凝土徐变的研究。产生了多种混凝土徐变计算理论和混凝土徐变预测模型，其中混凝土徐变计算理论包括老化理论、弹性徐变理论、有效模量法等，混凝土徐变预测模型包括 CEB-FIP 系列模型、ACI209 模型、B-P 系列模型、朱伯芳-阿鲁久仰模型等。本节使用朱伯芳-阿鲁久仰模型对混凝土徐变进行计算。

1988 年，朱伯芳在阿鲁久仰公式的基础上，结合国内外大量混凝土徐变实验资料，建立了大体积混凝土徐变估算公式，表达式为

$$\begin{aligned} J(t,t') = {} & \frac{1}{E(t')} + C_{a}[1 + 9.20(t')^{-0.450}][1 - e^{-0.30(t-\tau)}] \\ & + C_{b}[1 + 1.70(t')^{-0.450}][1 - e^{-0.005(t-t')}] \end{aligned} \tag{5-1}$$

其中　$E(t') = E_{0}[1 - e^{-0.4(t')0.34}]$；$C_{a} = 0.23/E_{0}$；$C_{b} = 0.52/E_{0}$；$E_{0} = 1.2E_{90}$，$E_{90}$ 为 90 天龄期弹性模量。

朱伯芳-阿鲁久仰模型形式简单，是针对大体积混凝土结构而提出的模型，其计算值与大体积混凝土实验值符合较好，适合在有限元计算时使用。

5.3　混凝土温度徐变应力有限元计算

考虑混凝土徐变计算温度应力的方法有松弛系数法和初应变法。松弛系数法主要用于均质结构或满足比例变形的非均质结构，无法适用于大多数混凝土结构；初应变法假设应力在各个时间段内都是恒定的，计算步长较大时结果与实际应力曲线差异较大，计算步长较小时计算效率较低。1983 年，朱伯芳院士基于初应变法提出了隐式解法，假定

各时段内应力变化为线性，提高了大步长的计算精度并提升了计算效率。

由于混凝土的弹性模量和徐变随混凝土龄期不断变化，因此徐变应力计算时要考虑应力发展过程。应用有限元计算时，可将时间划分为若干个时间段，并采用增量法计算。

在计算时段内，混凝土的应变增量由四部分组成

$$\{\Delta\varepsilon_n\}=\{\varepsilon_n(\tau_n)\}-\{\varepsilon_n(\tau_{n-1})\}=\{\Delta\varepsilon_n^e\}+\{\Delta\varepsilon_n^c\}+\{\Delta\varepsilon_n^T\}+\{\Delta\varepsilon_n^g\} \tag{5-2}$$

式中 $\{\Delta\varepsilon_n^e\}$——弹性应变增量；

$\{\Delta\varepsilon_n^c\}$——徐变应变增量；

$\{\Delta\varepsilon_n^T\}$——温度应变增量；

$\{\Delta\varepsilon_n^g\}$——自生体积变形增量。

（1）弹性应变增量。根据弹性力学，假定 $\Delta\tau_n$ 时段内应力速率

$$\partial\sigma/\partial\tau=C$$

弹性应变增量 $\{\Delta\varepsilon_n^e\}$ 可表示为

$$\{\Delta\varepsilon_n^e\}=\frac{1}{E(\bar{\tau}_n)}[Q]\{\Delta\sigma_n\} \qquad \left(\bar{\tau}_n=\frac{\tau_{n-1}+\tau_n}{2}=\tau_{n-1}+0.5\Delta\tau_n\right) \tag{5-3}$$

式中 C——常数；

$E(\bar{\tau}_n)$——混凝土中点龄期的弹性模量；

$$[Q]=\begin{bmatrix} 1 & -\mu & -\mu & 0 & 0 & 0 \\ -\mu & 1 & -\mu & 0 & 0 & 0 \\ -\mu & -\mu & 1 & 0 & 0 & 0 \\ & \text{对} & & 2(1+\mu) & 0 & 0 \\ & & \text{称} & & 2(1+\mu) & 0 \\ & & & & & 2(1+\mu) \end{bmatrix}$$

（2）徐变应变增量。在复杂应力条件下，徐变应力增量可用以下表达式计算

$$\{\Delta\varepsilon_n^c\}=\{\eta_n\}+C(\tau_n,\bar{\tau}_n)[Q]\{\Delta\sigma_n\} \tag{5-4}$$

其中 $\{\eta_n\}=\sum_s(1-e^{-r_s\Delta\tau_n})\{\omega_{sn}\}$；

$\{\omega_{sn}\}=\{\omega_{s,\ n-1}\}e^{-r_s\Delta\tau_n}+[Q]\{\Delta\sigma_{n-1}\}\psi_s(\bar{\tau}_{n-1})e^{-0.5r_s\Delta\tau_{n-1}}$；

$\{\omega_{s1}\}=[Q]\{\Delta\sigma_0\}\psi_s(\tau_0)$。

（3）温度应变增量。根据不稳定温度场计算结果，可得

$$\{\Delta\varepsilon_n^T\}=\alpha\Delta T\{1\quad 1\quad 1\quad 0\quad 0\quad 0\}^T \tag{5-5}$$

（4）自生体积应变增量。自生体积应变增量一般进行试验得出数据，采用曲线拟合。

应力增量计算表达式为

$$\{\Delta\sigma_n\}=[\overline{D}_n](\{\Delta\varepsilon_n\}-\{\eta_n\}-\{\Delta\varepsilon_n^T\}-\{\Delta\varepsilon_n^g\}) \tag{5-6}$$

其中　$[\overline{D}_n]=\overline{E}_n[Q]^{-1}$；$\overline{E}_n=\dfrac{E(\overline{\tau}_n)}{1+E(\overline{\tau}_n)C(\tau_n,\overline{\tau}_n)}$。

单元节点力增量为

$$\{\Delta F\}^e=\iiint_V[B]^T\{\Delta\sigma\}^e\mathrm{d}x\mathrm{d}y\mathrm{d}z \tag{5-7}$$

式中　$[B]$——应变、位移间的转换矩阵。

将式（5-6）代入式（5-7）可得

$$\{\Delta F\}^e=[k]^e\{\Delta\delta_n\}^e-\iiint_V[B]^T[\overline{D}_n](\{\eta_n\}^e+\{\Delta\varepsilon_n^T\}^e+\{\Delta\varepsilon_n^g\}^e)\mathrm{d}x\mathrm{d}y\mathrm{d}z \tag{5-8}$$

其中　$[k]^e=\iiint[B]^T[\overline{D}_n][B]\mathrm{d}x\mathrm{d}y$，为单元刚度矩阵。

令式（5-8）中，$\{\Delta P_n^c\}^e=\iiint_V[B]^T[\overline{D}_n]\{\eta_n\}^e\mathrm{d}x\mathrm{d}y\mathrm{d}z$；

$\{\Delta P_n^T\}^e=\iiint_V[B]^T[\overline{D}_n]\{\Delta\varepsilon_n^T\}^e\mathrm{d}x\mathrm{d}y\mathrm{d}z$；

$\{\Delta P_n^g\}^e=\iiint_V[B]^T[\overline{D}_n]\{\Delta\varepsilon_n^g\}^e\mathrm{d}x\mathrm{d}y\mathrm{d}z$。

上述三式分别表示徐变、温度、自生体积变形引起的单元节点荷载增量。

根据有限元的整体平衡方程有

$$\iiint_V[B]^T\{\Delta\sigma_n\}\mathrm{d}x\mathrm{d}y\mathrm{d}z=\{\Delta P_n\} \tag{5-9}$$

将式（5-6）代入式（5-9）得

$$[K_n]\{\Delta\delta_n\}=\{\Delta P_n\}+\{\Delta P_n^c\}+\{\Delta P_n^T\}+\{\Delta P_n^g\} \tag{5-10}$$

式中　$[K_n]$——整体刚度矩阵；

$\{\Delta P_n\}$、$\{\Delta P_n^c\}$、$\{\Delta P_n^T\}$、$\{\Delta P_n^g\}$——分别表示外荷载、徐变、温度、自生体积变形产生的结点力增量。

求出各节点位移增量$\{\Delta\delta_n\}$后，由式（5-6）得出各单元应力增量$\{\Delta\sigma_n\}$，最后累加可得单元应力值为

$$\{\sigma_n\}=\{\Delta\sigma_1\}+\{\Delta\sigma_2\}+\cdots+\{\Delta\sigma_n\}=\sum\{\Delta\sigma_n\} \tag{5-11}$$

第 6 章　有限元仿真分析程序

ANSYS 作为一款有限元计算软件，具有多种多样的分析类型和工具，经过数十年的发展，ANSYS 已广泛应用于工业领域，目前许多高等院校和科研院所都应用该软件进行有限元分析或者教学。

ANSYS 操作简单，但拥有强大的计算功能。它可以帮助用户建立有限元模型，模拟多种荷载状况，进行多场耦合分析，设置分析精度，输出各种形式的计算结果等。ANSYS 提供多种操作方法，包括 GUI 操作和命令流，其中 GUI 操作适用于较简单的分析；使用 APDL 编写命令流适用于较复杂的分析，便于保存和更改。同时 ANSYS 还为用户提供二次开发工具，极大提高软件的适用性，方便构建复杂模型，研发新产品以及重复分析。

6.1　热结构耦合分析

6.1.1　热分析

热分析用于计算模型的温度变化及热力学参数分析。ANSYS 热分析根据能量守恒定律，利用有限元方法求解各单元节点温度并导出其他热力学参数。

热分析遵循热力学第一定律。对于一个无热量流动的封闭系统，有如下关系

$$Q - W = \Delta U + \Delta KE + \Delta PE \tag{6-1}$$

式中 Q——热量；

W——系统对外做功；

ΔU——系统内能；

ΔKE——系统动能；

ΔPE——系统势能。

对于大多数传热问题，$\Delta KE = \Delta PE = 0$，一般忽略系统对外做功，此时 $Q = \Delta U$。

6.1.2 热耦合分析

ANSYS 耦合场分析是指在有限元分析中考虑两种及以上场的相互作用。其中热—结构耦合分析应用广泛，当结构温度变化，热胀冷缩发生形变，在受到周围介质约束时就会产生相应应力。此外，同一结构内部材料性能不同，温度改变时，不同材料产生的变形不同，也会引起结构热应力。耦合分析可归结为以下两种分析方法：

（1）顺序耦合法。该方法按照先后顺序对场进行分析计算，输出第一次的场分析结果，作为第二次场分析中的载荷，从而实现耦合目的。在顺序热—结构耦合分析中，先计算结构的温度场，将计算得出的节点温度作为荷载施加在接下来的应力分析中，实现耦合分析。

本小节通过 APDL 语言计算混凝土结构的温度场和徐变应力场，在所有场中使用单独数据库文件进行耦合分析。在 ANSYS 中对温度场和应力场分析时，所用的单元对应关系如表 6-1 所示。

表 6-1　　温度场和应力场单元对应关系

温度场	应力场	温度场	应力场
MASS71	MASS21	SHELL157	SHELL63
LINK33	LINK180	SURF151	SURF153
LINK68	LINK8	SURF152	SURF154
PLANE35	PLANE2	SOLID70	SOLID185
PLANE55	PLANE182	SOLID87	SOLID187
PLANE77	PLANE183	SOLID90	SOLID186
SHELL131	SHELL181	SOLID278	SOLID185
SHELL132	SHELL281	SOLID279	SOLID186

（2）直接耦合法。使用该方法仅通过一次计算就可获得耦合场的计算结果，在直接热—结构耦合分析中，可直接选用同时具有温度与结构自由度单元，便可获得耦合场计算结果。直接耦合方法适用于求解具有高度非线性时的耦合场，但此法计算效率较低，

对计算机要求较高。在热—结构耦合分析中一般不采用直接耦合法。热—结构耦合单元及自由度如表6-2所示。

表6-2　　热—结构耦合单元及自由度

单元	自由度
PLANE233	UX、UY、TEMP、VOLT、CONC
SOLID226	UX、UY、UZ、TEMP、VOLT、CONC
SOLID227	UX、UY、UZ、TEMP、VOLT、CONC
SOLID5	UX、UY、UZ、TEMP、VOLT、MZG
PLANE13	UX、UY、TEMP、VOLT、AZ
SOLID98	UX、UY、UZ、TEMP、VOLT、MZG

6.1.3 温度应力分析步骤

ANSYS温度应力分析步骤如图6-1所示。

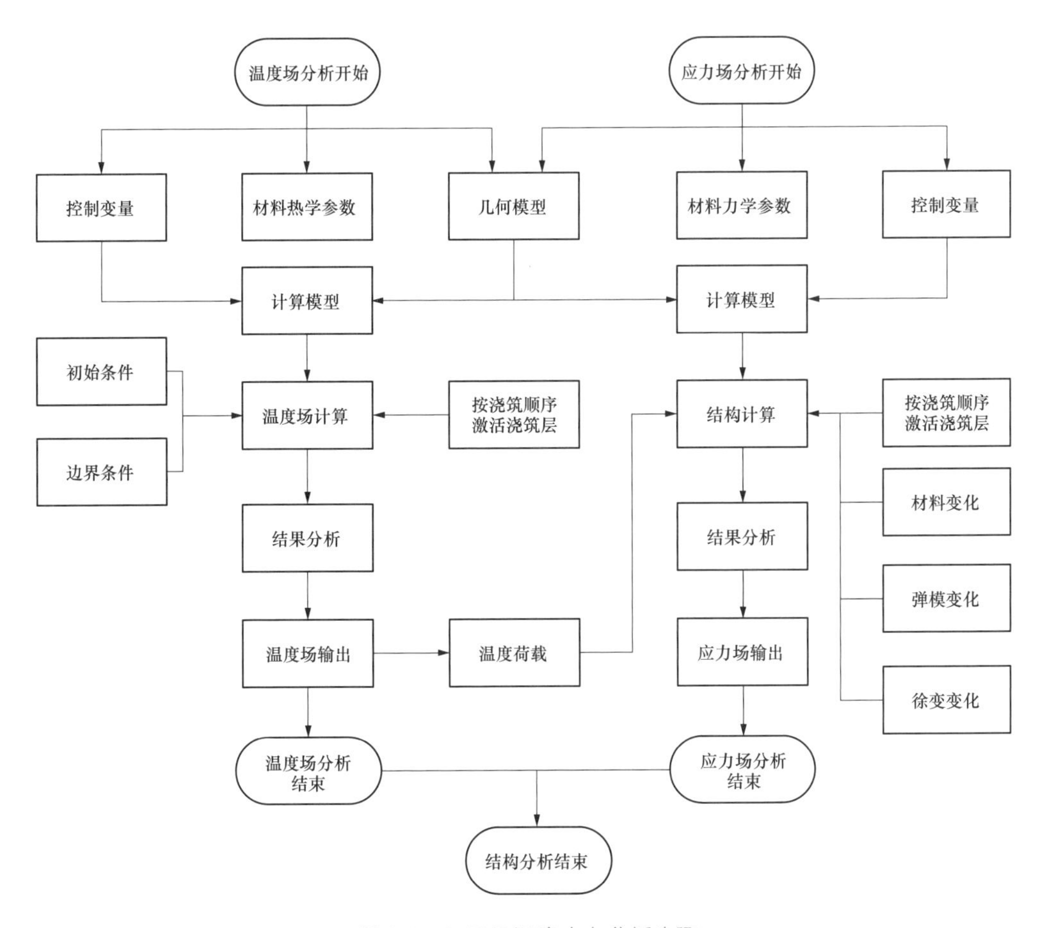

图6-1　ANSYS温度应力分析步骤

6.2 ANSYS 二次开发技术

ANSYS的二次开发包括APDL、UIDL、UPFs和ANSYS数据接口四个部分。其中APDL由参数化的命令组成，通用性强，要求用户具有一定的编程能力；UPFs利用FORTRAN从源代码层次上扩展ASNSY程序的功能；UIDL可以构建出满足用户要求的界面；ANSYS数据接口用于在模型与数据库之间，进行数据转换和传递指令。本节主要利用APDL和UPFs实现模型构建和计算分析，因此下文仅介绍此两种二次开发功能。

6.2.1 APDL参数化语言设计

APDL（ANSYS Parametric Design Language）是一种解释性文本语言，主要用于对计算过程的控制和数据的传递。APDL具有的功能较多，支持标量参数、数组参数、表达式和函数、分支和循环、重复功能和缩写、创建宏以及开发用户程序。与人机交互方式（GUI方式）相比，APDL适用于较复杂的计算，可减少大量重复工作，便于存储和修改，不受版本和操作系统的限制，实现参数化建模。

6.2.2 用户可编程特性（UPFs）

UPFs（User Programmable Features）是ANSYS提供的二次开发子程序，是实现特定功能的有效工具。UPFs为用户提供了大量子程序和函数功能，可将FORTRAN程序与ANSYS二次开发接口对接。用户可以利用UPFs改写标准ANSYS程序，例如创建新材料、开发新单元、建立新的本构关系、算法优化等。UPFs充分展现了ANSYS的开放性，但是它无法保证用户编写的子程序是否正确，以及是否影响标准程序的运行。UPFs进行二次开发的流程为：

（1）采用FORTRAN语言编写用户程序，并被ANSYS所识别。

（2）使用ANSYS Installation and Configuration Guide进行编译连接。

（3）利用ANSYS内部算例测试自编程序对标准功能的影响。

（4）评估自编程序。

6.2.3 UPFs用户子程序

ANSYS为用户提供的二次开发子程序可以实现不同的功能。本小节在进行计算分析时使用到的子程序有建立本构模型的usermat、运行宏文件的UssBeg，以及其他用户子程序user01～user10。

(1) usermat。usermat是开发本构模型时最常用的子程序，它能根据给定的应变增量 $\Delta\varepsilon$ 计算应力增量 $\Delta\sigma$，并计算出新应力 σ。每次迭代时均会调用usermat与ANSYS通用程序进行数据交换。usermat主要输入、输出参数见表6-3。

表6-3　usermat主要输入、输出参数

类型	参数名	说明	类型	参数名	说明
输入	elemId	单元号	输入	Temp	温度
	matId	材料号		dTime	时间增量
	nStatev	状态变量个数		dTemp	温度增量
	nDirect	正应力（应变）个数		nShear	剪应力（应变）个数
	ncomp	应力（应变）分量个数		Strain	应变分量
	kDomIntPt	材料积分点号		dStrain	应变增量
	isubst	荷载子步数	输出	tsstif	恒观剪切刚度
	ldstep	荷载步数		Keycut	载荷切分控制参数
	nProp	材料参数个数		dsdePl	Jacobin矩阵
	Time	时间		epsZZ	垂直于平面的应变

(2) UssBeg。UssBeg是计算干预子程序，利用USRCAL命令，可在每一荷载子步求解完成时对应力进行调节。本小节主要利用UssBeg子程序获得各单元的状态变量，然后求解出由温度徐变产生的节点力增量 $\{\Delta P_n\}^c$。

(3) 其他用户子程序。ANSYS的UPFs功能为用户提供了user01到user10的子程序，配合usermat和UssBeg使用，满足用户特定需求。user01读入准备的相关参数，获得单元特征，处理节点耦合信息；user02用于冷却水管计算；user03用于温度计算；user04进行雅各比矩阵计算；user05读入每一步温度结果文件；user06输出节点耦合对文件；user07获取当前所有节点温度；user08输出全部节点应力最大值；user09和user10分别输出温度和应力结果文件。

6.3 仿真分析中的若干问题

6.3.1 温度场计算

风机基础的施工是一个动态过程，包括基础开挖，垫层浇筑、基础混凝土浇筑和覆土。为实现更符合实际的仿真模拟过程，需要用到 ANSYS 软件提供的“生死”单元功能。

对于当前阶段不存在的单元，设定单元为“死”单元，不会将其从模型中去除，而是将其传导矩阵乘一个极小值（默认为 10^{-6}），达到这些单元的荷载、质量、比热容等类似值为 0 的效果，进而不参与程序的计算中。同样的，“激活”单元也不是添加新的单元，而是将“死”单元的荷载、质量、比热容等恢复至初始状态，使单元重新参与计算。根据实际施工情况，灵活地运用“生死”单元功能，就能实现对施工的动态模拟。

常见的 ANSYS 单元生死功能操作命令如表 6-4 所示。

表 6-4　　ANSYS 生死功能操作命令

命令	说　明
NROPT，FULL	设置牛顿—拉夫森选项
NLGEOM，ON	打开大位移选项
EKILL	“杀死”单元
EALIVE	“激活”单元
DDELE	删除被激活自由度上的约束
FDELE	删除不活动自由度的节点荷载
ESTIF	设定非缺省缩减因子

此外，为了得到准确的初始基础温度场，可在施工计算前先对基础计算一年，将第 365 天的基础温度场作为正式计算的初始温度场，然后再按照正常的浇筑过程进行计算。

6.3.2 应力场计算

在进行应力场计算时，不再使用“杀死”或“激活”操作命令，而是在 usermat 子程序中令其弹性模量极小化，约束节点位移；当计算到该层单元时，便恢复初始值并解除约束。具体步骤如下：

（1）在定义材料参数时，按照不同浇筑时间划分为若干层。

（2）利用 usermat 子程序将当前阶段不存在的单元的弹性模量乘以极小因子，一般为 10^{-6}，并施加位移约束。

（3）当计算到该层单元时，将其弹性模量等恢复至初始状态，并解除位移约束。

由于风机基础的基础一般为土基，对应力场的影响较小，且为了提高计算效率，在计算中仅计算混凝土部分的应力场。将正常计算的温度场模型计算结果根据节点位置转化为应力场模型中各节点的温度荷载，既保证了计算精度，又提高了计算效率。

6.3.3 程序设计

程序设计流程图如图 6-2 所示。

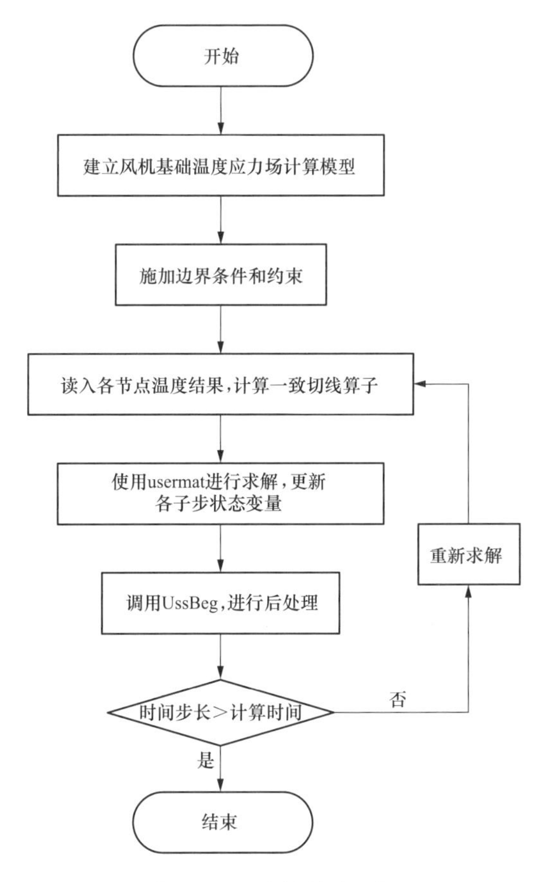

图 6-2　程序设计流程图

第7章　风机基础混凝土温度应力影响因素

影响风机基础混凝土温度场和应力场的因素有很多，本章列举了适用于风机基础的主要的14种影响因素，包括外形尺寸、材料的热力学性能、外界环境条件、施工条件以及温控防裂措施。其中材料的热力学性能包括密度、导热系数、导温系数、比热容、弹性模量、泊松比、线膨胀系数、绝热温升、自生体积变形；外界环境包括气温变化、风速；施工条件包括混凝土的浇筑温度、施工间隔；温控防裂措施一般包括混凝土材料性能优选、表面保温、冷却水管。每种影响因素均对风机基础的温度应力有着或大或小的影响，且有些影响因素需用多个参数进行表达，下面将对各影响因素进行介绍。

7.1 外形尺寸

由于风机基础的外形尺寸影响着混凝土的用量、与其他材料或空气的接触面积，故会影响混凝土的绝热温升以及边界条件，故会影响风机基础混凝土的温度场，进而影响风机基础混凝土的应力场。

以某设计院所提供的工程资料中风机基础外形尺寸最简单的小实心圆盘基础为例，如图7-1所示。

该风机基础的外形尺寸包含以下5个参数：基础直径、圆盘厚度最小值、圆盘厚度最大值、中墩直径，中墩高度。

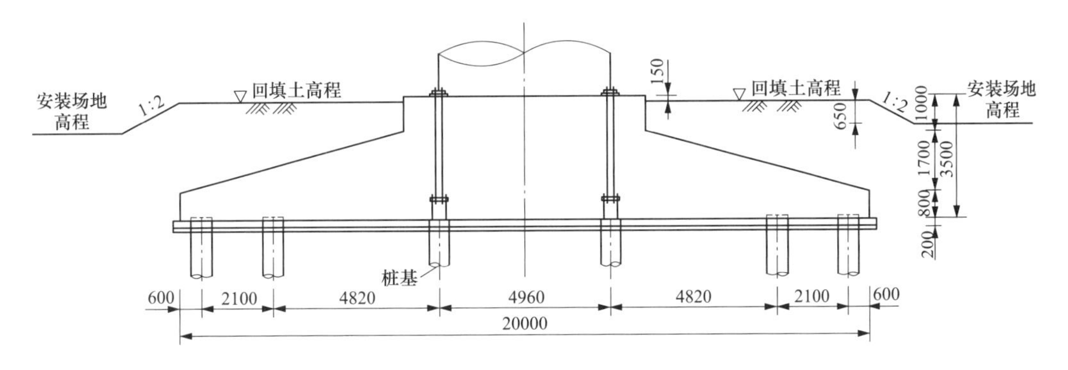

图 7-1　小实心圆盘基础结构剖面图

7.2　材料热力学性能

风机基础混凝土的温度应力与其及周围材料的力学及热学性能有密切关系，主要包括热学性能、绝热温升、弹性模量、泊松比、线膨胀系数、自生体积变形。

7.2.1　热学性能

1. 混凝土的热学性能

混凝土的热学性能包括导温系数、导热系数、比热容和密度，它们之间表示为

$$a = \frac{\lambda}{C\rho} \tag{7-1}$$

式中　a——导温系数，m^2/h；

λ——导热系数，kJ/(m·h·℃)；

C——比热容，kJ/(kg·℃)；

ρ——密度，kg/m^3。

混凝土的热学性能参数应由实验测定，只需测定其中三个，另一个可由式（7-1）计算。《混凝土坝温度控制设计规范》（NB/T 35092—2017）中规定，混凝土导热系数和比热容无试验结果时，混凝土导热系数和比热容可按下列公式进行估算

$$\lambda = \frac{\sum W_i \lambda_i}{\sum W_i} \tag{7-2}$$

$$C = \frac{\sum W_i C_i}{\sum W_i} \tag{7-3}$$

式中　W_i ——混凝土各组成成分的用量，kg/m^3；

λ_i ——混凝土各组成成分的导热系数，kJ/(m·h·℃)；

C_i ——混凝土各组成成分的比热容，kJ/(kg·℃)。

按照混凝土中各种成分的重量百分比来看，石子对混凝土热性能的影响最大，其次为砂子、水泥和水所占重量百分比不大，影响较小。

2. 地基及回填料的热学性能

《地源热泵系统工程技术规范》(GB 50366—2005) 中为了便于工程计算，对几种典型土壤、岩石及回填料的热学性能取值提供了参考，如表 7-1 所示。

表 7-1　　几种典型土壤、岩石及回填料的热学性能

材料种类		导热系数 λ_x [W/(m·K)]	扩散率 a (10^{-6}m^2/s)	密度 ρ (kg/m^3)
土壤	致密黏土（含水量 15%）	1.4～1.9	0.49～0.71	1925
	致密黏土（含水量 5%）	1.0～1.4	0.54～0.71	1925
	轻质黏土（含水量 15%）	0.7～1.0	0.54～0.64	1285
	轻质黏土（含水量 5%）	0.5～0.9	0.65	1285
	致密砂土（含水量 15%）	2.8～3.8	0.97～1.27	1925
	致密砂土（含水量 5%）	2.1～2.3	1.10～1.62	1925
	轻质砂土（含水量 15%）	1.0～2.1	0.54～1.08	1285
	轻质砂土（含水量 5%）	0.9～1.9	0.64～1.39	1285
岩石	花岗岩	2.3～3.7	0.97～1.51	2650
	石灰石	2.4～3.8	0.97～1.51	2400～2800
	砂岩	2.1～3.5	0.75～1.27	2570～2730
	湿页岩	1.4～2.4	0.75～0.97	—
	干页岩	1.0～2.1	0.64～0.86	—
回填料	膨润土（含有 20%～30%的固体）	0.73～0.75	—	—
	含有 20%膨润土，80%SiO_2砂子的混合物	1.47～1.64	—	—

7.2.2　绝热温升

水泥的水化热是影响混凝土温度应力的一个重要因素，实际上温度场计算中用的是混凝土绝热温升 θ。测定绝热温升可分为直接法和间接法，前者是利用试验设备直接测

出绝热温升，后者是先测定水泥水化热，再结合混凝土比热容、相对密度和水泥用量推导出绝热温升公式。

水泥水化热与龄期密切相关，可用以下三种表达式：

指数式：
$$Q(\tau)=Q_0(1-e^{-m\tau}) \tag{7-4}$$

双曲线式：
$$Q(\tau)=\frac{Q_0\tau}{n+\tau} \tag{7-5}$$

双指数式：
$$Q(\tau)=\frac{Q_0}{1-e^{-a\tau^b}} \tag{7-6}$$

式中 τ——龄期，d；

$Q(\tau)$——龄期 τ 时的水化热，kJ/kg；

Q_0——最终水化热，kJ/kg；

a、b、m、n——常数。

在以上三个表达式中，双曲线式和双指数式与实验资料符合得比较好。根据实验资料，整理得到双指数式中 Q_0、a、b，见表 7-2。

表 7-2　　水泥水化热常数

水泥品种	Q_0(kJ/kg)	a	b
普通硅酸盐水泥 425、525 号	330	0.69	0.56
	350	0.36	0.74
普通硅酸盐大坝水泥 525 号	270	0.79	0.70
矿渣硅酸盐大坝水泥 425 号	285	0.29	0.76

混凝土绝热温升可根据水泥水化热按下式计算

$$\theta(\tau)=\frac{Q(\tau)(W+kF)}{c\rho} \tag{7-7}$$

式中 W——水泥用量；

ρ——混凝土密度；

c——混凝土比热容；

F——混合材用量；

k——折减系数，对于粉煤灰，可取 $k=0.25$。

经验表明，根据水泥水化热实验结果，由式（7-7）计算的混凝土绝热温升，与通过混凝土绝热温升实验直接测定的数值往往有相当大的差异，这主要是由于实验条件不同所引起。因此，在可能的条件下，应尽可能进行混凝土绝热温升实验。

混凝土绝热温升 $\theta(\tau)$ 与龄期 τ 的关系也可表示如下：

指数式：
$$\theta(\tau)=\theta_0(1-e^{-m\tau}) \tag{7-8}$$

双曲线式：
$$\theta(\tau)=\frac{\theta_0\tau}{n+\tau} \tag{7-9}$$

双指数式：
$$\theta(\tau)=\frac{\theta_0}{1-e^{-a\tau^b}} \tag{7-10}$$

经验表明，后面两式与实验资料符合较好。

影响混凝土绝热温升的因素包括水泥品种、水泥用量、混合材料品种、用量和浇筑温度。

水泥品种对绝热温升的影响主要是由于水泥矿物成分的不同。水泥矿物成分中发热速率最快和发热量最大的是铝酸三钙（C_3A），其他成分依次为硅酸三钙（C_3S）、硅酸二钙（C_2S）和铁铝酸四钙（C_4AF）。水泥越细，发热速率越快，但水泥细度不影响最终发热量。

掺加混合材料对混凝土绝热温升有重要影响，掺加粉煤灰的降热效果优于掺加矿渣。

7.2.3 弹性模量

1. 混凝土的弹性模量

由于温度应力与弹性模量成正比，而且混凝土浇筑后，水化热的散发、温度场的变化与混凝土弹性模量的变化是同步发展的，所以在大体积混凝土温度应力计算中，混凝土弹性模量的数值以及它与龄期的关系是很重要的。

混凝土随龄期增长，强度与弹性模量增加。温升时体积膨胀，这时弹性模量小，塑性大，储存的压应力小；后期温降时，体积收缩，这时弹性模量增大，因而产生了拉应力。弹性模量强烈影响着温度应力的性质。朱伯芳院士推荐的用于初步设计的双指数式常态混凝土弹性模量计算公式如下：

$$E(\tau)=E_0(1-e^{-0.40\tau^{0.34}}) \tag{7-11}$$

式中：$E_0=1.05E(360)$[或 $E_0=1.20E(90)$，$E_0=1.45E(28)$]，时间以天计。

2. 土的弹性模量

顾晓鲁主编的《地基与基础》中提供了多种土的弹性模量取值，见表 7-3。

表 7-3　　土的弹性模量值

土的种类	E 值（MPa）	土的种类	E 值（MPa）
砾石、碎石、卵石	40～56	硬塑的亚黏土和轻亚黏土	32～40
粗砂	40～48	可塑的亚黏土和轻亚黏土	8～16
中砂	32～46	坚硬的黏土	80～160
干的细沙	24～32	硬塑的黏土	40～56
饱和的细沙	8～10	可塑的黏土	8～16

7.2.4　泊松比

1. 混凝土的泊松比

混凝土泊松比是温度应力计算中的一个基本参数，其值和加载龄期以及持载时间有关。实验结果显示，当混凝土具有一定龄期后，在不同加载龄期和持载时间内，其泊松比变化很小。《混凝土坝温度控制设计规范》（NB/T 35092—2017）中建议，混凝土泊松比无实验成果时可取 0.167～0.200。

2. 土的泊松比

顾晓鲁主编的《地基与基础》中提供了多种土的泊松比取值，见表 7-4。

表 7-4　　土的泊松比

土的种类和状态		泊松比
碎石土		0.15～0.20
砂土		0.20～0.25
粉土		0.25
粉质黏土	坚硬状态	0.25
	可塑状态	0.30
	软塑或流动状态	0.35
黏土	坚硬状态	0.25
	可塑状态	0.35
	软塑或流动状态	0.42

7.2.5　线膨胀系数

混凝土由于温度场变化而产生的应变要通过线膨胀系数进行计算，因此线膨胀系数的取值对温度应力场也有一定的影响。目前我国对于混凝土的温控研究中，均未考虑线膨胀系数随龄期的变化，而将其作为常数。由于混凝土中骨料占比最大，因此通常按照骨料种类来确定混凝土线膨胀系数的取值。《混凝土坝温度控制设计规范》（NB/T 35092—2017）中给出了混凝土线膨胀系数无实验成果时，不同品种骨料混凝土线膨胀系数可按表 7-5 的规定取值。

表 7-5　　不同品种骨料混凝土线膨胀系数

名称	线膨胀系数（1/℃）	名称	线膨胀系数（1/℃）
石英岩混凝土	11×10^{-6}	玄武岩混凝土	8×10^{-6}
砂岩混凝土	10×10^{-6}	石灰岩混凝土	7×10^{-6}
花岗岩混凝土	9×10^{-6}		

7.2.6　自生体积变形

在恒温、绝湿条件下，由胶凝材料的水化作用所引起的混凝土的体积变形称为自生体积变形。它主要取决于水泥品种、水泥用量及掺用混合材料的种类。

用普通硅酸盐水泥或纯大坝水泥拌制的混凝土的自生体积变形都是收缩，而用矿渣水泥拌制的混凝土的自生体积变形早期为膨胀。

混凝土的自生体积变形一般在 $(20\sim100)\times10^{-6}$ 范围内，约相当于 2～10℃的温度变化。

7.3　外界环境条件

7.3.1　气温

气温的变化是引起混凝土裂缝的重要原因，也是计算温度应力和制定温度控制措施的重要依据。气温资料可从坝址附近的气象站或水文站取得。本小节主要研究气温的年变化。

气温年变化指一年内月平均（或旬平均）气温的变化，多数情况下可用余弦函数表示为

$$T_a = T_{am} + \frac{A_a}{2}\cos\left[\frac{\pi}{6}(\tau - \tau_0)\right] \tag{7-12}$$

式中　T_a——气温；

T_{am}——年平均气温；

A_a——气温年较差；

τ——时间，月；

τ_0——气温最高的时间。

7.3.2　风速

当混凝土与空气接触时，表面放热系数 β 对混凝土的温度场有重要影响，其数值与风速有密切关系，朱伯芳院士提出了表面放热系数与风速的关系式：

粗糙表面：
$$\beta = 21.06 + 17.58v^{0.910} \tag{7-13}$$

光滑表面：
$$\beta = 18.46 + 17.30v^{0.883} \tag{7-14}$$

式中　v——风速，m/s。

7.4　施　工　条　件

7.4.1　浇筑温度

新混凝土浇筑完毕之后的温度称为浇筑温度，它实际上为入仓温度与浇筑过程中温度回升之和。混凝土浇筑温度可按下式计算

$$T_p = T_i + (T_a + R/\beta - T_i)(\phi_1 + \phi_2) \tag{7-15}$$

式中　T_p——浇筑温度；

T_i——入仓温度；

T_a——气温；

R——太阳能辐射热；

β——表面放热系数；

ϕ_1——平仓以前的温度系数；

ϕ_2——平仓以后的温度系数。

可以看出，浇筑温度与当时的入仓温度、日照条件、气温条件密切相关。但目前为配合混凝土温度场仿真模拟分析所做的施工参数统计资料和统计分析十分有限，以及有

关浇筑当日的日照、云量、雨量、风速等预测十分困难，所以在仿真分析中常以浇筑当天的日平均气温并考虑日照的影响增加 2～3℃作为混凝土的浇筑温度。

7.4.2 施工间隔

施工间隔时长对大体积混凝土的温度场和应力场也有一定的影响。在其余参数相同时，施工间隔越长，散热越充分，故会对大体积混凝土的温度场造成影响。

风机基础的简化施工流程如下：基础开挖→混凝土垫层施工→基础混凝土施工→土方回填。风机基础的施工间隔包括基础开挖与混凝土垫层施工之间的施工间隔、混凝土垫层施工与基础混凝土施工之间的施工间隔、基础混凝土施工与土方回填之间的施工间隔。

7.5 温控防裂措施

7.5.1 混凝土材料性能优选

合理选用混凝土原材料品种和配比，尽量使混凝土具有较大抗裂能力，即抗拉强度和极限拉伸较大，绝热温升、弹性模量和线胀系数较小，且半熟龄期较大。

混凝土的线胀系数主要取决于骨料品种，不同骨料配制的混凝土的线胀系数，从小到大依次为石灰岩、玄武岩、花岗岩、砂岩、石英岩。在工地有不同骨料可供选择时，应重视这一因素，经过试验后选定骨料品种。

混凝土的抗拉强度、极限拉伸、绝热温升和弹性模量都与混凝土的水胶比和抗压强度密切相关，高强度和低热量、低弹模之间存在着矛盾，掺加适量的粉煤灰、矿渣和减水剂可缓解这一矛盾。在试验研究阶段，应探讨采取各种可行措施，缓解高强度与低热量低弹性模量的矛盾，最后综合考虑混凝土的设计强度等级、抗裂性、耐久性与和易性，决定混凝土原材料品种和配合比。

7.5.2 表面保温

实践经验表明，大体积混凝土中产生的裂缝，起初绝大多数都是表面裂缝，但其中一部分后来可能发展为深层裂缝，甚至贯穿性大裂缝。引起表面拉应力的原因是干缩、寒潮、气温年变化、混凝土水化热和初始温差；为了防止表面裂缝，应加强养护和表面保温。

表面保温过去主要采用草袋，草袋易受潮、易腐烂、干燥时易着火，现已很少采用。目前表面保温主要采用泡沫塑料，但中小工程中有时还采用草袋保温，寒冷地区冬季停工时，水平表面有时采用砂层保温。不同保温材料的导热系数可如表7-6所示。表面保温的效果不仅与保温材料有关，还与保温位置和保温时长有关。

表7-6　　不同保温材料的导热系数

保温材料		导热系数［kJ/(m·h·℃)］
聚苯乙烯泡沫板	膨胀型聚苯乙烯（EPS）	0.148
	挤塑型聚苯乙烯（XPS）	0.108
	聚乙烯（PE）	0.160
	聚氨酯（PUF）	0.08～0.108
聚乙烯泡沫保温被		0.13～0.15
聚氨酯硬质泡沫涂层		0.11
草袋保温	干草袋	0.20
	湿草袋	0.60
砂层保温	干砂	1.17
	湿砂	4.06

如果保温材料的品种和厚度已经选定，放热系数可由下式计算

$$\beta=\frac{1}{\frac{1}{\beta_0}+\sum\frac{h_i}{\lambda_i}} \tag{7-16}$$

式中　β——保温时混凝土表面等效放热系数；

β_0——未保温时混凝土表面放热系数；

h_i——保温材料 i 的厚度；

λ_i——保温材料 i 的导热系数。

7.5.3　冷却水管

水管冷却是大体积混凝土施工中控制温度的重要措施。水管冷却可有效降低混凝土的最高温度，并可在较短时间内把混凝土温度降至目标温度；但水管冷却也有不利的方面：①水管周围产生较大局部拉应力；②水管冷却使坝体温度急剧下降，徐变不能充分

发展，与天然冷却相比，混凝土中产生的拉应力较大。

水管冷却应用早期，只进行一次后期冷却，后来增加了一次初期冷却，目前已发展到三期冷却：①初期冷却，在浇筑混凝土时即开始进行，以降低混凝土的最高温度，冷却时间通常为 14～20d；②后期冷却，在接缝灌浆前进行，使混凝土温度降低到稳定温度或略低一些；③中期冷却，在初期与后期冷却之间进行，目的是分散温差以降低人工冷却所引起的温度应力。

在风机基础混凝土温度应力仿真模拟计算中，考虑了冷却水管的长度、布置形式、水平和垂直间距、冷却水温度、冷却水流量、水管导热系数、水管内径和外径。

7.6　影响因素总结

影响风机基础混凝土温度场和应力场的因素包括外形尺寸、材料的热力学性能、外界环境条件、施工条件以及温控防裂措施。

以外形最简单的小实心圆盘基础为例，外形尺寸共包括基础直径，圆盘厚度最小值、圆盘厚度最大值，中墩直径，中墩高度 5 个参数。

材料的热力学性能中影响风机基础混凝土温度应力的因素包括热学性能、绝热温升、弹性模量、泊松比、线膨胀系数、自生体积变形。其中热学性能包括地基土、垫层混凝土、基础主体混凝土和覆土的导温系数、导热系数、比热容和密度，共 4×4＝16 个参数；绝热温升包括垫层混凝土和基础主体混凝土的最终绝热温升 θ_0，常数 a、b，共 2×3＝6 个参数；弹性模量包括地基土、垫层混凝土、基础主体混凝土和覆土的弹性模量，共 4 个参数；泊松比包括地基土、垫层混凝土、基础主体混凝土和覆土的泊松比，共 4 个参数；自生体积变形包括垫层混凝土和基础主体混凝土的自生体积变形，共 2 个参数。因此材料的热力学性能共需 16＋6＋4＋4＋2＝32 个参数来进行表达。

外界环境条件中影响风机基础混凝土温度应力的因素包括气温和风速。其中气温包括年平均气温 T_{am}、气温年较差 A_a、气温最高的时间 τ_0，共 3 个参数；风速仅 1 个参数。因此外界环境条件共需 3＋1＝4 个参数来进行表达。

施工条件中影响风机基础混凝土温度应力的因素包括浇筑温度和施工间隔。其中浇筑温度在仿真分析中常取浇筑当天的日平均气温并考虑日照的影响增加 2～3℃，故浇筑温度包括垫层混凝土的浇筑温度、基础主体混凝土的浇筑温度，共 2 个参数；施工间隔包括基础开挖与混凝土垫层施工之间的施工间隔、混凝土垫层施工与基础混凝土施工之间的施工间隔、基础混凝土施工与土方回填之间的施工间隔，共3个参数。因此施工条件共需2＋3＝5个参数进行表达。

温控防裂措施中影响风机基础混凝土温度应力的因素包括混凝土材料性能优选、表面保温、冷却水管。其中混凝土材料性能优选中所包含的参数与材料热力学性能中的参数相同，不再计入；表面保温包括保温材料、保温位置和保温时长，共3个参数；冷却水管包括长度、布置形式、水平和垂直间距、冷却水温度、冷却水流量、水管导热系数、水管内径和外径，共9个参数。因此温控防裂措施共需3＋9＝12个参数进行表达。

综上所述，为对风机基础混凝土温度应力进行仿真模拟计算，共需考虑5＋32＋4＋5＋12＝58个参数。

第 8 章　风机基础混凝土系列仿真计算

8.1 工程资料

为对风电工程大体积混凝土基础温度应力及温控防裂的关键技术进行研究，本书针对四种不同类型的风机基础进行仿真计算。

1. 江苏高邮临泽风电场项目

江苏高邮临泽 37.5MW 风电场项目位于高邮市临泽镇东南部，为内陆平原风电场。场区中心距离高邮市约 32km。场区西南为江苏高邮东部风电场，向东临近兴化市。场区呈不规则形状，南北及东西跨度均约 5.5km，海拔为 1～2m，地形平坦，地貌主要为农田、鱼塘、河道和村庄。该项目共安装 15 台单机容量 2.5MW 风电机组，装机容量 37.5MW。在场区内新建一座 110kV 升压站，按 110kV 电压等级接入系统变电站。

风机基础采用现浇钢筋混凝土圆盘式基础，基础下设预应力混凝土抗拔管桩。风电机组基础直径 20.0m，圆盘厚 0.8～2.5m，埋深 3.45m，中墩直径 7.0m，中墩高度深 3.60m。单个基础混凝土总量约为 554.0m^3，垫层混凝土总量约 68.0m^3，钢筋用量约为 56.1t。

2. 江苏高邮甘垛风电场项目

江苏高邮甘垛风电场项目位于江苏省高邮市甘垛镇南部，在高邮东部风电场东南。风电场主要布置区域位于横泾河以南、第二沟以东，另有少部分风机位于横泾河以北。场区南北跨度约 10.5km，东西跨度约 6.0km，场区中心与高邮市市区直线距离约 29km。场区装机容量 62.5MW，在场区中部新建一座 110kV 升压站，以 110kV 电压等级接入电力系统。项目选用 2.5MW 风电机组，轮毂高度约 150m，风机基础设计等级为

1级，风机塔架基础采用现浇钢筋混凝土承台结构，基础型式采用扩展承台+桩基础。

风机基础采用空心圆盘基础，基础下设混凝土桩基，基础直径为20.0m，圆盘厚0.8～1.6m，埋深4.00m，中墩直径14.6m，单个基础混凝土总量约为575.0m^3，垫层混凝土用量65.5m^3，钢筋用量约为66.4t。

3. 江苏高邮东部风电项目

江苏高邮东部（100MW）风电项目工程位于江苏省高邮市，是江苏省能源消费结构调整规划的重点能源建设项目。项目场区内布置50台单机容量2.0MW的风电机组，总装机规模100MW。高邮东部风电场工程位于高邮市三垛、甘垛两个乡镇，距离高邮市约25km。

风机基础采用八边形筏板基础和空心圆盘基础。八边形筏板基础外接圆直径21.0m，中墩外接圆直径8.16m，基础底板厚度0.30m，主梁宽度1.2m，高1.6～3.20m，次梁宽1.0m，梁高1.20m，单个基础混凝土总量约为415.0m^3，垫层混凝土用量64.8m^3，钢筋用量约为45.1t。

4. 乌克兰尤日内风电项目

乌克兰尤日内风电项目位于敖德萨尤日内市limansky，本期风电场建设总装机容量为76.5MW，共有17台风机（单台风机容量4.5MW）。Limansky地理位置优越，位于敖德萨州东南部，以耕地和防护林为主，该地区北部与Berezivskyi接壤，西部与Blyyaevsky和Ivanivskyi区接壤，东部边界被Tiligulsky河口冲刷，这是敖德萨和米科拉耶夫地区的水边界。本项目交通便利，被一条具有国际意义的M-14公路和一条省道横穿，几乎贯穿整个项目。

风机基础采用现浇钢筋混凝土圆盘式基础，基础下设混凝土桩基。单个基础混凝土总量约为535.0m^3，垫层混凝土用量约为55.0m^3，钢筋用量约为51.5t。

5. 越南亚飞得多风电项目

越南亚飞得多风电项目位于越南嘉莱省，场地海拔范围为690～780m，坐标E108.19578°，N13.909483°，项目面积约15.69km^2，现场地势由北向南低、由东向西倾斜，地貌呈丘陵、高原、山谷交替。从5月到10月，嘉莱省受西南季风影响，天气普遍多云多雨。风电场本期共安装31台单机容量4.5MW的风电机组，总装机容量为139.5MW，每台风机配套一台35kV电压等级的5000kVA的箱式变压器，通过7条35kV地埋式集电线路，将电能送至220kV升压站。

风机基础采用现浇钢筋混凝土圆盘式基础，基础混凝土包含C35混凝土和C50混凝土，风电机组基础直径为23.8m，圆盘厚0.8～3.0m，埋深4.5m，中墩直径7.0m，中墩高度深4.50m。单个基础C35混凝土用量约为805.7m^3，C50混凝土用量约为

57.73m³，垫层混凝土用量约为103.2m³，钢筋用量约为85.9t。

根据所提供的工程信息，将需要研究的风电基础型式进行归纳，可以归纳为以下四类，如图8-1～图8-4所示。为了方便区分，将四种风机基础分别命名为：小实心圆盘基础（桩承实心圆盘基础）、空心圆盘基础、八边形筏板基础、大实心圆盘基础（非桩承实心圆盘基础）。

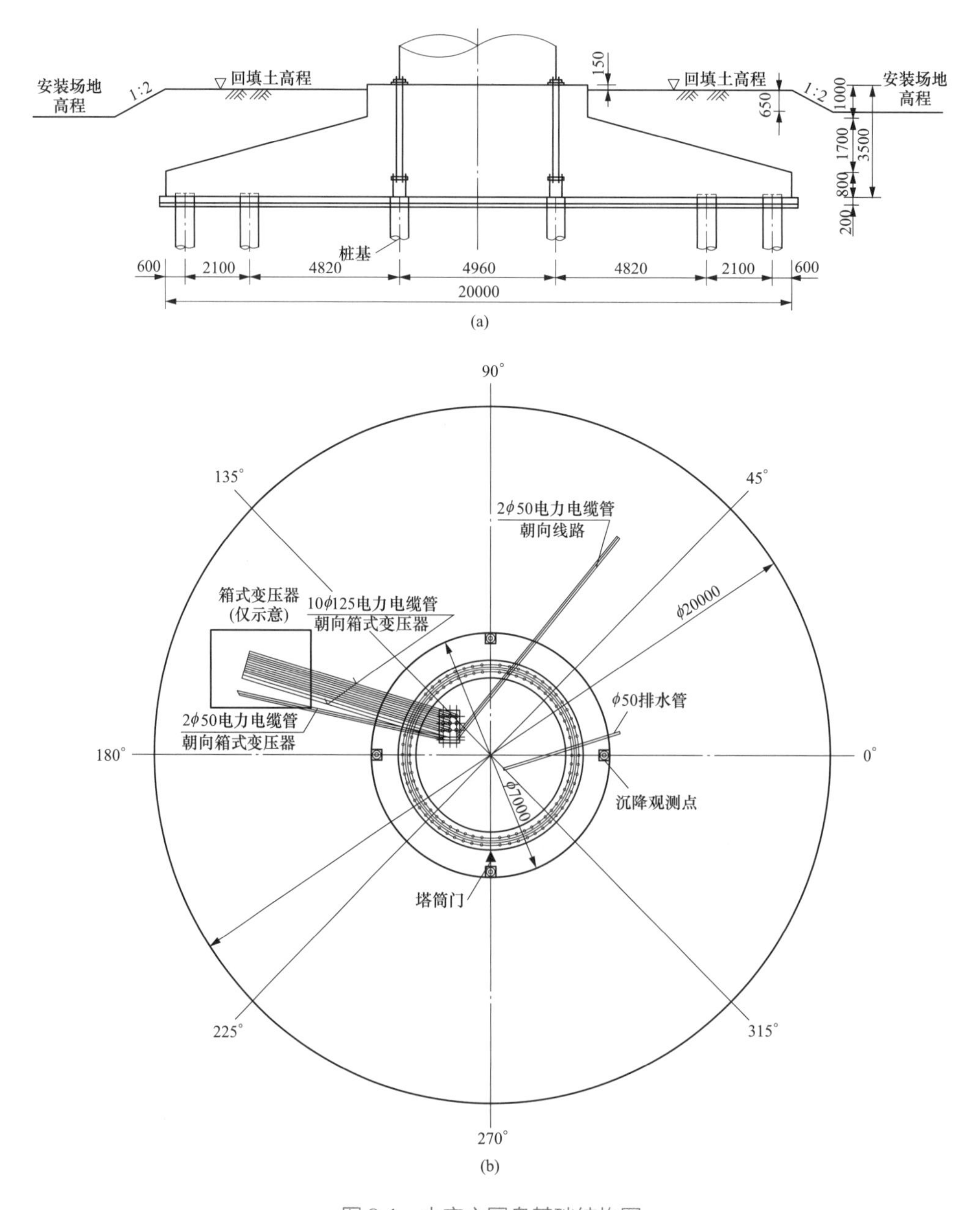

图8-1　小实心圆盘基础结构图

（a）剖面图；（b）平面图

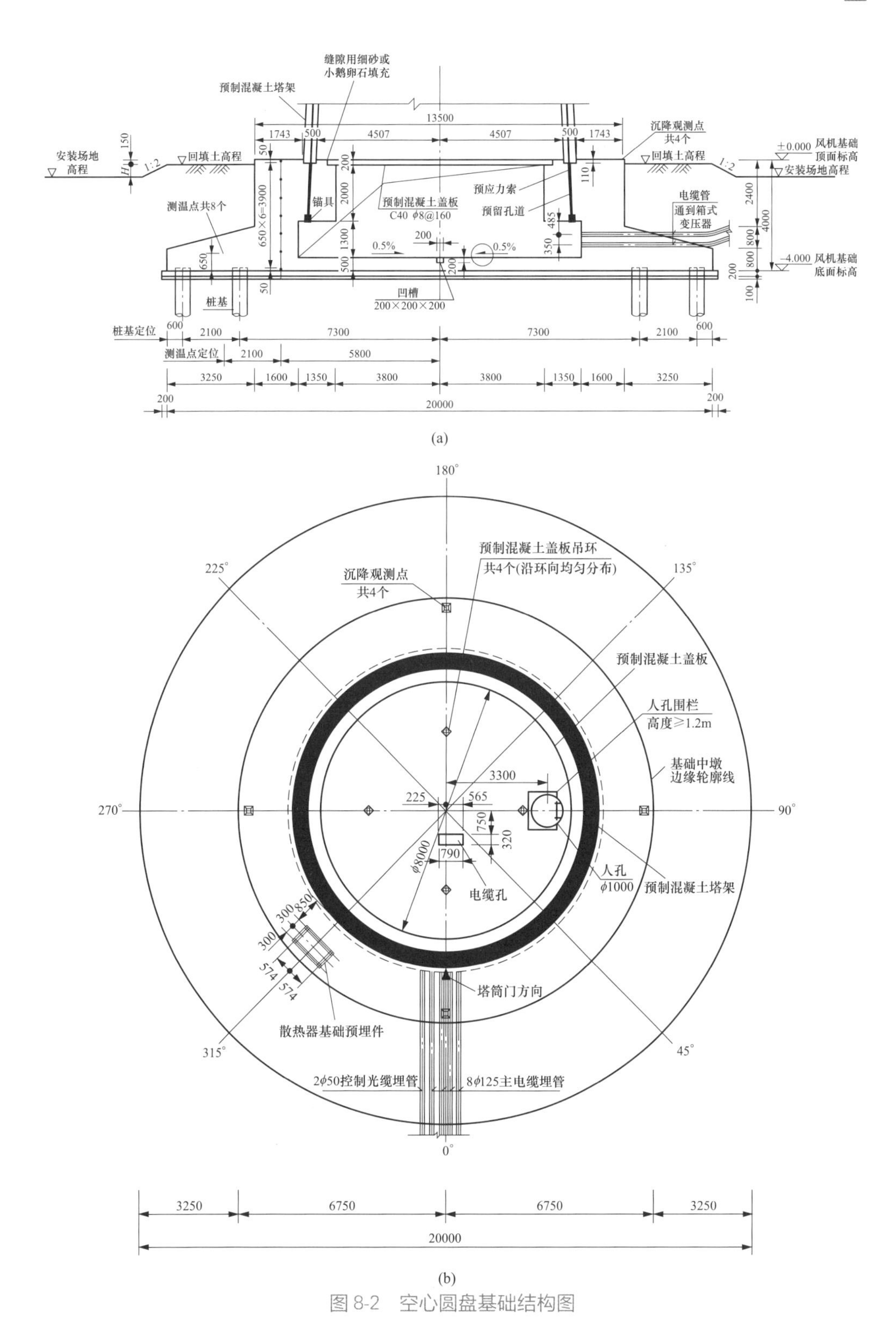

图8-2　空心圆盘基础结构图

(a) 剖面图；(b) 平面图

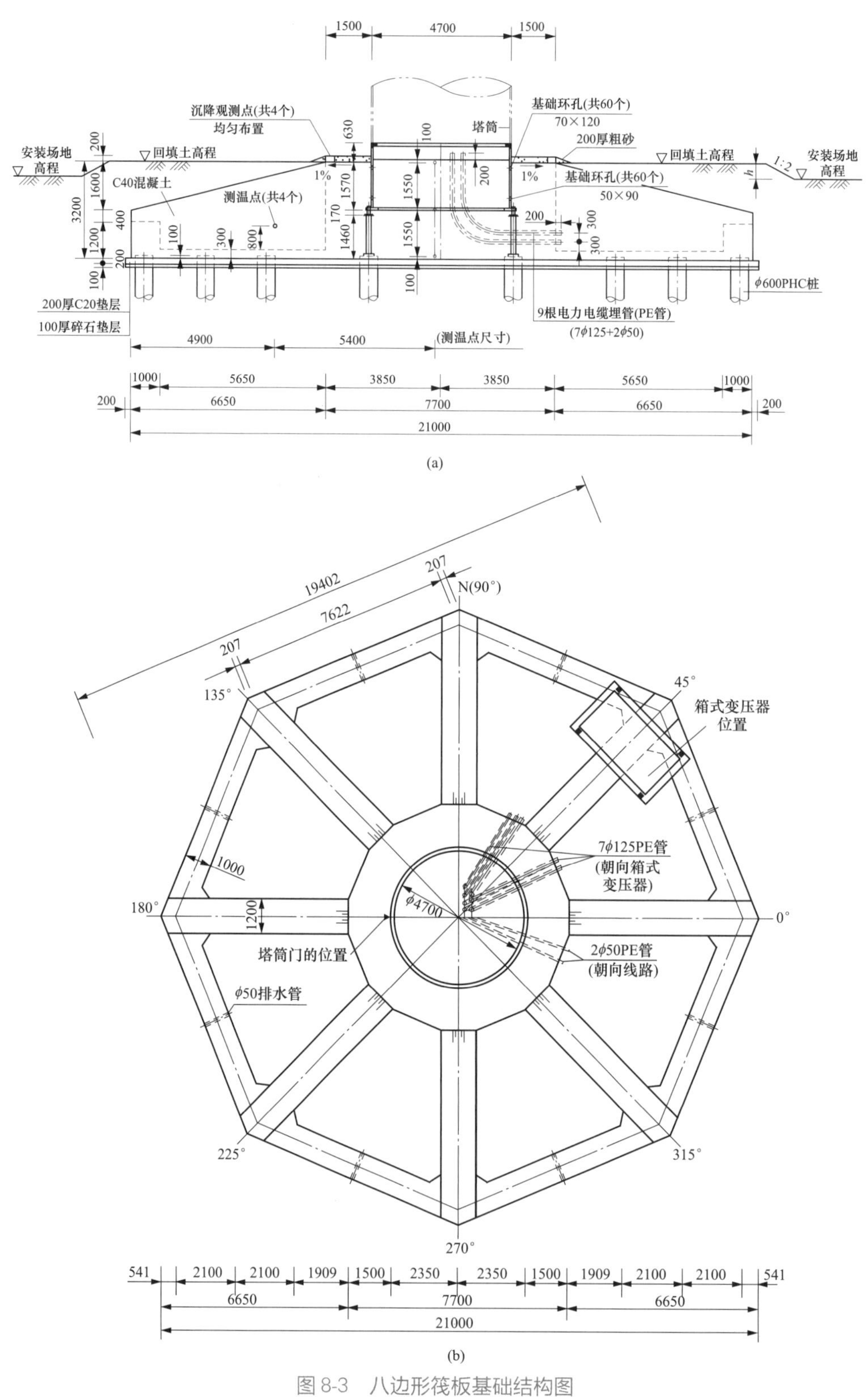

图 8-3 八边形筏板基础结构图

（a）剖面图；（b）平面图

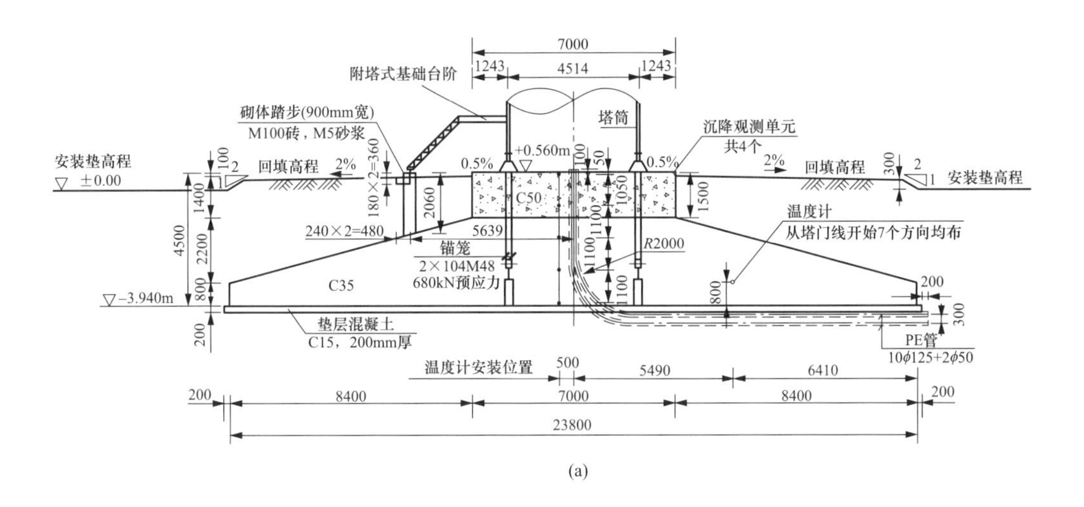

(a)

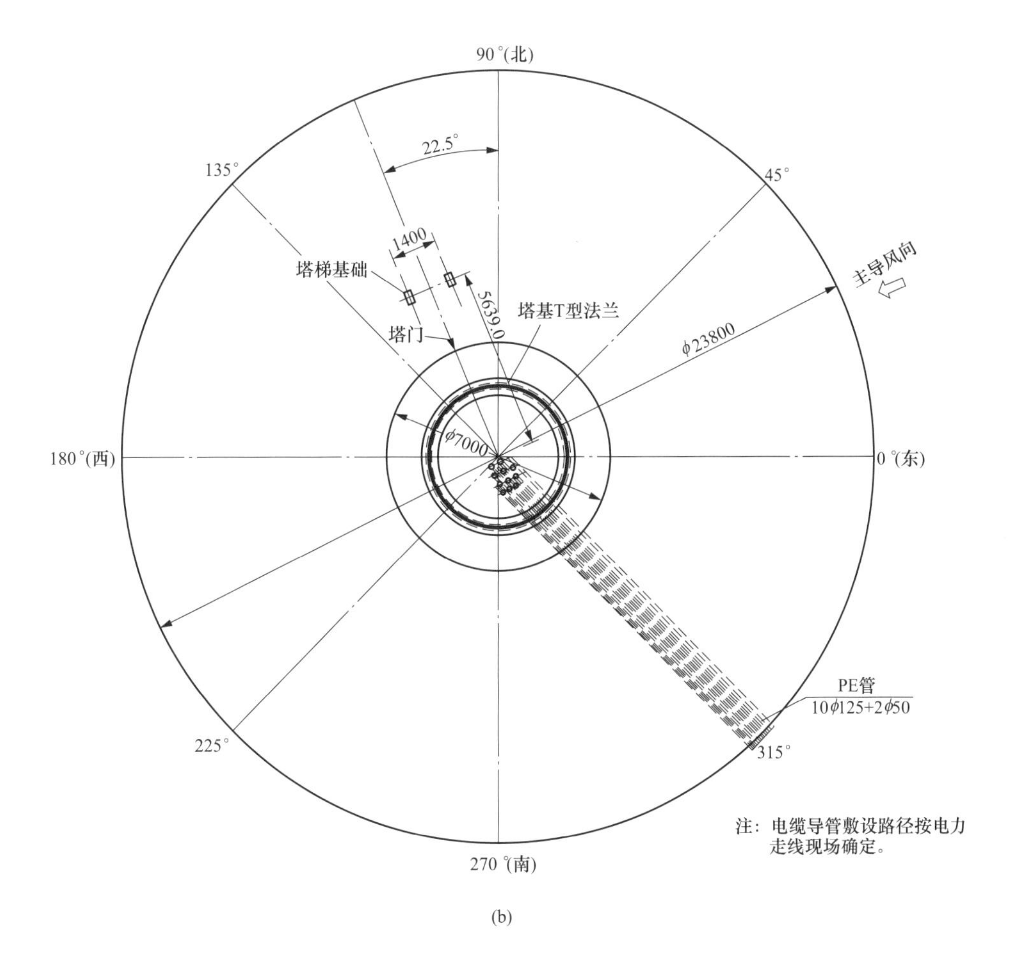

(b)

图 8-4 大实心圆盘基础结构图

(a) 剖面图；(b) 平面图

8.2 典型小实心圆盘基础温度应力仿真计算分析

8.2.1 工程概况

高邮临泽 37.5MW 风电场项目风机基础采用现浇钢筋混凝土圆形扩展基础。风电机组基础直径为 20.0m，圆盘厚 0.8～2.5m，埋深 3.45m，中墩直径 7.0m，中墩高度深 3.60m，单个基础混凝土总量约为 554.0m³，风机基础竖向剖面图如图 8-1（a）所示。地基为软基，主要由第四系全新统、上更新统冲积、湖积成因的粉质黏土、黏土、粉土等组成。

8.2.2 计算参数

1. 材料性能参数

土基和混凝土的热学参数和力学参数分别如表 8-1 和表 8-2 所示。

表 8-1　　材料的热学参数

材料	导温系数 [kJ/(m·h·℃)]	导热系数 (m²/h)	比热 [kJ/(kg·℃)]	绝热温升公式
土基	0.0019	3.78	1.05	—
C20 混凝土	0.0038	8.88	0.98	$Q(\tau)=37.6(1-e^{-1.363\tau})$
C40 混凝土	0.0038	8.78	0.96	$Q(\tau)=60.76/(1-e^{-0.69\tau^{0.56}})$
覆土	0.0019	3.78	1.05	—

表 8-2　　材料的力学参数

材料	密度 ρ (kg/m³)	泊松比 μ	线膨胀系数 (10⁻⁶/℃)	弹性模量表达式 (GPa)
土基	1900	0.3	5	$E(\tau)=0.04$
C20 混凝土	2400	1/6	9	$E(\tau)=36.98(1-e^{-0.40\tau^{0.34}})$
C40 混凝土	2420	1/6	9	$E(\tau)=47.13(1-e^{-0.40\tau^{0.34}})$
覆土	1900	0.3	5	$E(\tau)=0.04$

混凝土徐变度计算采用朱伯芳院士建议的公式

$$C(t,\tau)=\left(\frac{0.230}{E_0}\right)(1+9.20\tau^{-0.450})[1-e^{-0.30(t-\tau)}]+\left(\frac{0.520}{E_0}\right)(1+1.70\tau^{-0.450})[1-e^{-0.005(t-\tau)}] \tag{8-1}$$

式中 τ ——加载龄期；

t ——持荷时间。

在大体积混凝土的温度应力的仿真计算中发现，混凝土产生温度裂缝均由于温度应力大于混凝土的允许拉应力。与混凝土弹性模量类似，混凝土的允许拉应力也会随着龄期增长而不断增长，最终趋于稳定。

由于风电机组基础设计相关规范中尚未对温度应力有所规定，本小节采用《混凝土坝温度控制设计规范》（NB/T 35092—2017）中对混凝土最大温度应力的要求来进行估算。采用综合安全系数法时，施工期混凝土温度应力应满足下式要求

$$\sigma \leqslant \varepsilon E/K_f \tag{8-2}$$

式中 σ ——混凝土最大温度应力，MPa；

ε ——混凝土极限拉伸值；

E ——混凝土弹性模量，MPa；

K_f ——综合安全系数。

混凝土极限拉伸 ε 与抗压强度 R_c（立方体强度）之间关系如下

$$\varepsilon=31.7R_c^{0.30}\times 10^{-6} \tag{8-3}$$

混凝土抗压强度与龄期的关系如下

$$R_c(\tau)=R_{c28}\left[1+m\cdot\ln\left(\frac{\tau}{28}\right)\right] \tag{8-4}$$

式中 $R_c(\tau)$ ——龄期 τ 时混凝土抗压强度；

R_{c28} ——龄期为28天时混凝土抗压强度；

m ——系数，与水泥品种有关。

由式（8-2）～式（8-4）便可求出混凝土在各龄期的极限拉应力值。

C40混凝土的允许拉应力曲线经式（8-2）～式（8-4）计算可得

$$\sigma \leqslant \frac{31.7\times\left\{38\times\left[1+0.2367\ln\left(\frac{\tau}{28}\right)\right]\right\}^{0.30}\times 47.13\times(1-e^{-0.4\tau^{0.34}})}{1.65} \tag{8-5}$$

式中　τ——龄期。

2. 外界环境参数

据该风电场最近的气象站资料显示，风电场多年平均气温约15.32℃，年平均风速约2.54m/s。各月平均气温和风速如表8-3所示。

表8-3　　各月平均气温和风速

月份	1	2	3	4	5	6	7	8	9	10	11	12
气温(℃)	2.1	4.1	8.3	14.4	20.1	24.2	27.5	27.1	23	17.6	10.9	4.5
风速(m/s)	2.4	2.6	2.9	2.8	2.8	2.7	2.5	2.6	2.4	2.2	2.3	2.3

3. 施工参数

此风机基础施工流程为：5月1日进行风机基础土方开挖；5月4日浇筑C20混凝土垫层；5月11日浇筑基础C40混凝土；5月26日进行覆土。

8.2.3　有限元模型

本小节使用基于ANSYS的UPFs二次开发形成的三维有限元徐变温度应力模拟软件进行仿真模拟计算。由于温度场计算的初始条件对结果影响较大且难以确定，为得到准确的温度场初始条件，需将各单元参数改为土基的值，模拟开挖前的土基状况，然后将地基温度场提前计算一段时间，使地基温度和外界气温相协调，经过数次计算发现提前计算一年即满足要求，故将提前计算中第365天的温度场结果作为正式计算中地基的初始温度场，提前一年温度场计算有限元模型如图8-5（a）所示。由于软基对结构温度变形的约束作用很小，在保证计算精度的原则下，为提高计算效率，采用大模型计算温度场，小模型计算应力场的方法，将大模型计算的温度场结果转换为小模型的温度荷载。

根据结构的对称性，取1/4基础进行实体建模分析。为得到精确的温度场计算结果，温度场计算模型包含土基、垫层、基础主体和覆土，温度场计算模型共含单元7465个，节点8768个，温度场计算有限元模型如图8-5（b）所示。在应力场计算中仅考虑温度荷载和混凝土自重，应力场计算模型包含垫层和基础主体，应力场计算模型共含单元 2140 个，节点 2734 个，应力场计算有限元模型如图 8-5（c）所示。在计算过程中使用“生死”单元可实现对风机基础的开挖、混凝土浇筑及覆土全流程的仿真模拟计算。

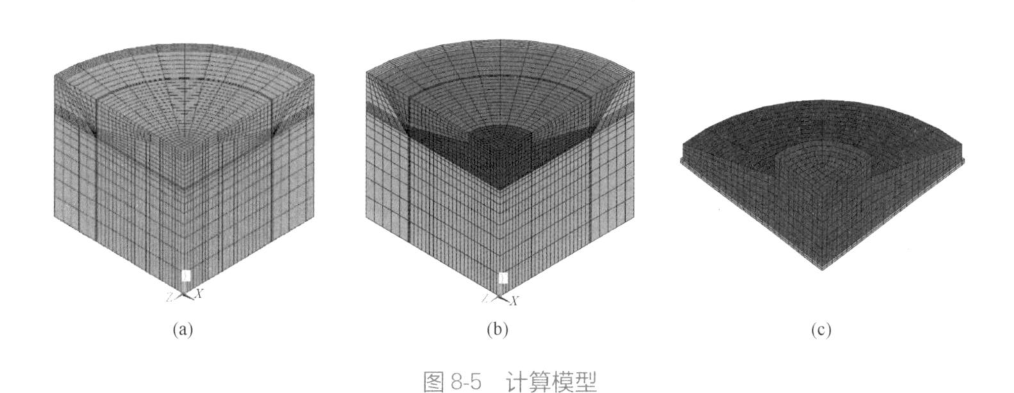

图 8-5　计算模型

（a）提前一年温度场计算模型；（b）温度场计算模型；（c）应力场计算模型

8.2.4　计算流程说明

风机基础的仿真模拟计算可分为三个步骤，即提前计算一年基础温度场、温度场计算和应力场计算，详细的计算过程如图 8-6 所示。为实现小实心圆盘基础温度应力的仿真模拟计算，使用 APDL 和 UPFs 编写计算及二次开发程序共约 8000 行，其中大小模型转换的 MATLAB 程序约 100 行；提前一年地基温度场计算程序 2660 行；风机基础温度场计算程序约 2610 行；风机基础应力场计算程序约 2339 行。

在后处理阶段，为方便对计算结果进行分析，编写了用于分析和出图的 MATLAB 程序，约 7800 行，该程序可根据计算输出的各时刻各节点的节点号、节点位置信息、温度值和应力值自动计算风机基础混凝土整体的最高温度和最大应力，各部位的温度值、应力值、内外温差值、温度梯度值、温降差，此外还能自动绘制出整体的最高温度包络图、最大应力包络图、各部位内外温差变化过程线、各部位温度梯度变化过程线、内部温降值变化过程线、各节点的温度变化过程线、各节点应力变化过程线。此外，还编制了多个 APDL 程序和 Python 程序，对 MATLAB 程序进行完善和补充，使风机基础温度应力计算结果的分析更加高效。

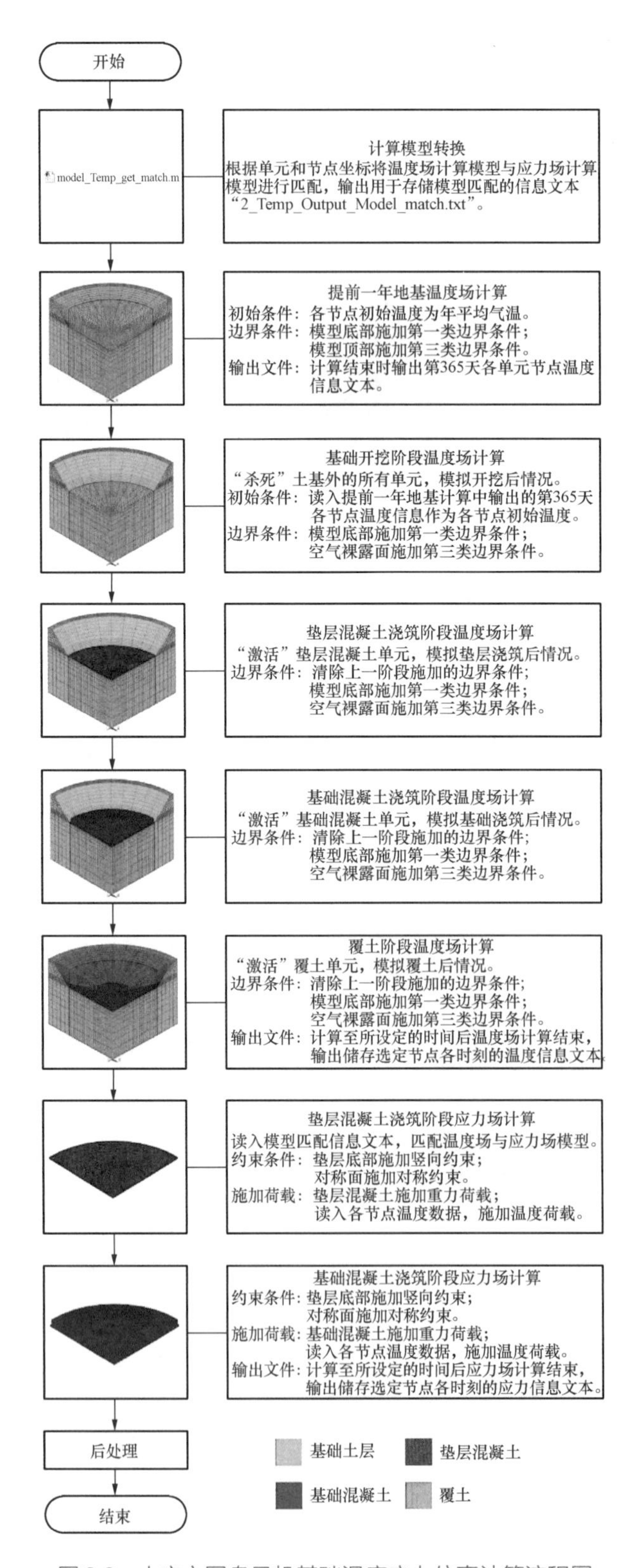

图 8-6　小实心圆盘风机基础温度应力仿真计算流程图

8.2.5 计算结果

在此风机基础实例计算中，选取圆盘倾斜表面多个节点和中心部位多个节点，根据其温度和应力变化绘制出了相应部位的温度和应力变化过程线，见图 8-7～图 8-14。根据计算结果，选取各部位最大温度和最大应力，绘制出温度和应力包络线，见图 8-15、图 8-16。

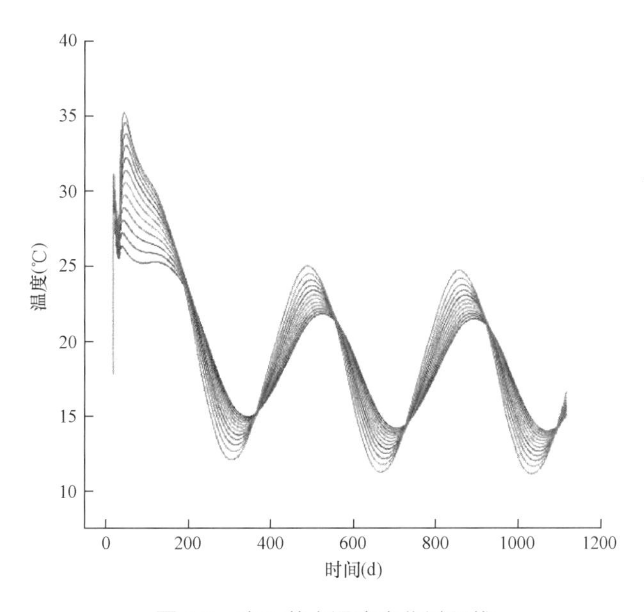

图 8-7　表面节点温度变化过程线

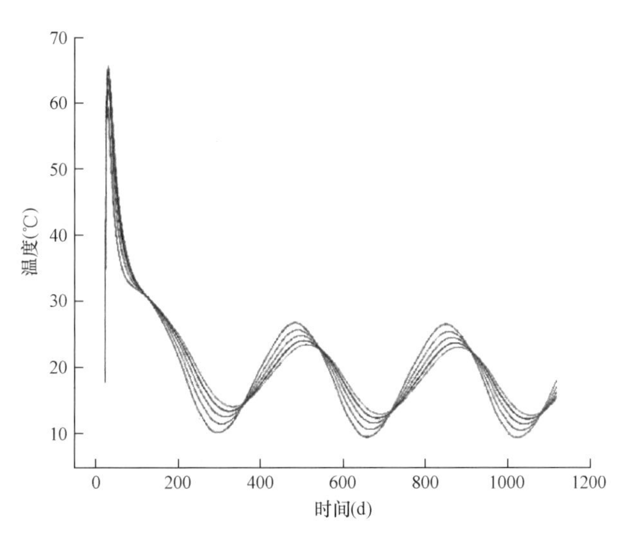

图 8-8　中心节点温度变化过程线

由图 8-7 和图 8-8 可以看出，在浇筑阶段，风机基础表面温度在浇筑后 3 天左右时从浇筑温度 18℃上升至极值温度 31℃，然后由于表面散热速率大于水化热，表面温度下降；内部节点温度在此期间由于混凝土水化热温度快速上升，在浇筑后 7 天左右温度达到最大值 65℃，之后温度开始下降。在覆土及以后的阶段，风机基础表面由于覆土的存在，散热速率降低，温度又开始缓慢上升，在浇筑后第 27 天左右升至最大值 36℃，之后缓慢下降至准稳定状态，随气温以年为周期进行变化；内部节点在此阶段温度下降至准稳定状态，随气温以年为周期进行变化。为便于观察，选取表面和内部典型节点，绘制其前 400 天的温度变化过程线，如图 8-9 所示。

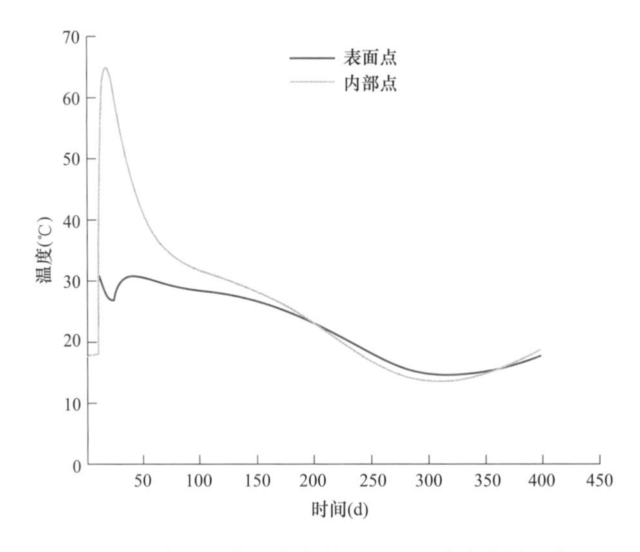

图 8-9　表面和中心节点前 400 天温度变化过程线

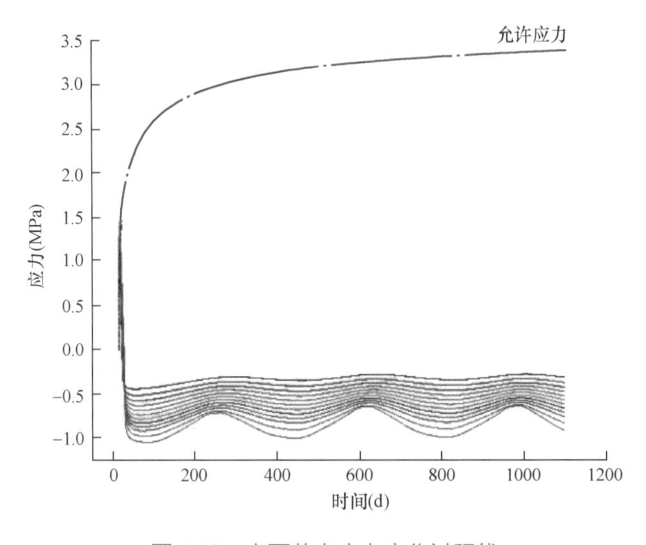

图 8-10　表面节点应力变化过程线

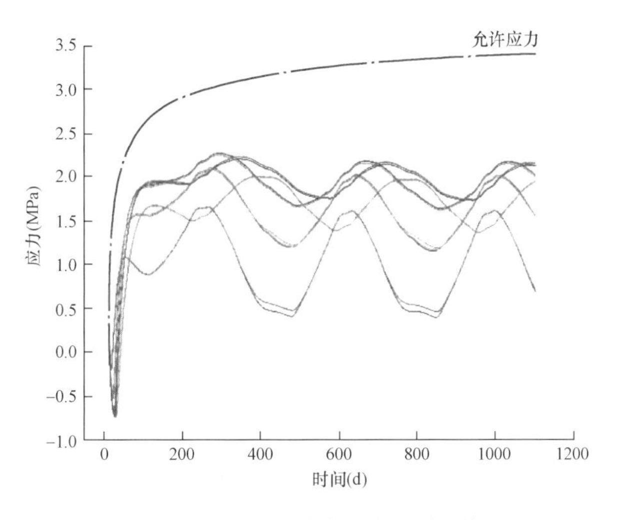

图 8-11　中心节点应力变化过程线

由图 8-10 和图 8-11 可以看出，在浇筑阶段，风机基础表面节点在浇筑后 3 天左右拉应力达到最大值 1.5MPa，但此时混凝土的抗裂能力较低，拉应力超过了混凝土的允许应力，表面会产生温度裂缝，之后应力开始下降；内部节点在此阶段会出现压应力，此阶段内部没有开裂的风险。在覆土及以后的阶段，表面节点应力从拉应力降至压应力，之后随气温以年为周期进行变化，有利于限制温度裂缝的发展；内部节点在此阶段由于温降压应力快速变为拉应力，在浇筑后 290 天左右（冬季）达到最大值 2.26MPa，之后随气温以年为周期进行变化。为便于观察，选取表面和内部节点，绘制其前 20 天的应力变化过程线，如图 8-12 和图 8-13 所示；选取表面和内部典型节点，绘制其前 100 天的应力变化过程线，如图 8-14 所示。

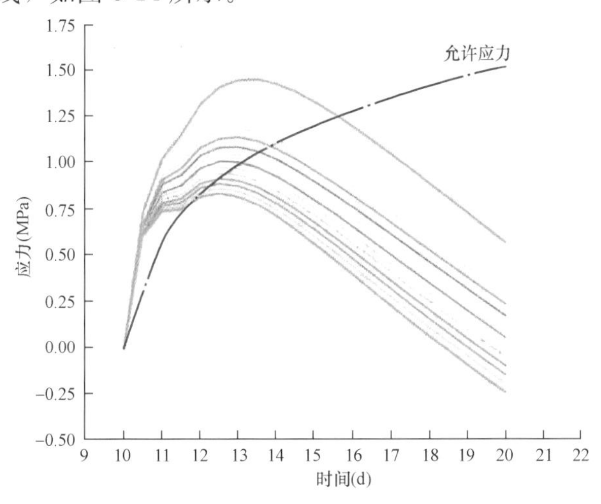

图 8-12　表面节点前 20 天应力变化过程线

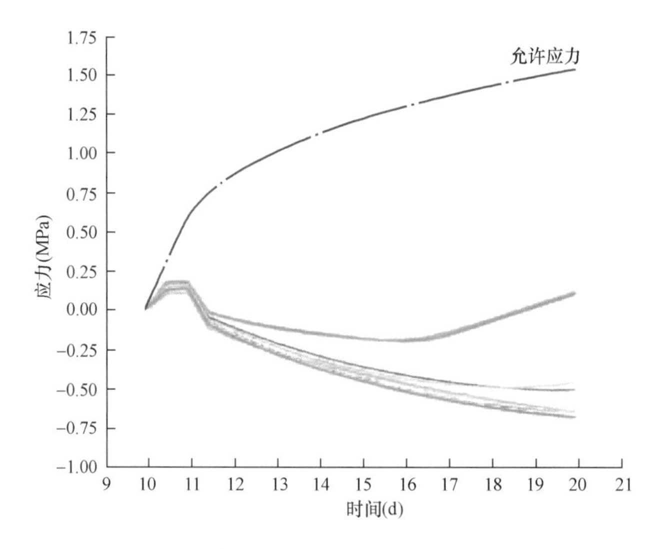

图 8-13　中心节点前 20 天应力变化过程线

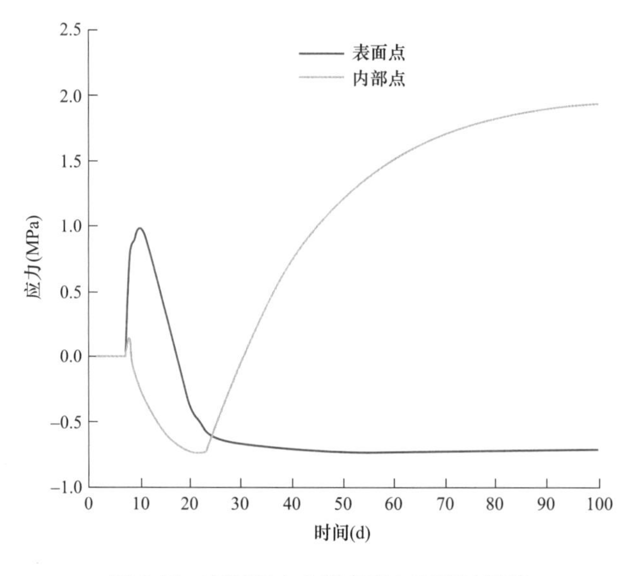

图 8-14　表面和中心节点应力变化过程线

由图 8-15 的温度包络线可知，此风机基础最高温度发生在风机基础中轴线上距顶端 2.25m 的中心部位附近，最高约 65℃。由图 8-16 的应力包络线可知，最大应力与最高温度类似，也发生在相同位置附近，最大约 2.2MPa。圆形扩展风机基础的最大温度应力和最高温度均呈由内向外递减。

综上所述，小实心圆盘风机基础表面最大应力发生在早期，数值不大，但此时混凝土的抗裂能力较低，可能会出现温度裂缝，之后拉应力会逐渐减小，甚至变为压应力，

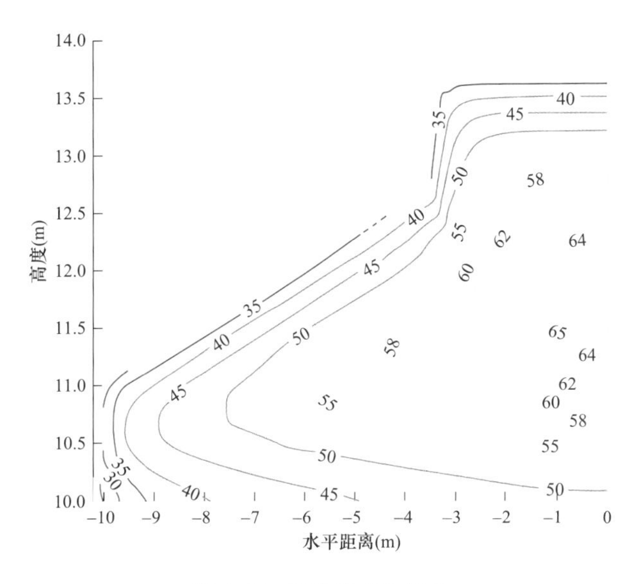

图 8-15　最高温度包络图

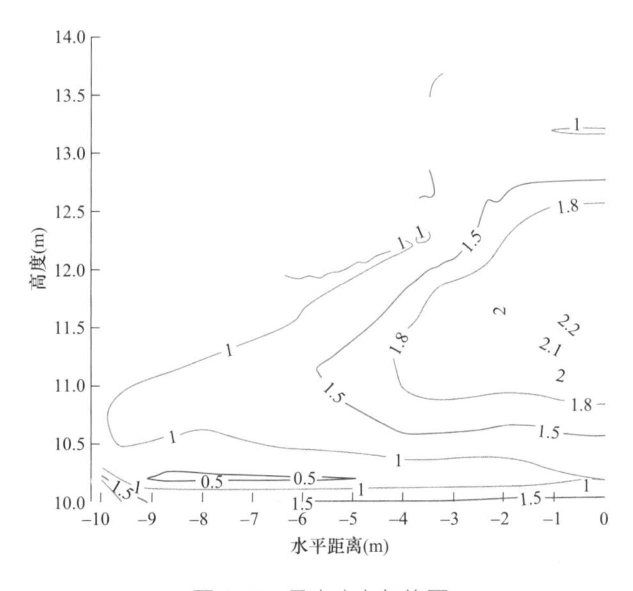

图 8-16　最大应力包络图

限制表面裂缝的发展，故该温度裂缝多为表面裂缝。风机基础最大应力发生在后期的中心部位，数值较大，存在开裂的风险，如图 8-17 和图 8-18 所示的绝热温升为 80℃时的风机基础应力包络线和中心部位应力变化过程线（混凝土内部最高应力可达 5.5MPa，远超混凝土允许应力），若风机基础内部产生裂缝，不易观察且危害严重，故中心部位温度应力应受重视。

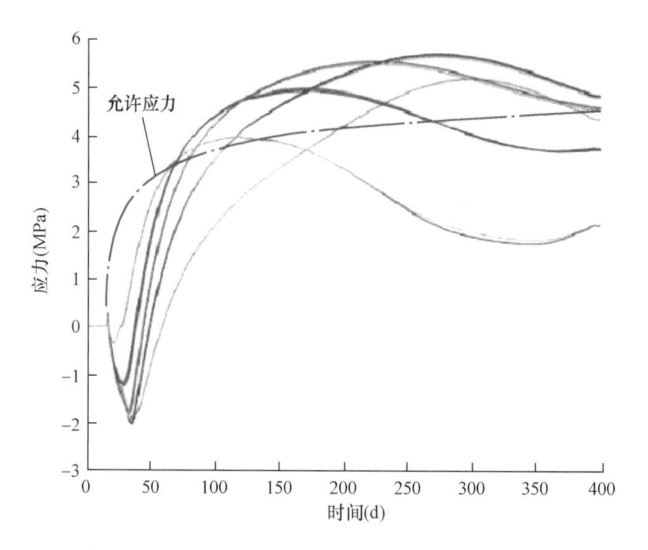

图 8-17 θ_0 = 80℃时内部节点应力变化过程线

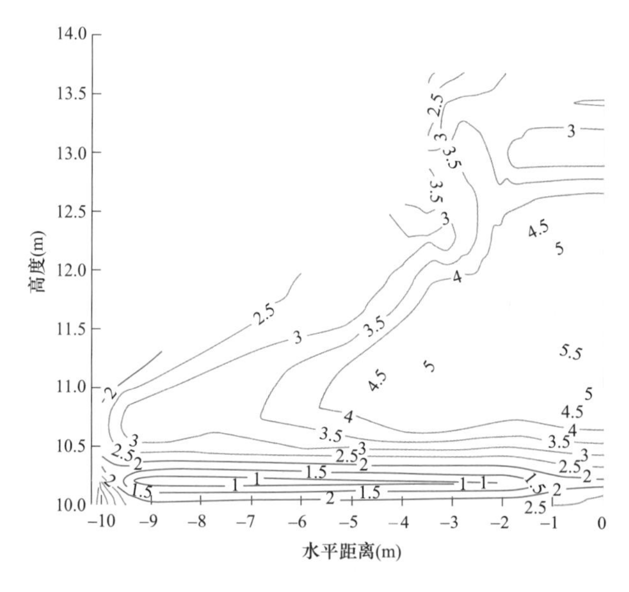

图 8-18 θ_0 = 80℃时最大应力包络图

8.2.6 结果分析

1. 内外温差与表面应力

选取扩展部分混凝土表面和扩展部分混凝土中部区域，计算其温差。图 8-19 表示表面节点温度、内外温差、外气温和表面节点平均应力变化趋势。由图 8-19 可看出，温差与表面平均应力的变化趋势相同，即内外温差越大，混凝土表面的温度应力越大，平均应力达到最大值 1.15MPa 时，内外温差也达到最大值 24.6℃。之后，表面节点平均应力和温差均开始下降并随气温呈现周期性变化，基本同时达到极大值和极小值。

通过对比发现，表面温度与表面应力的相关性远不如内外温差与表面应力的相关性。在实际工程中可通过监测风机基础表面内外温差来反映表面应力的变化。

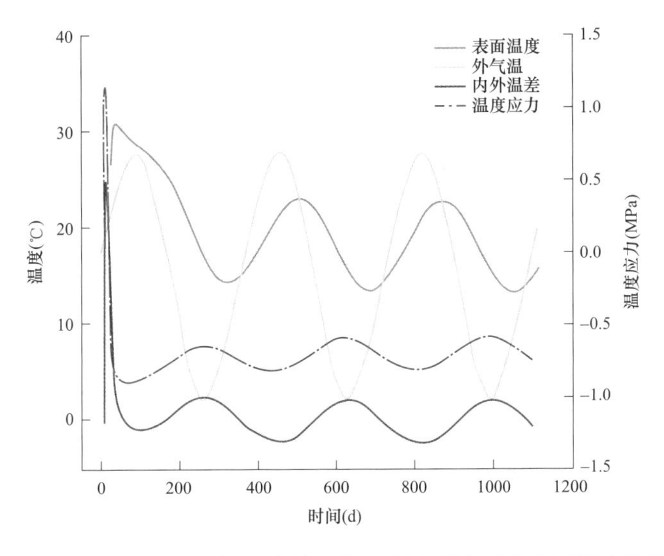

图8-19　表面节点温度、内外温差、外气温与应力随时间变化图

2. 温度梯度与应力

取风机基础内部温度大于表面温度而引起的温度梯度为正值，取风机基础表面温度大于内部温度而引起的温度梯度为负值，将扩展部分混凝土表面区域的内外温差、温度梯度和温度应力绘制成图8-20。

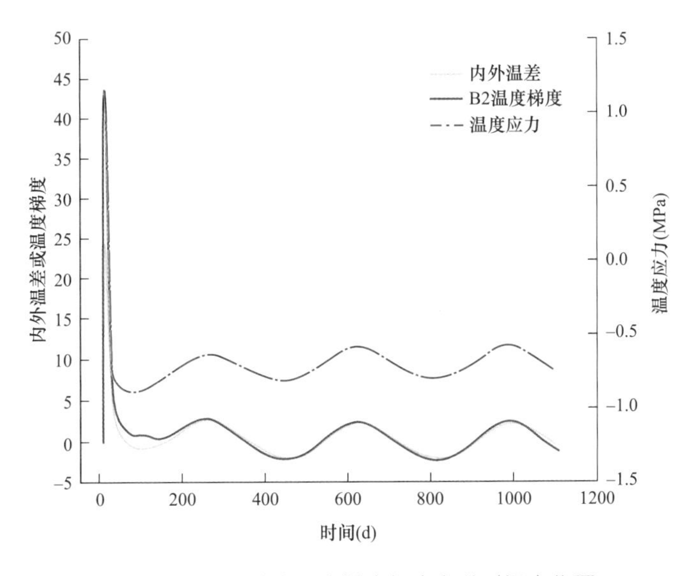

图8-20　表面节点温度梯度与应力随时间变化图

由图 8-20 可知，表面部位温度梯度与温度应力类似，均在第 3 天左右与温度应力达到最大值，随后减小并以年为周期变化。温度梯度与表面应力的变化趋势也有很好的相关性，故温度梯度也可作为反映表面应力的一个指标。

3. 温降值与应力

中心部位的温降值指风机基础中心部位混凝土在达到最高温度后，混凝土各时刻温度与该部位最高温度的差值。由图 8-21 可以看出，风机基础中墩中部温降值和应力的变化趋势相同，均在浇筑后 0～290 天内增长，在第 290 天附近，中墩中部温降值达到最大值 51℃，温度应力值也达到最大值 1.98MPa，之后均以年为周期变化，中墩中部温度应力随温降值的增大而增大，随温降值的减小而减小。中心部位的温降值与应力变化趋势相同是由于风机基础内部最高温度远大于表面最高温度，内部温度下降时，内部变形较大，结构会受到自身约束，在内部产生拉应力，温降值越大，所产生的拉应力也就越大。

通过对比发现，内部温度与内部应力的相关性远不如温降值与内部应力的相关性。在实际工程中可通过监测风机基础内部温降值来反映内部应力的变化。

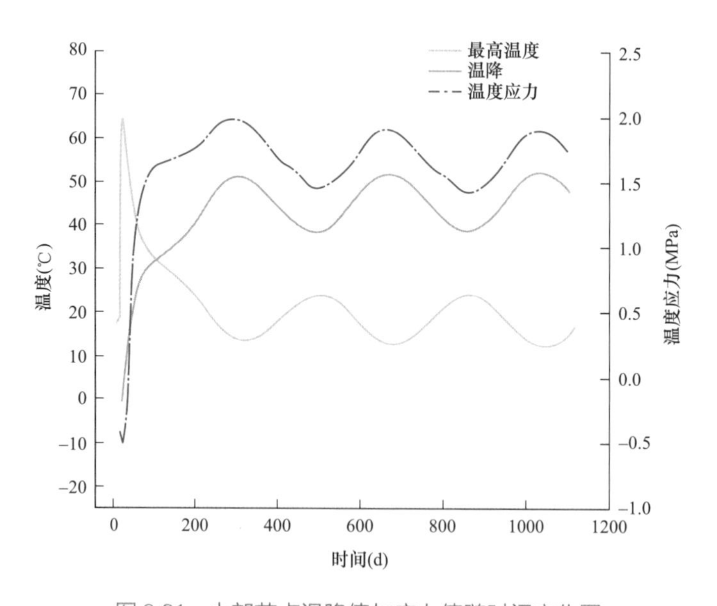

图 8-21 中部节点温降值与应力值随时间变化图

8.3 典型空心圆盘基础温度应力仿真计算分析

8.3.1 工程概况

高邮甘垛 62.5MW 风电场空心圆盘基础直径为 20.0m，圆盘厚 0.8～1.6m，埋深 4.00m，中墩直径 14.6m，单个基础混凝土总量约为 575.0m^3，垫层混凝土用量 65.5 m^3，钢筋用量约为 66.4t，风机基础竖向剖面图如图 8-2（a）所示。地基为软基，主要由第四系全新统、上更新统冲积、湖积成因的粉质黏土、黏土、粉土等组成。

8.3.2 计算参数

1. 材料性能参数

土基和混凝土的热学参数和力学参数分别如表 8-4 和表 8-5 所示。

表 8-4　　材料的热学参数

材料	导温系数 [kJ/(m · h · ℃)]	导热系数 (m^2/h)	比热 [kJ/(kg · ℃)]	绝热温升公式
土基	0.0021	2.88	1.05	—
C20 混凝土	0.0038	8.88	0.98	$Q(\tau)=37.6(1-e^{-1.363\tau})$
C40 混凝土	0.0038	8.78	0.96	$Q(\tau)=60.76/(1-e^{-0.69\tau 0.56})$
覆土	0.0021	2.88	1.05	—

表 8-5　　材料的力学参数

材料	密度 ρ (kg/m^3)	泊松比 μ	线膨胀系数 (10^{-6}/℃)	弹性模量表达式 (GPa)
土基	1300	0.3	5	$E(\tau)=0.04$
C20 混凝土	2400	1/6	9	$E(\tau)=36.98(1-e^{-0.40\tau 0.34})$
C40 混凝土	2420	1/6	9	$E(\tau)=47.13(1-e^{-0.40\tau 0.34})$
覆土	1300	0.3	5	$E(\tau)=0.04$

混凝土徐变度的公式、C40 混凝土的允许拉应力曲线与 8.2 节相同。

2. 外界环境参数

据该风电场最近的气象站资料显示，风电场多年平均气温约 8.26℃，年平均风速约 1.8m/s。各月平均气温和风速如表 8-6 所示。

表 8-6　各月平均气温和风速

月份	1	2	3	4	5	6	7	8	9	10	11	12
气温(℃)	−8.4	−3.9	2.9	10.8	16.7	20.9	22.7	21	15.4	7.8	0	−6.8
风速(m/s)	1.8	1.8	1.8	1.8	1.8	1.8	1.8	1.8	1.8	1.8	1.8	1.8

3. 施工参数

此风机基础施工流程为：3 月 20 日进行风机基础土方开挖；4 月 5 日浇筑 C20 混凝土垫层；4 月 20 日浇筑基础 C40 混凝土；5 月 4 日进行覆土。

8.3.3　有限元模型

分析软件、地基初始温度场的处理、应力计算采用温度计算中局部小模型的转换处理方法和过程均与 8.2 节相同。

取 1/4 基础进行实体建模分析，提前一年的基础初始温度分布计算有限元模型如图 8-22（a）所示。温度场计算模型包含土基、垫层、基础主体和覆土，共含单元 14811 个，节点 17020 个，温度场计算有限元模型如图 8-22（b）所示。在应力场计算中仅考虑温度荷载和混凝土自重，应力场计算模型包含垫层和基础主体，应力场计算模型共含单元 4711 个，节点 5908 个，应力场计算有限元模型如图 8-22（c）所示。在计算过程中使用“生死”单元可实现对风机基础的开挖、混凝土浇筑及覆土全流程的仿真模拟计算。

8.3.4　计算流程说明

与 8.2 节小实心圆盘的分析过程相同，空心圆盘风机基础的仿真模拟计算也分为三

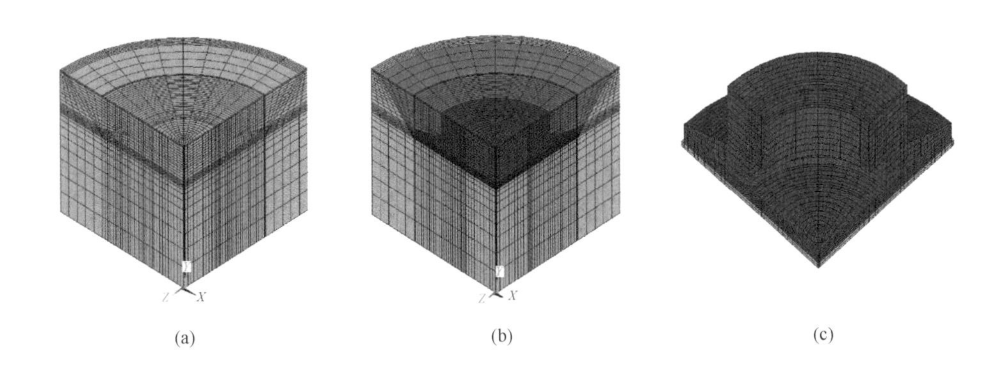

(a) (b) (c)

图8-22 计算模型

(a) 提前一年温度场计算模型；(b) 温度场计算模型；(c) 应力场计算模型

个步骤，即提前计算一年基础温度场、温度场计算和应力场计算，详细的计算过程如图8-23所示。

8.3.5 计算结果

在空心圆盘风机基础实例计算中，选取圆盘倾斜表面多个节点和中心部位多个节点，根据其温度和应力变化绘制出了相应部位的温度和应力变化过程线，见图8-24～图8-32。根据计算结果，选取各部位最大温度和最大应力，绘制出温度和应力包络线，见图8-33、图8-34。

由图8-24和图8-25可以看出，在浇筑阶段，风机基础表面温度在浇筑后3天左右时从浇筑温度13.5℃上升至最高温度27℃，然后由于表面散热速率大于水化热，表面温度下降；内部节点温度在此期间由于混凝土水化热温度快速上升，在浇筑后4天左右温度达到最大值50℃，之后温度开始下降。在覆土及以后的阶段，风机基础表面由于覆土的存在，散热速率降低，温度又开始缓慢上升，在浇筑后第50天左右升至极值23℃，之后缓慢下降至准稳定状态，随气温以年为周期进行变化；内部节点在此阶段温度下降至准稳定状态，随气温以年为周期进行变化。为便于观察，选取表面和内部典型节点，绘制其前400天的温度变化过程线，如图8-26所示。

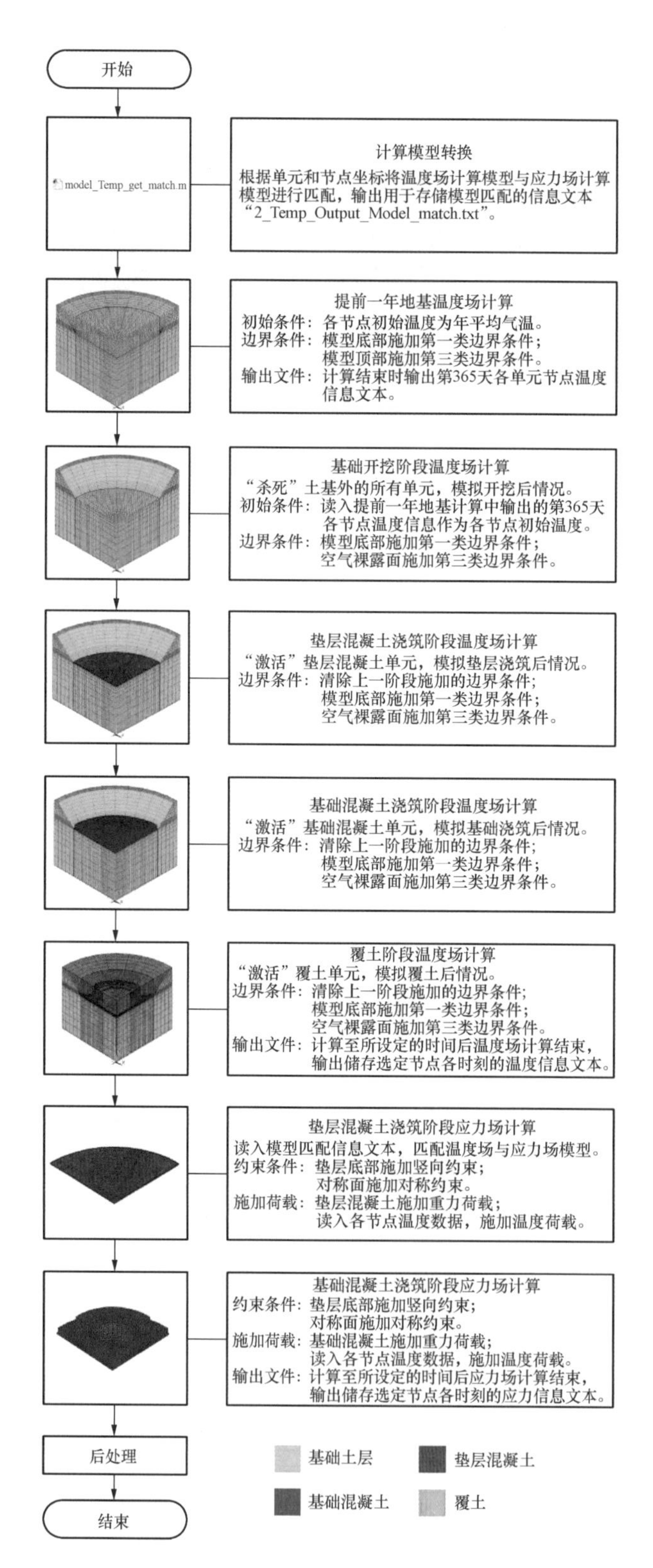

图 8-23　空心圆盘风机基础温度应力仿真计算流程图

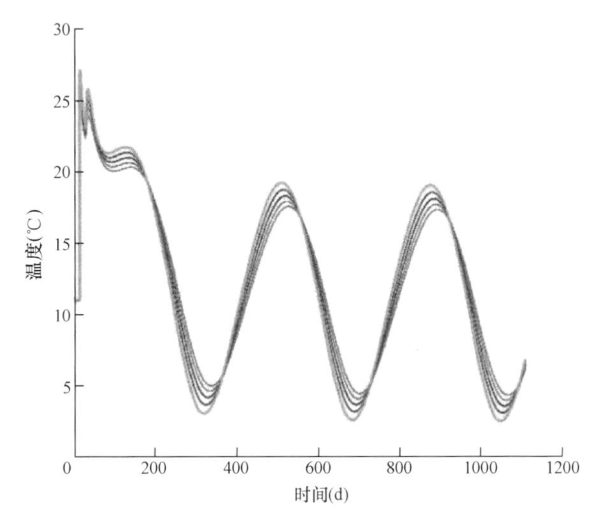

图 8-24　表面节点温度变化过程线

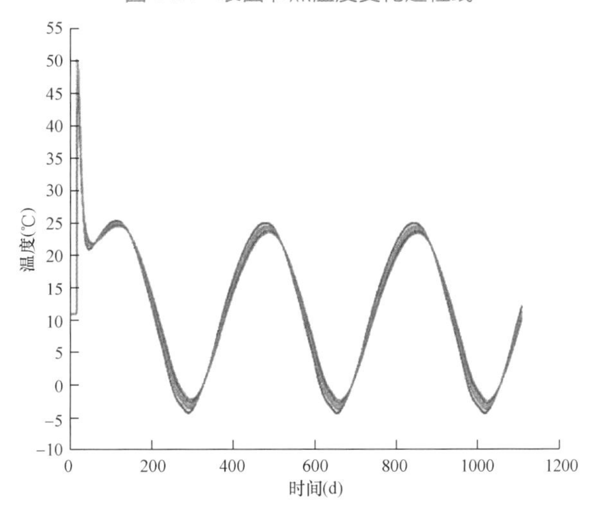

图 8-25　中心节点温度变化过程线

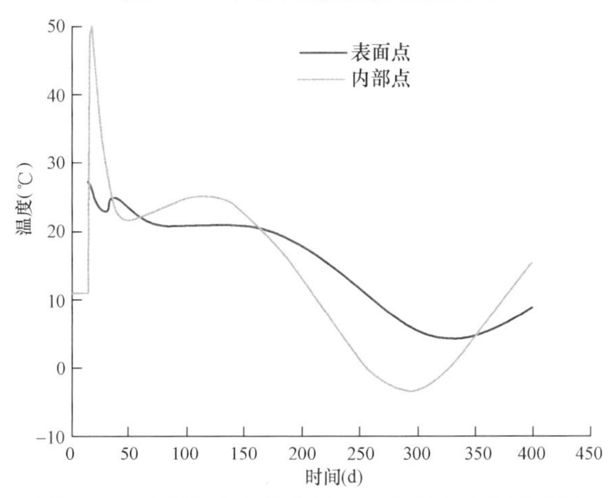

图 8-26　表面和中心节点前 400 天温度变化过程线

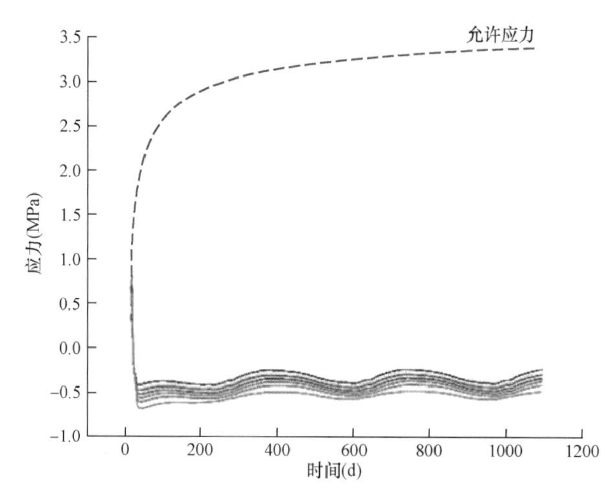

图 8-27　表面节点应力变化过程线

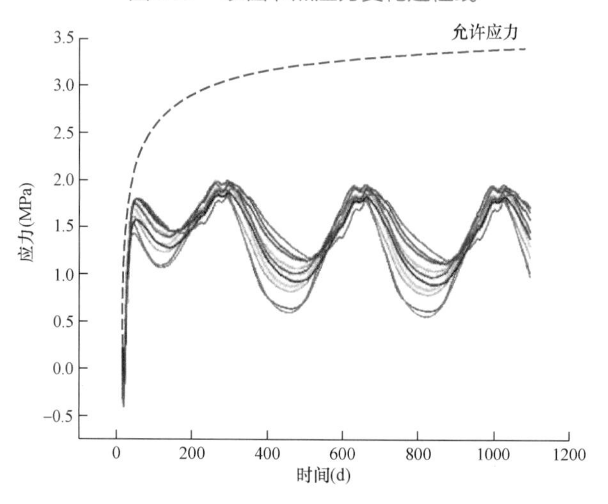

图 8-28　上部中心节点应力变化过程线

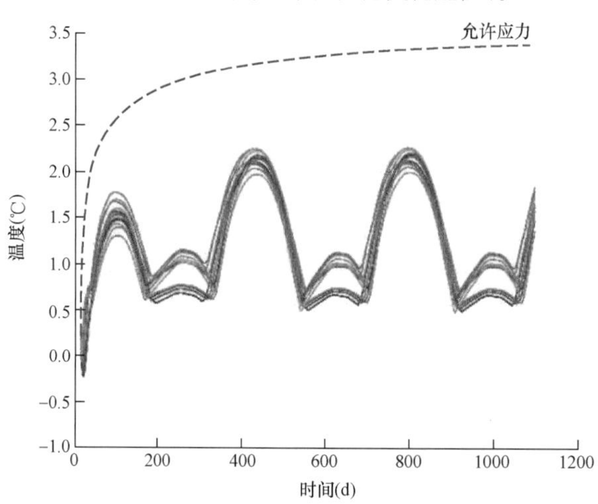

图 8-29　下部中心节点应力变化过程线

由图 8-27～图 8-29 可以看出，本算例空心圆盘风机基础在浇筑阶段，风机基础表面节点在浇筑后 3 天左右拉应力达到最大值 0.75MPa，但此时混凝土的抗裂能力较低，拉应力与混凝土的允许应力十分接近，表面易产生温度裂缝，之后应力开始下降；内部节点在此阶段会出现压应力，此阶段内部没有开裂的风险。在覆土及以后的阶段，表面节点应力从拉应力降至压应力，之后随气温以年为周期进行变化；内部节点在此阶段由于温降压应力快速变为拉应力，风机基础上半部内部节点在浇筑后 270 天左右达到最大值 1.7MPa，风机基础下半部内部节点在浇筑后 410 天左右达到最大值 2.2MPa，之后随气温以年为周期进行变化。通过对比图 8-28 和图 8-29 可以发现，上部中心部位的应力增长速度比下部中心的应力快得多，在浇筑后的三个月内上部中心比下部中心更接近混凝土的允许应力，更易产生温度裂缝。为便于观察，选取表面和内部节点，绘制其前 25 天的应力变化过程线，如图 8-30 和图 8-31 所示；选取表面和内部典型节点，绘制其前 150 天的应力变化过程线，如图 8-32 所示。

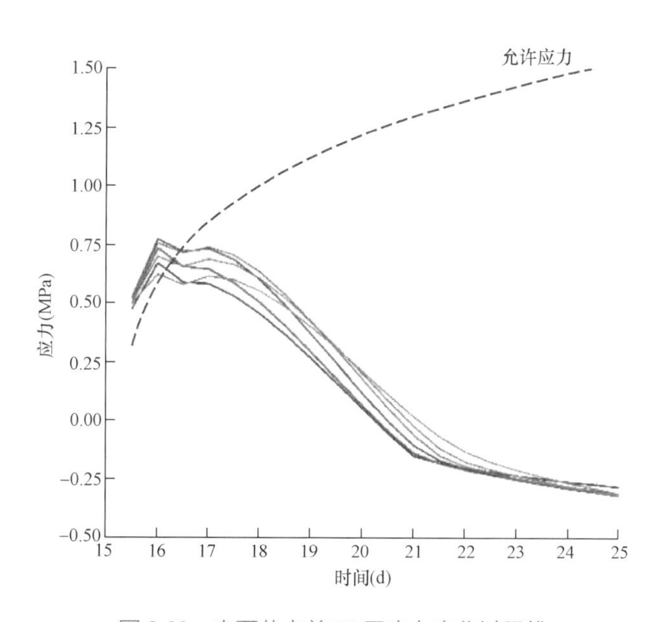

图 8-30　表面节点前 25 天应力变化过程线

由图 8-33 的温度包络线可知，此风机基础最高温度发生在风机基础距顶端 1.5m 的中心部位附近，最高约 50℃。由图 8-34 的应力包络线可知，最大应力发生在风机基础距底部 0.6m 的中心部位附近，最大约 2.2MPa。该风机基础的最大温度应力和最高温度均呈由内向外递减。

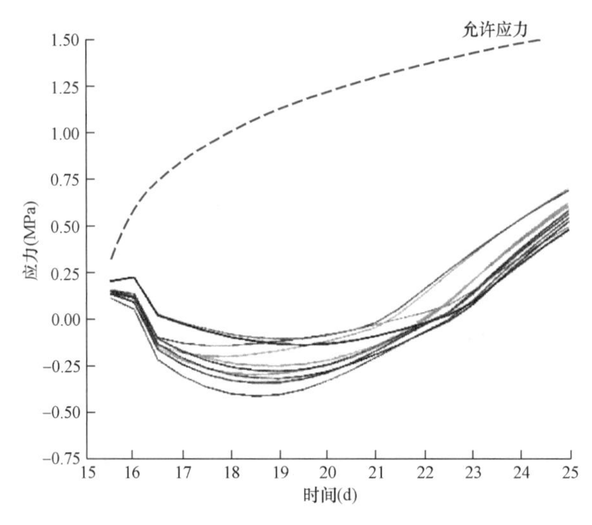

图 8-31　中心节点前 25 天应力变化过程线

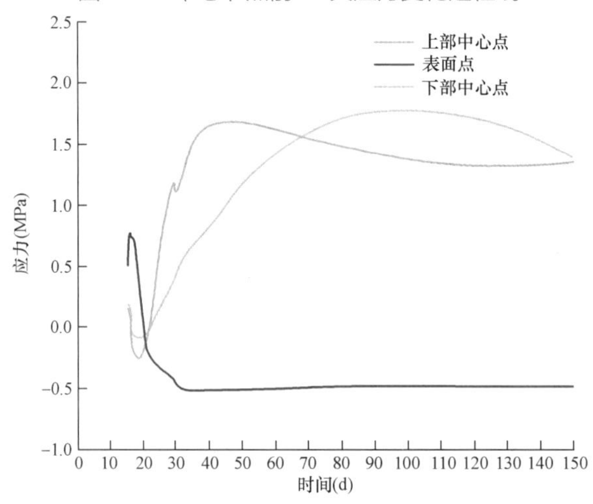

图 8-32　表面和中心节点前 150 天应力变化过程线

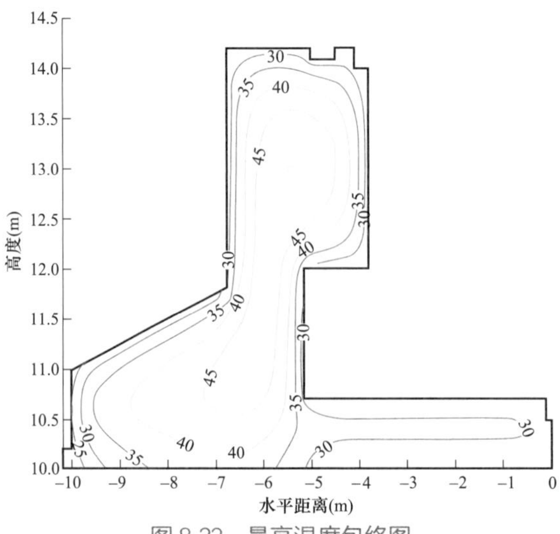

图 8-33　最高温度包络图

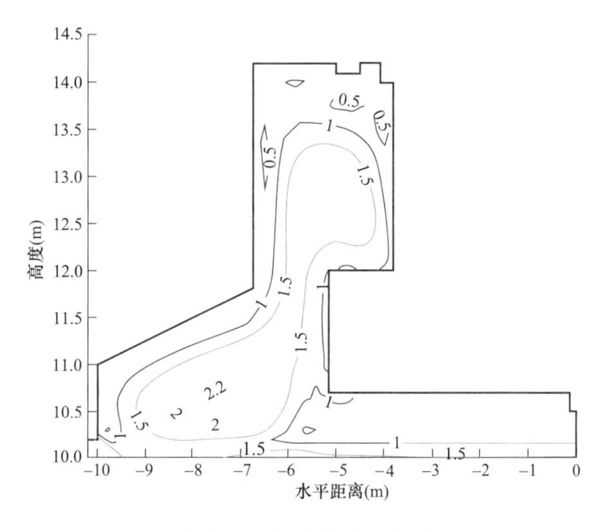

图 8-34　最大应力包络图

综上所述，空心圆盘风机基础表面最大应力发生在早期，数值不大，但此时混凝土的抗裂能力较低，可能会出现温度裂缝，之后拉应力会逐渐减小，甚至变为压应力，限制表面裂缝的发展，故该温度裂缝多为表面裂缝。该风机基础最大应力发生在后期的下半部中心部位，开裂风险较小。该风机基础上部中心部位的应力虽然没有下部中心的应力大，但应力增长速度比下部中心更快，在浇筑后的三个月内有一定的开裂风险。如图8-35和图8-36所示的绝热温升为80℃时的风机基础应力包络线和中心部位应力变化过程线（混凝土上半部内部最高应力达到2.5MPa，超过混凝土允许应力，下半部内部最高应力达到2.7MPa，但在允许应力以内），故该风机基础的表面部位和上部中心部位温度应力应受重视。

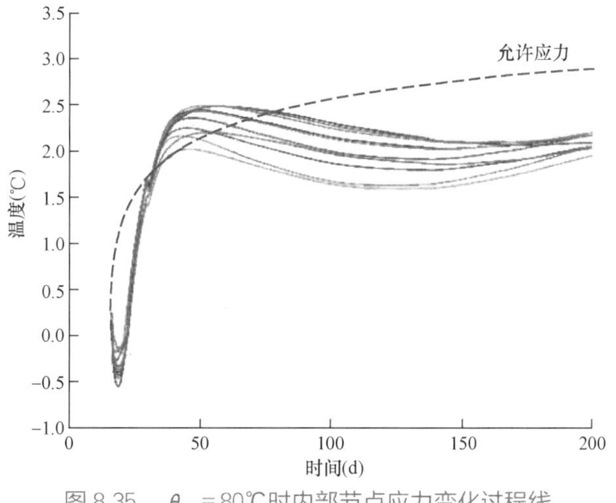

图 8-35　$\theta_0=80$℃时内部节点应力变化过程线

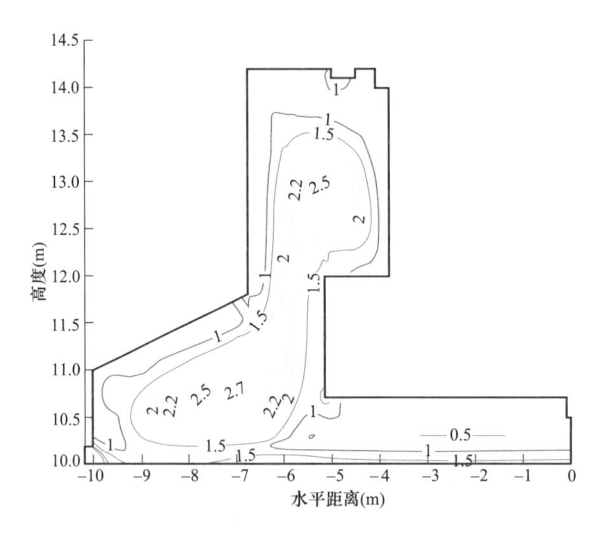

图 8-36　$\theta_0=80$℃时最大应力包络图

8.4　典型八边形筏板基础温度应力仿真计算分析

8.4.1　工程概况

八边形筏板基础外接圆直径 21.0m，中墩外接圆直径 8.16m，基础底板厚度 0.30m，主梁宽度 1.2m，高 1.6～3.20m，次梁宽 1.0m，梁高 1.20m，单个基础混凝土总量约为 415.0m^3，垫层混凝土用量 64.8m^3，钢筋用量约为 45.1t。八边形筏板风机基础竖向剖面图如图 8-3（a）所示。

8.4.2　计算参数

1. 材料性能参数

土基和混凝土的热学参数和力学参数分别如表 8-7 和表 8-8 所示。

表 8-7　材料的热学参数

材料	导温系数 [kJ/(m·h·℃)]	导热系数 (m^2/h)	比热 [kJ/(kg·℃)]	绝热温升公式
土基	0.0021	2.88	1.05	—
C20 混凝土	0.0038	8.88	0.98	$Q(\tau)=37.6(1-e^{-1.363\tau})$

续表

材料	导温系数 [kJ/(m·h·℃)]	导热系数 (m^2/h)	比热 [kJ/(kg·℃)]	绝热温升公式
C40 混凝土	0.0038	8.78	0.96	$Q(\tau)=60.76/(1-e^{-0.69\tau^{0.56}})$
覆土	0.0021	2.88	1.05	—

表 8-8　　材料的力学参数

材料	密度 ρ (kg/m^3)	泊松比 μ	线膨胀系数 (10^{-6}/℃)	弹性模量表达式 (GPa)
土基	1300	0.3	5	$E(\tau)=0.04$
C20 混凝土	2400	1/6	9	$E(\tau)=36.98(1-e^{-0.40\tau^{0.34}})$
C40 混凝土	2420	1/6	9	$E(\tau)=47.13(1-e^{-0.40\tau^{0.34}})$
覆土	1300	0.3	5	$E(\tau)=0.04$

混凝土徐变度公式、C40 混凝土的允许拉应力曲线均与 8.2 节相同。

2. 外界环境参数

据该风电场最近的气象站资料显示，风电场多年平均气温约 11.26℃，年平均风速约 1.8m/s。各月平均气温和风速如表 8-9 所示。

表 8-9　　各月平均气温和风速

月份	1	2	3	4	5	6	7	8	9	10	11	12
气温(℃)	−5.4	−0.9	5.9	13.8	19.7	23.9	25.7	24	18.4	10.8	3	−3.8
风速(m/s)	1.8	1.8	1.8	1.8	1.8	1.8	1.8	1.8	1.8	1.8	1.8	1.8

3. 施工参数

此风机基础施工流程为：3 月 20 日进行风机基础土方开挖；4 月 4 日浇筑 C20 混凝土垫层；4 月 19 日浇筑基础 C40 混凝土；5 月 4 日进行覆土。

8.4.3 有限元模型

分析软件、地基初始温度场的处理、应力计算采用温度计算中局部小模型的转换处理方法和过程均与8.2节相同。根据结构的对称性，取1/4基础进行实体建模分析，提前一年的基础初始温度分布计算有限元模型如图8-37（a）所示。温度场计算模型包含土基、垫层、基础主体和覆土，模型共含单元28432个，节点31373个，如图8-37（b）所示。应力场计算模型包含垫层和基础主体，共含单元10832个，节点13222个，如图8-37（c）所示。在计算过程中使用“生死”单元实现对风机基础的开挖、混凝土浇筑及覆土全流程的仿真模拟计算。

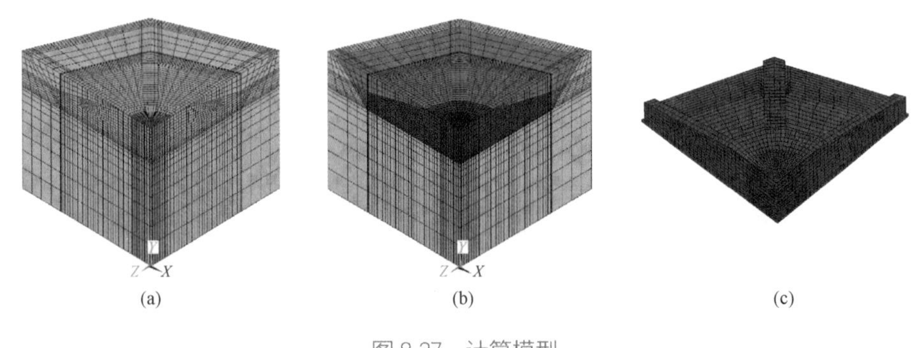

图8-37 计算模型

（a）提前一年温度场计算模型；（b）温度场计算模型；（c）应力场计算模型

8.4.4 计算流程说明

与前述小实心圆盘和空心圆盘基础分析相同，八边形筏板风机基础的仿真模拟计算也分为三个步骤，即提前计算一年基础温度场、温度场计算和应力场计算，详细的计算过程如图8-38所示。

8.4.5 计算结果

在此风机基础实例计算中，选取风机基础表面多个节点和中心部位多个节点，根据其温度和应力变化绘制出了相应部位的温度和应力变化过程线，见图8-39～图8-46。根据计算结果，选取各部位最大温度和最大应力，绘制出温度和应力包络线，见图8-47、图8-48。

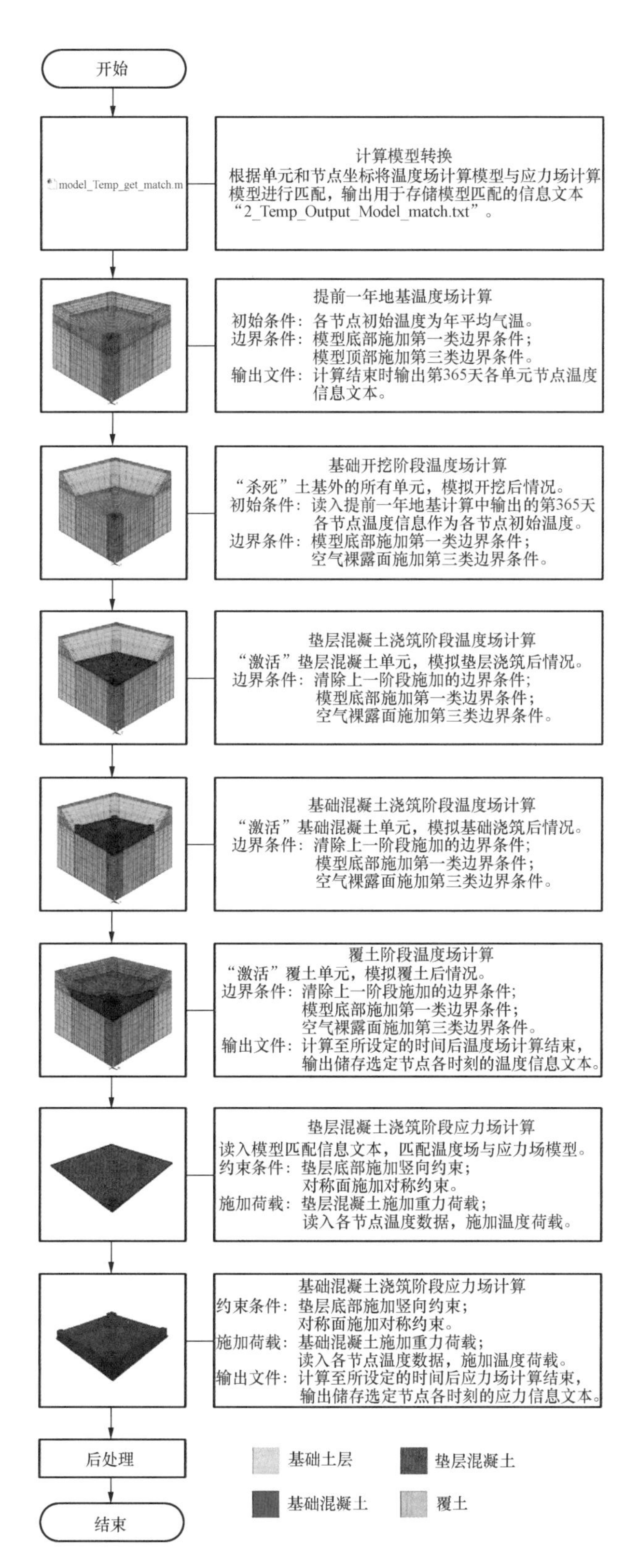

图 8-38　八边形筏板风机基础温度应力仿真计算流程图

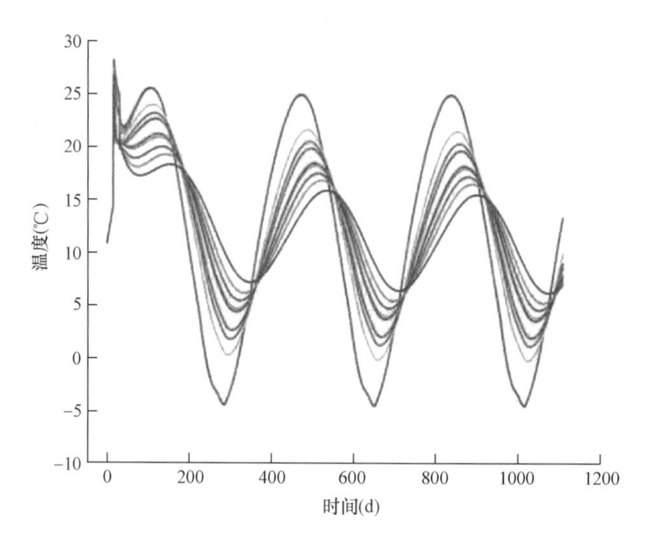

图 8-39　表面节点温度变化过程线

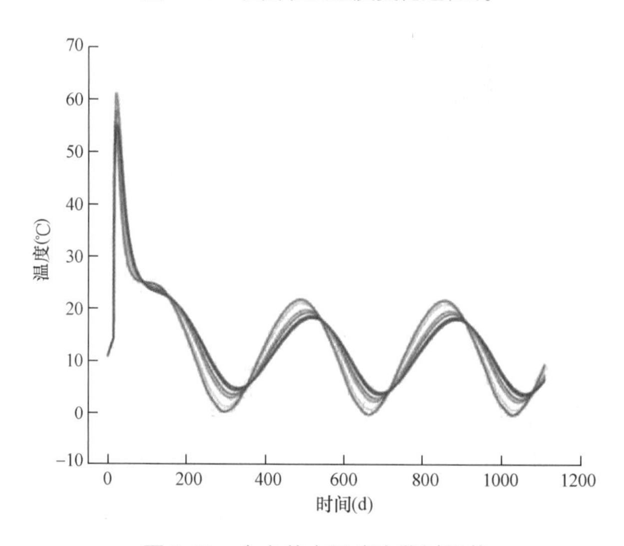

图 8-40　中心节点温度变化过程线

由图 8-39 和图 8-40 可以看出，风机基础在浇筑阶段，其表面温度在浇筑后 2 天左右时从浇筑温度 13.5℃上升至极值温度 28℃，然后由于表面散热速率大于水化热，表面温度下降；内部节点温度在此期间由于混凝土水化热温度快速上升，在浇筑后 6 天左右温度达到最大值 61℃，之后温度开始下降。在覆土及以后的阶段，风机基础表面由于覆土的存在，散热速率降低，温度又开始缓慢上升，并达到准稳定状态，随气温以年为周期进行变化；内部节点在此阶段温度下降至准稳定状态，随气温以年为周期进行变化。为便于观察，选取表面和内部典型节点，绘制其前 400 天的温度变化过程线，如图 8-41 所示。

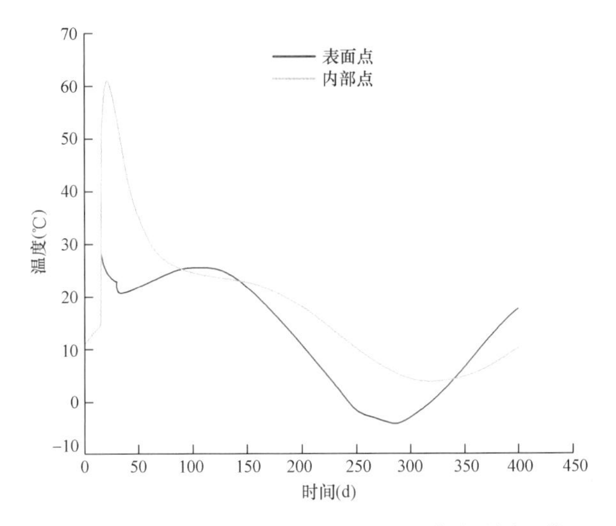

图 8-41　表面和中心节点前 400 天温度变化过程线

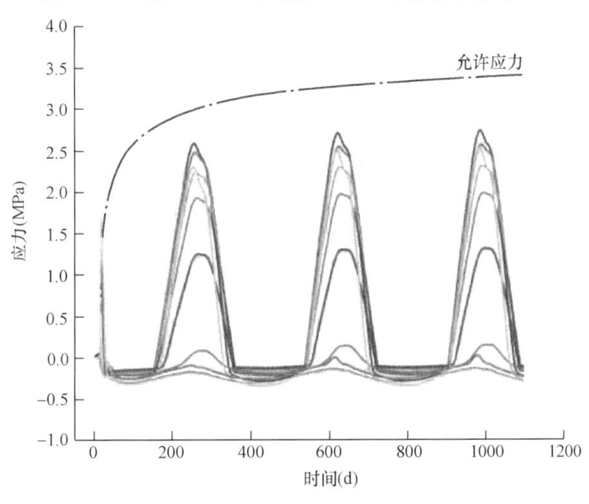

图 8-42　表面节点应力变化过程线

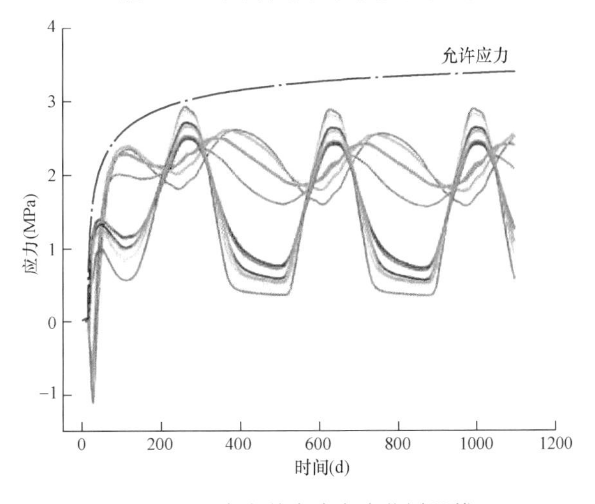

图 8-43　中心节点应力变化过程线

由图 8-42～图 8-45 可以看出，风机基础在浇筑阶段，其表面混凝土倾斜面上半部分的节点应力在浇筑 1 天后升高至极大值 0.27MPa，且没有超过允许应力，之后应力开始下降，逐渐变为压应力，且保持相对稳定状态，浇筑前期不会出现裂缝，在浇筑 240 天之后，应力增长至最大值 2.58MPa，也未超过混凝土允许拉应力，之后应力逐渐降低并达到稳定状态，并以年为周期进行变化；而倾斜表面下半部分节点和混凝土顶面节点应力在浇筑 4 天后升高至 1.68MPa，此时混凝土的抗裂能力较低，且超过混凝土允许应力，在浇筑前期该部位混凝土将会产生裂缝，但之后在短时间内应力逐渐减小并低于允许应力，在覆土及以后的阶段，节点应力从拉应力降至压应力，之后随气温以年为周期进行变化。内部节点在浇筑前期会产生压应力，在浇筑 245 天左右达到最大值 2.92MPa，之后随气温以年为周期进行变化。为便于观察，选取表面和内部节点，绘制其前 25 天的应力变化过程线，如图 8-44 和图 8-45 所示；选取表面和内部典型节点，绘制其前 100 天的应力变化过程线，如图 8-46 所示。

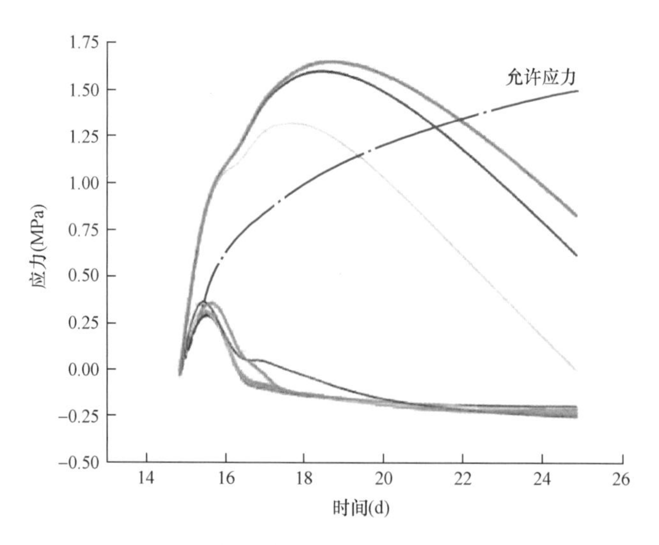

图 8-44　表面节点前 25 天应力变化过程线

由图 8-47 的温度包络线可知，此风机基础最高温度发生在风机基础中轴线上距顶端 1.75m 的中心部位附近，最高约 61℃。由图 8-54 的应力包络线可知，最大应力发生在靠近斜面的位置和靠近中轴线的位置，最大应力分别为 2.8MPa 和 2.5MPa。

综上所述，八边形筏板基础表面节点应力超过混凝土允许拉应力的情况发生在早期，数值不大，但此时混凝土的抗裂能力较低，可能会出现温度裂缝，虽然之后斜面上

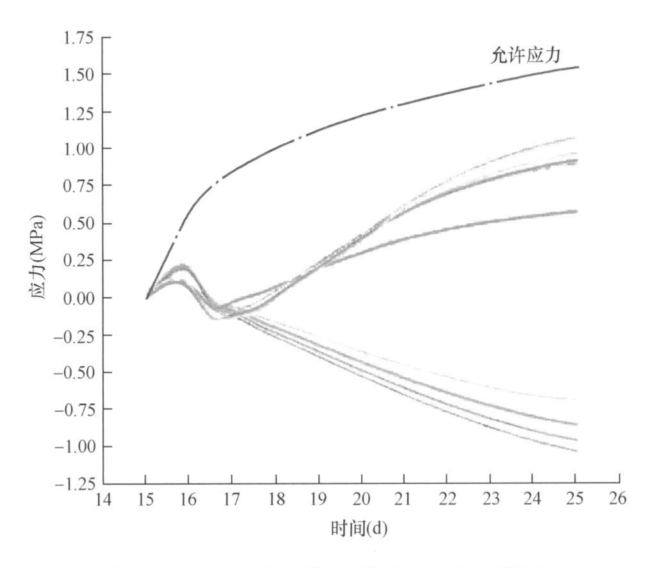

图 8-45 中心节点前 25 天应力变化过程线

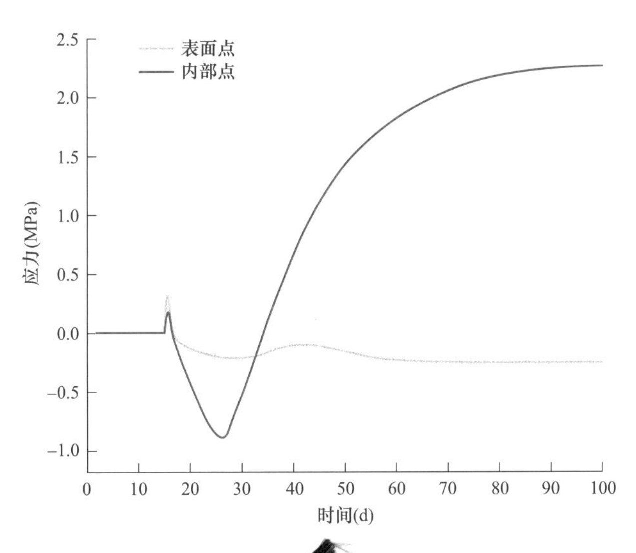

图 8-46 表面和中心节[illegible]100 天应力变化过程线

部分节点拉应力会大幅度增加，但是[illegible]没有超过允许拉应力。风机基础最大应力发生在后期的中心部位，数值较大，存[illegible]裂的风险，如图 8-49 和图 8-50 所示的绝热温升为 80℃时的八边形筏板风机基[illegible]力包络线和中心部位应力变化过程线（混凝土内部最高应力可达 3.3MPa，大于混凝土允许应力），若风机基础内部产生裂缝，不易观察且危害严重，故该风机基础的表面部位和中心部位温度应力应受重视。

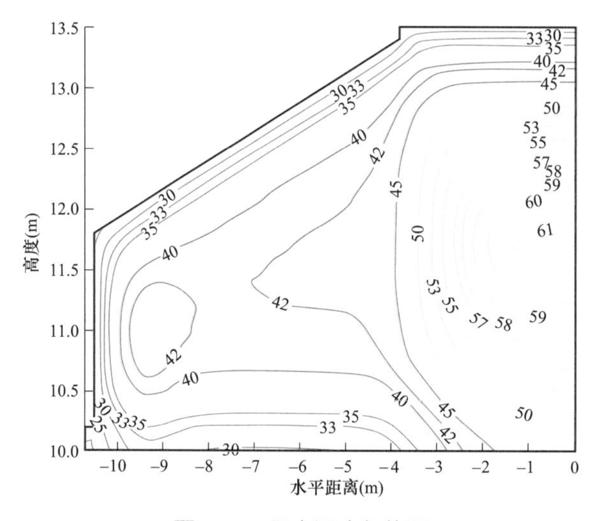

图 8-47 最高温度包络图

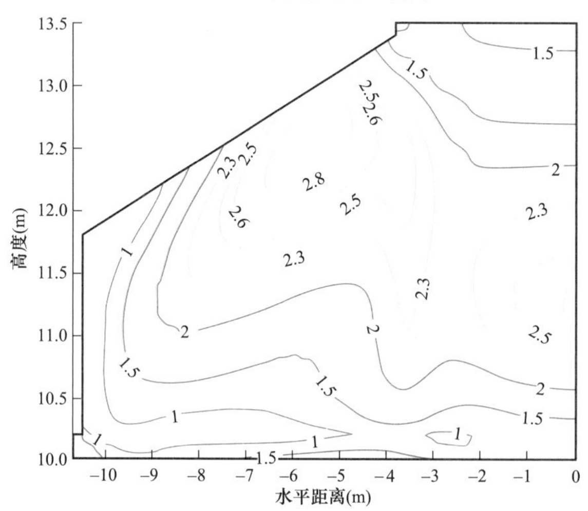

图 8-48 最大应力包络图

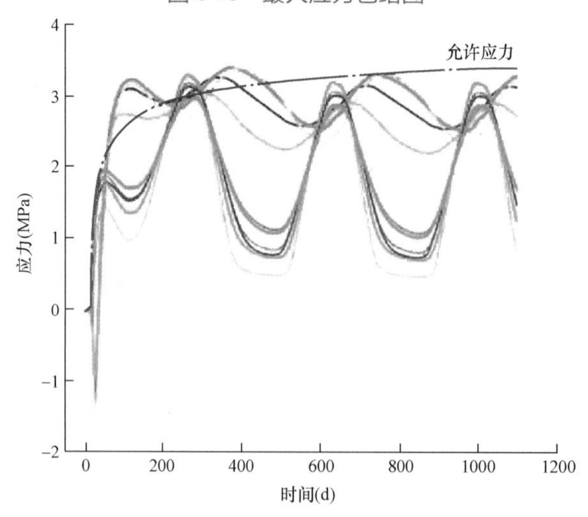

图 8-49 $\theta_0=80$℃时内部节点应力变化过程线

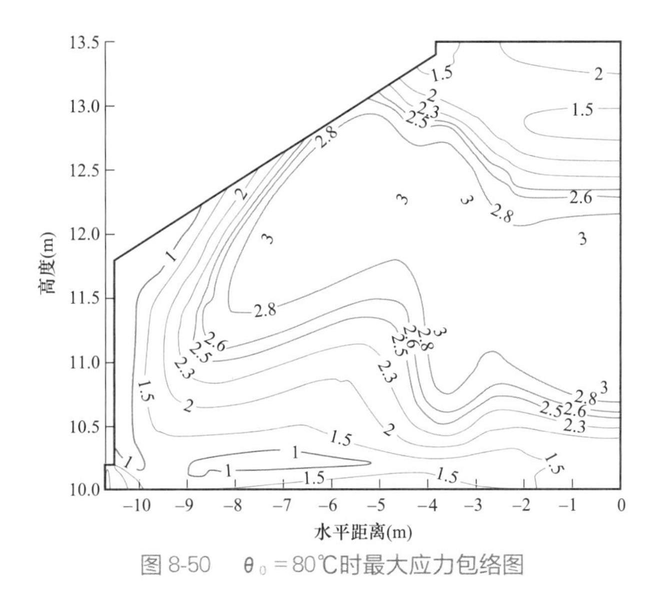

图 8-50 $\theta_0=80$℃时最大应力包络图

8.5 典型大实心圆盘基础温度应力仿真计算分析

8.5.1 工程概况

越南亚飞得多风电项目风机基础采用无支撑桩的现浇钢筋混凝土圆盘式基础，基础混凝土包含 C35 混凝土和 C50 混凝土，风电机组基础直径为 23.8m，圆盘厚 0.8～3.0m，埋深 4.5m，中墩直径 7.0m，中墩高度深 4.50m。单个基础 C35 混凝土用量约为 805.7m^3，C50 混凝土用量约为 57.73m^3，垫层混凝土用量约为 103.2m^3，钢筋用量约为 85.9t。风机基础竖向剖面图如图 8-4（a）所示。

8.5.2 计算参数

1. 材料性能参数

土基和混凝土的热学参数和力学参数分别如表 8-10 和表 8-11 所示。

表 8-10　　材料的热学参数

材料	导温系数 [kJ/(m·h·℃)]	导热系数 (m^2/h)	比热 [kJ/(kg·℃)]	绝热温升公式
土基	0.0021	3.78	1.05	—

续表

材料	导温系数[kJ/(m·h·℃)]	导热系数(m^2/h)	比热[kJ/(kg·℃)]	绝热温升公式
C15 混凝土	0.0041	9.45	0.97	$Q(\tau)=34.96/(1-e^{-0.69\tau^{0.56}})$
C35 混凝土	0.0039	8.73	0.93	$Q(\tau)=64.38/(1-e^{-0.69\tau^{0.56}})$
C50 混凝土	0.0038	8.44	0.92	$Q(\tau)=75.75/(1-e^{-0.69\tau^{0.56}})$
覆土	0.0021	3.78	1.05	—

表 8-11　　材料的力学参数

材料	密度 ρ (kg/m^3)	泊松比 μ	线膨胀系数 (10^{-6}/℃)	弹性模量表达式 (GPa)
土基	1700	0.3	5	$E(\tau)=0.04$
C15 混凝土	2360	1/6	9	$E(\tau)=31.9(1-e^{-0.40\tau^{0.34}})$
C35 混凝土	2400	0.18	9	$E(\tau)=45.68(1-e^{-0.40\tau^{0.34}})$
C50 混凝土	2430	0.18	9	$E(\tau)=50.025(1-e^{-0.40\tau^{0.34}})$
覆土	1700	0.3	5	$E(\tau)=0.04$

混凝土徐变度仍然采用朱伯芳院士建议的公式，与 8.2 节相同。

C35 混凝土的允许拉应力曲线

$$\sigma \leqslant \frac{31.7\times\left\{40.25\times\left[1+0.1979\ln\left(\frac{\tau}{28}\right)\right]\right\}^{0.30}\times 45.68\times(1-e^{-0.4\tau^{0.34}})}{1.65}$$

C50 混凝土的允许拉应力曲线

$$\sigma \leqslant \frac{31.7\times\left\{57.5\times\left[1+0.1978\ln\left(\frac{\tau}{28}\right)\right]\right\}^{0.30}\times 50.025\times(1-e^{-0.4\tau^{0.34}})}{1.65}$$

式中　τ——龄期。

2. 外界环境参数

据该风电场最近的气象站资料显示，风电场多年平均气温约 26.08℃，年平均风速约 6m/s。各月平均气温和风速如表 8-12 所示。

表 8-12　　各月平均气温和风速

月份	1	2	3	4	5	6	7	8	9	10	11	12
气温(℃)	21.5	22.5	25	27	29	29.5	29	29	27.5	26.5	24.5	22
风速(m/s)	6	6	6	6	6	6	6	6	6	6	6	6

3. 施工参数

此风机基础施工流程为：3 月 20 日进行风机基础土方开挖；3 月 23 日浇筑 C15 混凝土垫层；3 月 30 日浇筑基础 C35 和 C50 混凝土；4 月 4 日进行覆土。

8.5.3　有限元模型

分析软件、地基初始温度场的处理、应力计算采用温度计算中局部小模型的转换处理方法和过程均与 8.2 节相同。

根据结构的对称性，取 1/4 基础进行实体建模分析。提前一年的基础初始温度分布计算有限元模型如图 8-51（a）所示。温度场计算模型包含土基、垫层、基础主体和覆土，温度场计算模型共含单元 7730 个，节点 9083 个，如图 8-51（b）所示。在应力场计算中仅考虑温度荷载和混凝土自重，应力场计算模型包含垫层和基础主体，共含单元 2155 个，节点 2764 个，有限元模型如图 8-51（c）所示。在计算过程中使用“生死”单元可实现对风机基础的开挖、混凝土浇筑及覆土全流程的仿真模拟计算。

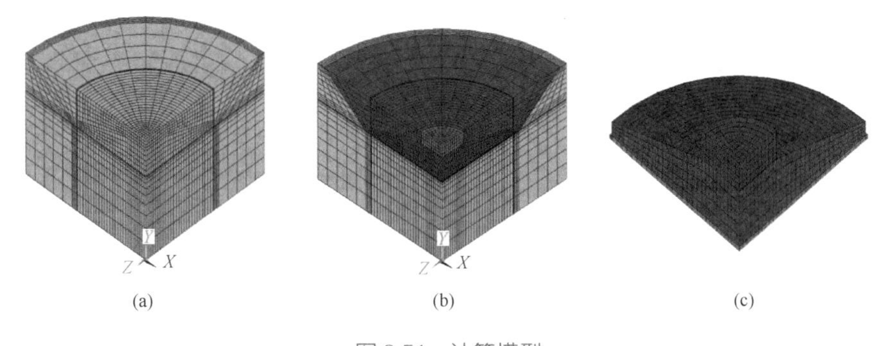

(a)　(b)　(c)

图 8-51　计算模型

（a）提前一年温度场计算模型；（b）温度场计算模型；（c）应力场计算模型

8.5.4　计算流程说明

与小实心圆盘风机基础的分析过程完全相同，大实心圆盘风机基础的仿真模拟计算也分为三个步骤，即提前计算一年基础温度场、温度场计算和应力场计算，详细的计算过程如图 8-52 所示。

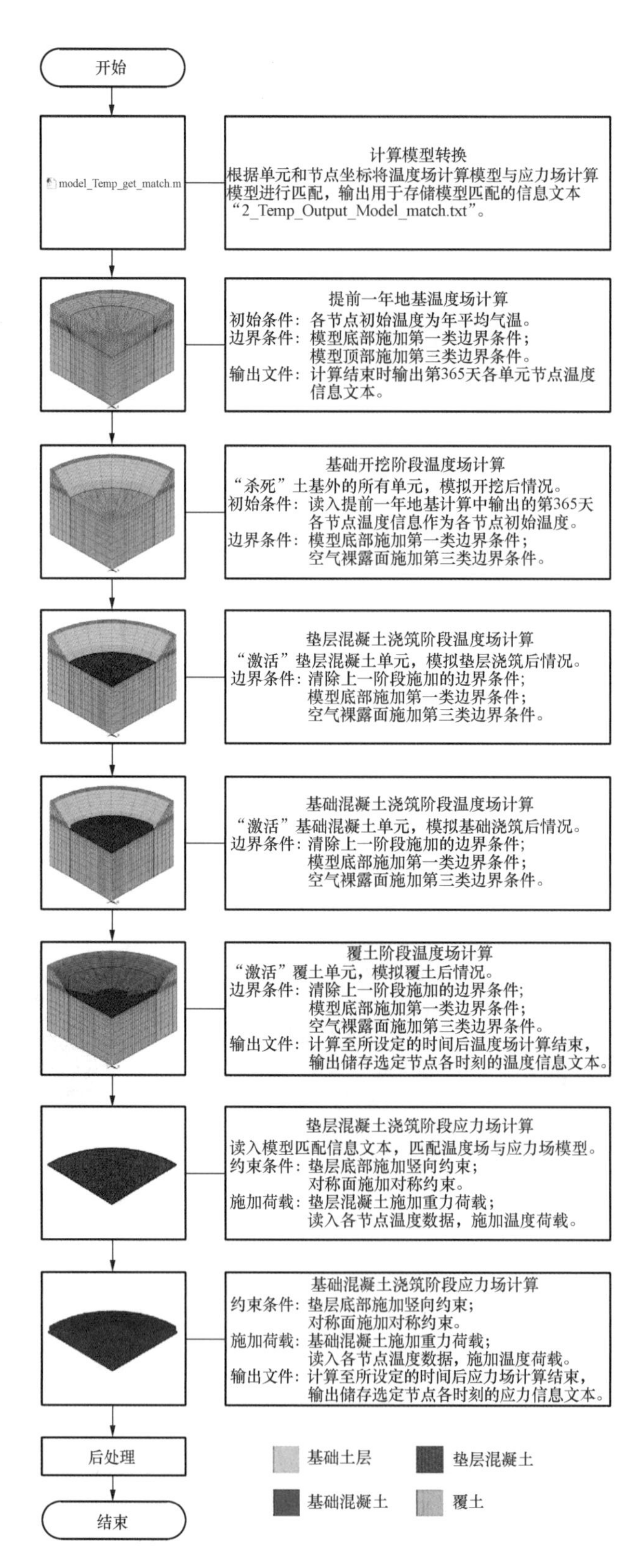

图 8-52　大实心圆盘风机基础温度应力仿真计算流程图

8.5.5 计算结果

在此风机基础实例计算中，选取圆盘倾斜表面多个节点和中心部位多个节点，根据其温度和应力变化绘制出了相应部位的温度和应力变化过程线，见图 8-53～图 8-60。根据计算结果，选取各部位最大温度和最大应力，绘制出温度和应力包络线，见图 8-61、图 8-62。

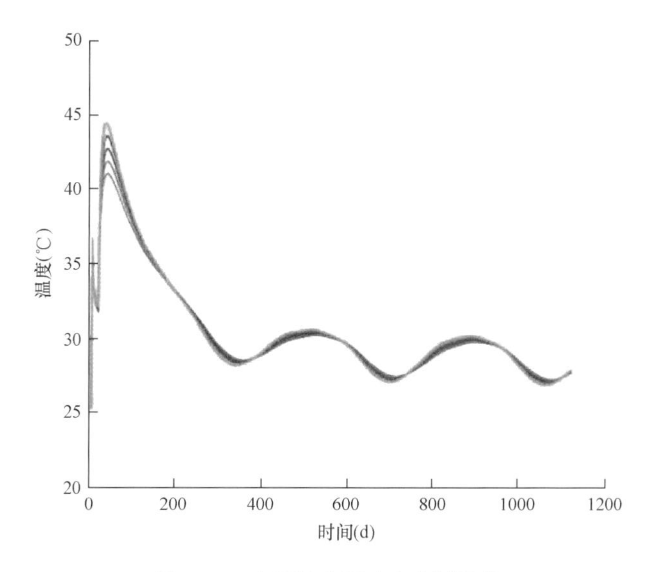

图 8-53　表面节点温度变化过程线

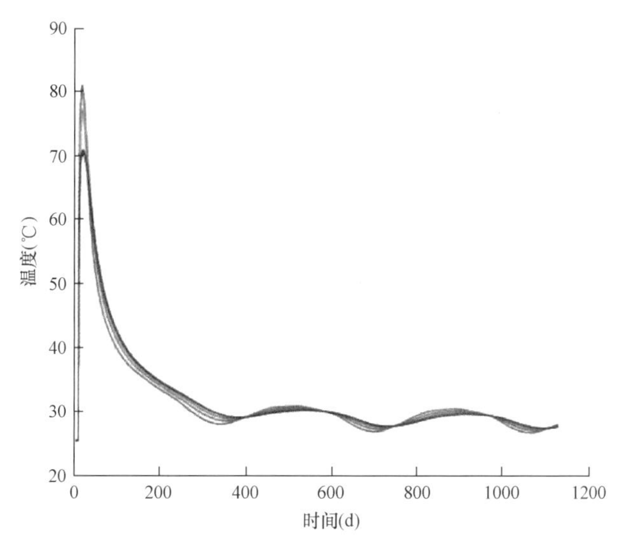

图 8-54　中心节点温度变化过程线

由图 8-53 和图 8-54 可以看出，在浇筑阶段，风机基础表面温度在浇筑后 2 天左右时从浇筑温度 25.4℃上升至极值温度 36.5℃，然后由于表面散热速率大于水化热，表面温度下降；内部节点温度在此期间由于混凝土水化热温度快速上升，在浇筑后 5 天左右温度达到最大值 80℃，之后温度开始下降。在覆土及以后的阶段，风机基础表面由于覆土的存在，散热速率降低，温度又开始缓慢上升，在浇筑后第 42 天左右升至最大值 43℃，之后缓慢下降至准稳定状态，随气温以年为周期进行变化；内部节点在此阶段温度下降至准稳定状态，随气温以年为周期进行变化。为便于观察，选取表面和内部典型节点，绘制其前 450 天的温度变化过程线，如图 8-55 所示。

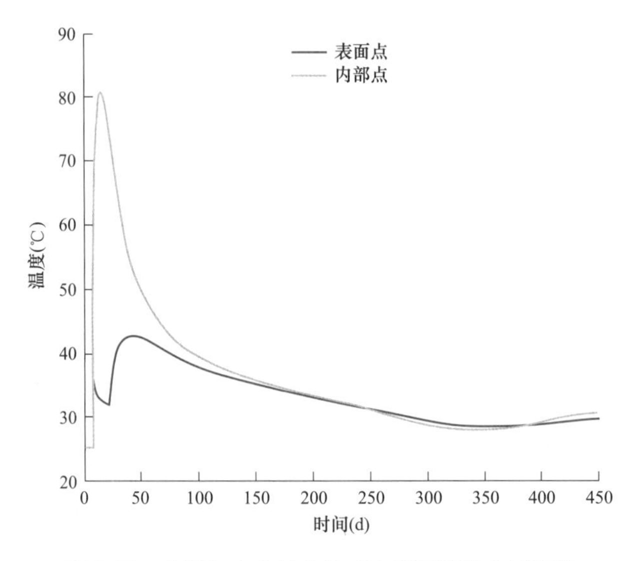

图 8-55　表面和中心节点前 450 天温度变化过程线

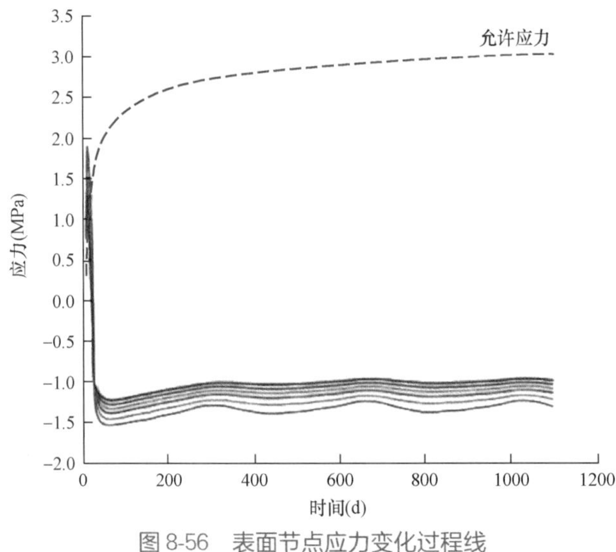

图 8-56　表面节点应力变化过程线

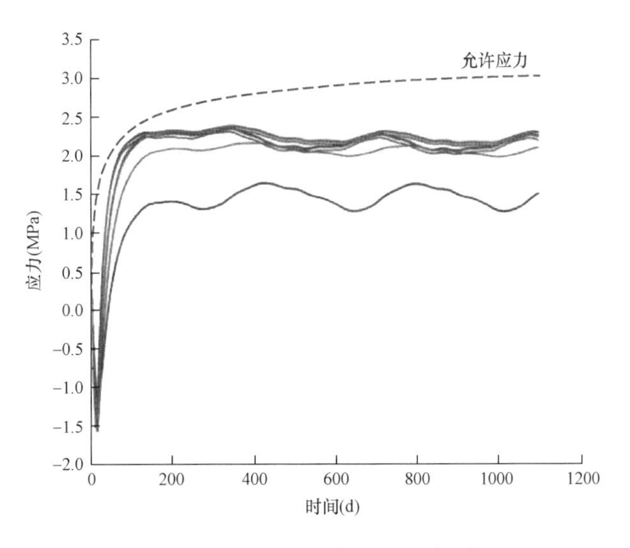

图 8-57　中心节点应力变化过程线

由图 8-56 和图 8-57 可以看出，在浇筑阶段，风机基础表面节点在浇筑后 4 天左右拉应力达到最大值 1.89MPa，此时混凝土的抗裂能力较低，拉应力超过了混凝土的允许应力，表面会产生温度裂缝，之后应力开始下降；内部节点在此阶段会出现压应力，此阶段内部没有开裂的风险。在覆土及以后的阶段，表面节点应力从拉应力降至压应力，之后随气温以年为周期进行变化；内部节点在此阶段由于温降压应力快速变为拉应力，在浇筑后 340 天左右达到最大值 2.37MPa，之后随气温以年为周期进行变化。为便于观察，选取表面和内部节点，绘制其前 20 天的应力变化过程线，如图 8-58 和图 8-59 所示；选取表面和内部典型节点，绘制其前 100 天的应力变化过程线，如图 8-60 所示。

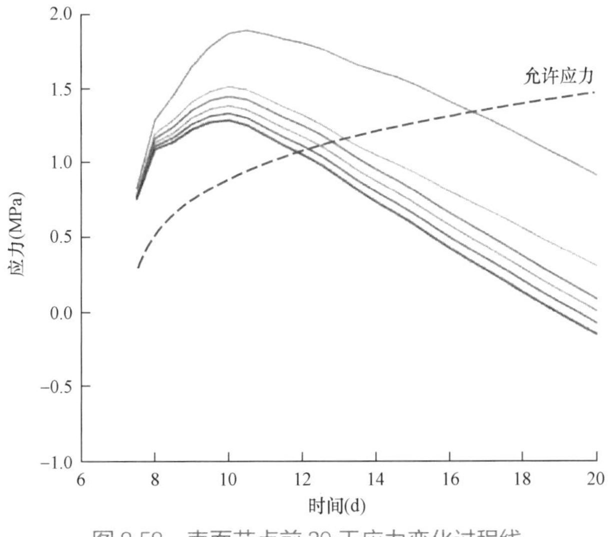

图 8-58　表面节点前 20 天应力变化过程线

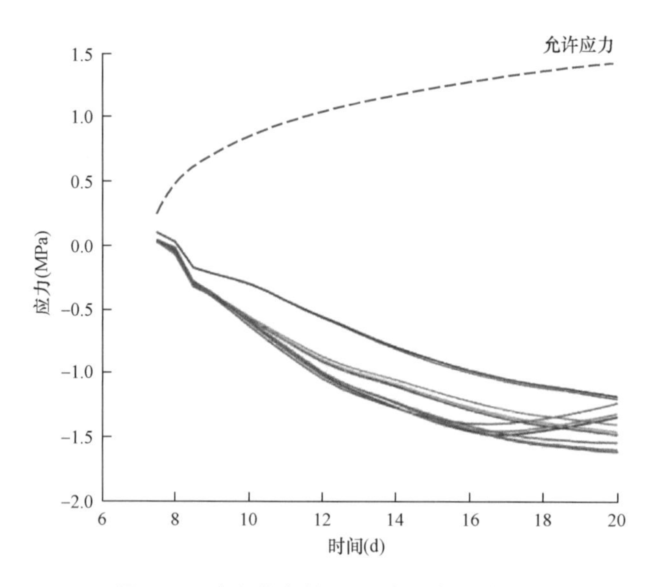

图 8-59 中心节点前 20 天应力变化过程线

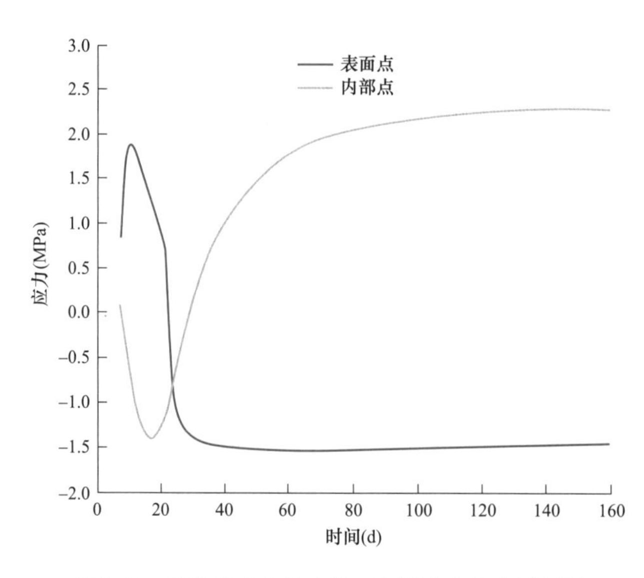

图 8-60 表面和中心节点前 100 天应力变化过程线

由图 8-61 的温度包络线可知，此风机基础最高温度发生在风机基础中轴线上距顶端 2.25m 的中心部位附近，最高约 80℃。由图 8-62 的应力包络线可知，最大应力与最高温度类似，也发生在相同位置附近，最大约 2.2MPa。圆形扩展风机基础的最大温度应力和最高温度均呈由内向外递减。

综上所述，大实心圆盘风机基础表面最大应力也发生在浇筑初期，数值较大，且此

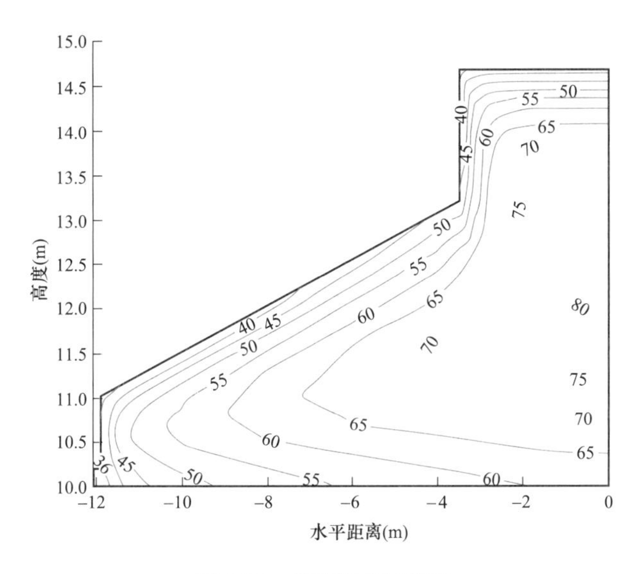

图8-61 最高温度包络图

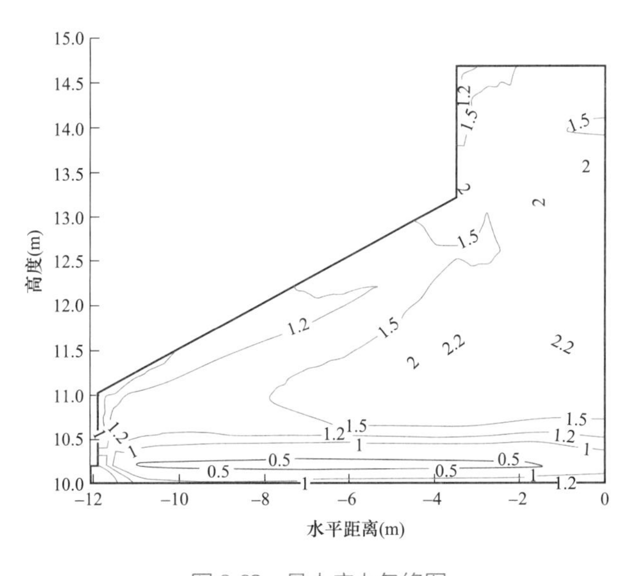

图8-62 最大应力包络图

时混凝土的抗裂能力较低，可能会出现温度裂缝，之后拉应力会逐渐减小，甚至变为压应力，限制表面裂缝的发展，故该温度裂缝多为表面裂缝。风机基础最大应力发生在后期的中心部位，数值较大，存在开裂的风险，如图8-63和图8-64所示的绝热温升为80℃时的风机基础应力包络线和中心部位应力变化过程线（混凝土内部最高应力可达3 MPa，超过混凝土允许应力），若风机基础内部产生裂缝，不易观察且危害严重，故中心部位温度应力应受重视。

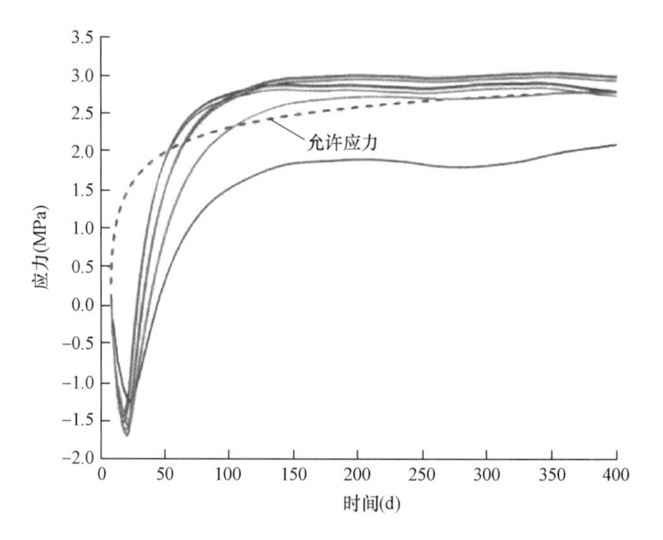

图 8-63　θ_0 = 80℃时内部节点应力变化过程线

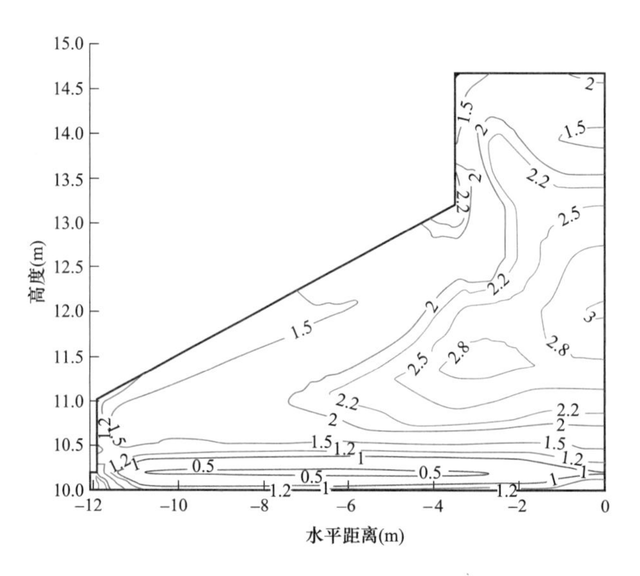

图 8-64　θ_0 = 80℃时最大应力包络图

第9章　参数敏感性模拟计算分析

通过对风机基础温度应力场影响因素的敏感性分析，可以筛选出对风机基础温度应力场影响较大的影响因素参数，并以此来设定用于得出神经网络训练样本的计算方案。

影响风机基础混凝土温度场和应力场的因素包括外形尺寸、材料的热力学性能、外界环境条件、施工条件以及温控防裂措施。在风机基础混凝土温度应力场的仿真模拟计算程序中，一共考虑了58种参数。在设定神经网络训练样本的计算方案时，若对每种参数均进行考虑，每种参数均设置为58参数2水平，则每种风机基础至少需设定 $2^{58}=2.88\times10^{17}$ 个计算方案，这显然是不可能实现的，因此有必要对参数进行筛选然后进行敏感性分析，根据风机基础的特点和大体积混凝土温度应力的已有研究，对参数进行初筛，然后根据敏感性分析结果最终选出对风机基础温度应力影响较大的参数，用影响较大的参数来设定训练样本方案。

对于风机基础的外形尺寸参数，若不进行固定会使最终的训练样本增大至少 2^5 倍，为使计算方案数量在可实现的范围内，有必要对外形尺寸参数进行简化。根据某设计院提供的资料，发现同种风机基础的外形尺寸相差很小，故将风机外形参数取为固定值，数值与所提供的风机基础外形尺寸相同。

材料热力学性能相关参数中，根据某设计院提供的资料，垫层混凝土标号较为固定，多为C15或C20，热力学性能参数变化范围不大，且垫层仅20cm厚，体积仅为基础主体混凝土的1/10左右，水化热较低，散热较快，故垫层的热力学参数对风机基础温度应力场的影响有限，为使计算方案在可实现的范围内，有必要对垫层混凝土的热力学参数进行简化，将其值取为固定值。由于软基对结构温度变形的约束作用很小，故不对土的力学参数进行研究，仅对土的热学参数进行分析。由于材料的热学性能中导温系数、导热系数、比热容和密度符合式（7-1），故这四个参数中仅对其中三个进行研究即可。由于水泥种类为多为 425 水泥和 525 水泥，故绝热温升中的常数 a、b 可简化为水泥种类一个参数，通过选择水泥种类来选择相对应的 a、b 值。自生体积变形需要通过实验的方法进行测定，同时鉴于问题的复杂性，需要进行专门的探讨，故本研究在计算分析中采用统一的素混凝土常规收缩变形至龄期的变形过程，本章不对其进行研究。因此在材料热力学性能相关的参数中，仅对基础主体混凝土的热力学参数和基础土体的热学参数进行敏感性分析，其中基础主体混凝土的热力学参数包括基础主体混凝土的密度、导热系数、比热容、绝热温升、水泥种类、弹性模量、泊松比、线膨胀系数；土的热学参数包括土的密度、导热系数。

外界环境条件相关参数中，根据提供的资料，由于北半球气温最高的时间为 7 月，故取 τ_0 为定值。因此外界环境条件相关参数可简化为年平均气温、气温年较差、风速。

施工条件相关参数中，由于浇筑温度在仿真分析中常取浇筑当天的日平均气温并考虑日照的影响增加 2～3℃，垫层混凝土的浇筑温度、基础主体混凝土的浇筑温度在已知浇筑日期的情况下，可通过式（7-12）求得。由于风机基础的施工间隔变化不大，以及计算方案个数的限制，取基础开挖与混凝土垫层施工之间的施工间隔、混凝土垫层施工与基础混凝土施工之间的施工间隔、基础混凝土施工与土方回填之间的施工间隔为定值。在施工间隔固定的情况下，仅需知道施工开始时间便可在仿真模拟计算中推算出各层的浇筑温度。因此施工条件相关参数可简化为施工开始时间。

温控防裂措施相关参数（加 MgO 类抗裂剂、冷却水管等）在温控防裂的章节中单独研究，本章不对其进行分析。

由第 8 章可知，能够表示风机基础温度应力场的指标有基础混凝土的最高温度、最大应力、各部位的最大应力、中心部位的温降值、表面部位的温度梯度和内外温差。由于圆形扩展式风机基础（小实心圆盘）是陆上风机基础中最常用的形式，且绝大多数影响因素对不同的风机种类有相同的影响规律，因此本章以小实心圆盘为例，研究 14 种参数（基础主体混凝土的密度、导热系数、比热容、绝热温升、水泥种类、弹性模量、泊松比、线膨胀系数、土的密度、导热系数、年平均气温、气温年较差、风速、施工开始时间）对风机基础混凝土温度、应力的 16 种指标（最高温度、最大应力、B1～B4 和

I4部位的最大应力、I4部位的温降值、B1～B4部位的温度梯度、B1I1～B3I3和B4I3的内外温差）的影响大小及规律。B1～B4和I1～I4的具体部位如图9-1所示。

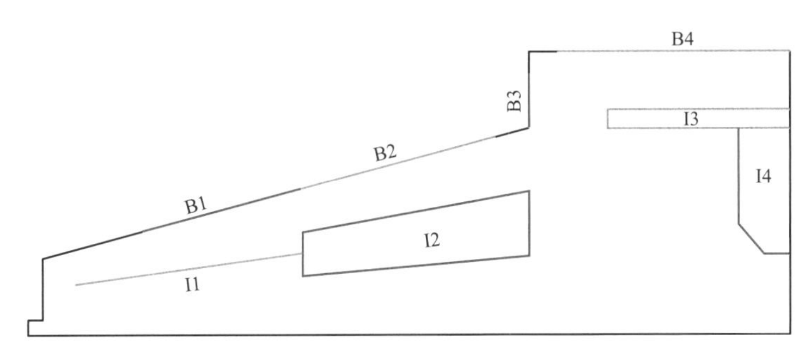

图9-1　B1～B4和I1～I4部位示意图

9.1 有限元模型

9.1.1 分析方案

在有限元仿真模拟过程中，需要将模型划分为若干个单元，单元个数对仿真模拟计算结果会有一定的影响，且单元个数会影响仿真模拟计算的效率，单元个数越少计算效率越快。为提升敏感性分析的效率，需对不同的单元划分方式进行验证，在保证计算精度的前提下，选择单元个数少的模型。

按照7.1中小实心圆盘风机基础的尺寸和仿真模拟计算方法，取4种单元划分方式，对风机基础的温度场和应力场进行仿真模拟计算，计算方案如表9-1所示。

表9-1　有限元模型分析计算方案

方案名称	FJ-Model1	FJ-Model2	FJ-Model3	FJ-Model4
温度计算模型单元数	19808	15512	11333	7465
应力计算模型单元数	7168	5061	3500	2140

9.1.2 影响分析

通过对有限元模型分析的4个计算方案进行仿真模拟计算，计算得到的结果如图9-2、图9-3所示。

由图9-2可以看出，不同有限元模型下，风机基础混凝土的最高温度计算结果基本没有差别。

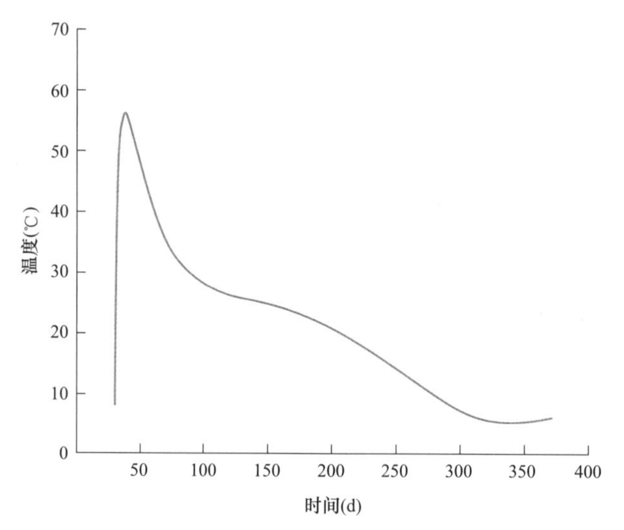

注:FJ-Model1、FJ-Model2、FJ-Model3、FJ-Model4四个方案过程线基本相同。

图 9-2　不同有限元模型下最高温度变化过程线

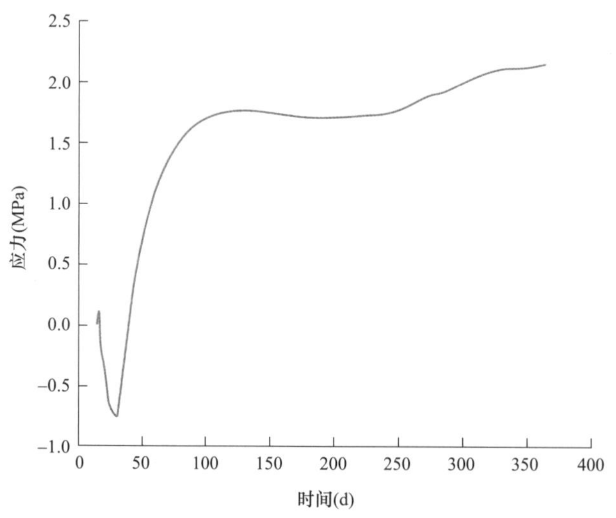

注:FJ-Model1、FJ-Model2、FJ-Model3、FJ-Model4四个方案过程线基本相同。

图 9-3　不同有限元模型下最大应力变化过程线

由图 9-3 可以看出，不同有限元模型下，风机基础混凝土的最大应力计算结果差别很小。表 9-2 列出了各有限元计算模型下进行一个完整仿真模拟计算的计算时长。

表 9-2　不同有限元模型的计算时长

方案名称	FJ-Model1	FJ-Model2	FJ-Model3	FJ-Model4
温度计算模型单元数	2h26min	1h47min	1h13min	50min

综上所述，在下列各影响因素的敏感性分析中选取 FJ-Model4 模型（温度场计算模型 7465 个单元，应力场计算模型 2140 个单元），既满足计算精度要求，又能提高计算效率。

9.2 基础混凝土弹性模量

9.2.1 分析方案

在混凝土结构的温度应力仿真计算中，弹性模量是一个很重要的基本参数。且混凝土浇筑以后，混凝土的弹性模量随龄期的增长而不断增长，最终趋于稳定。朱伯芳院士推荐的常态混凝土弹性模量过程曲线如下

$$E(\tau)=E_0(1-e^{-0.40\tau^{0.34}}) \tag{9-1}$$

其中 $E_0=1.05E(360)$[或 $E_0=1.20E(90)$，$E_0=1.45E(28)$]，时间以天计。

《陆上风电场工程风电机组基础设计规范》(NB/T 10311—2019) 中规定风机基础混凝土强度等级不小于 C40。取各方案风机基础混凝土最终弹性模量 E_0 为 47.125、50.025、52.20、53.65、55.10GPa，其余计算参数均相同，对风机基础的温度场和应力场进行仿真模拟计算，计算方案如表 9-3 所示。

表 9-3 弹性模量分析计算方案

方案名称	FJ-Q1	FJ-Q2	FJ-Q3	FJ-Q4	FJ-Q5
E_0(GPa)	47.125	50.025	52.20	53.65	55.10

9.2.2 影响分析

通过对弹性模量分析的 5 个计算方案进行仿真模拟计算，计算得到的结果如图 9-4～图 9-8 所示。

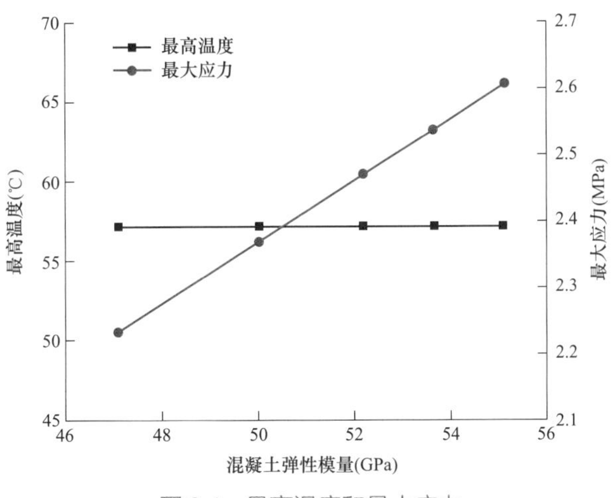

图 9-4 最高温度和最大应力

由图 9-4 可以看出，弹性模量对最高温度无影响。风机基础混凝土的最大应力对基础混凝土的弹性模量敏感，混凝土弹性模量每增大 10GPa，最大应力增大 0.46MPa，增大 20%～45%。混凝土弹性模量与最大应力呈线性正相关的关系。

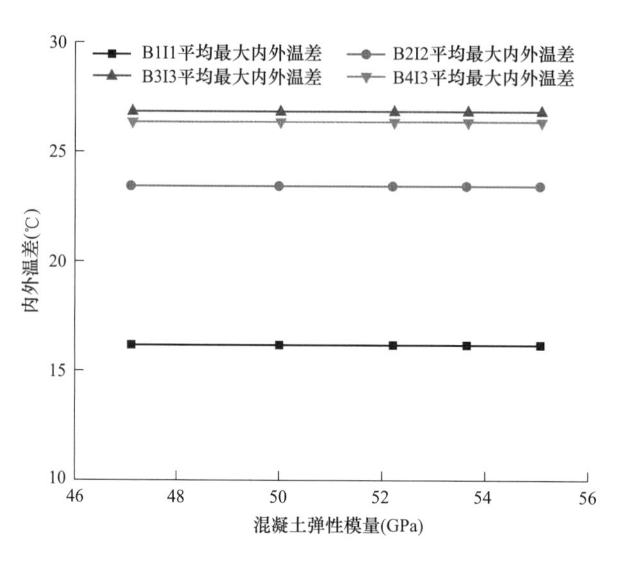

图 9-5 各部位平均最大内外温差

由图 9-5 可以看出，弹性模量对最大内外温差无影响。

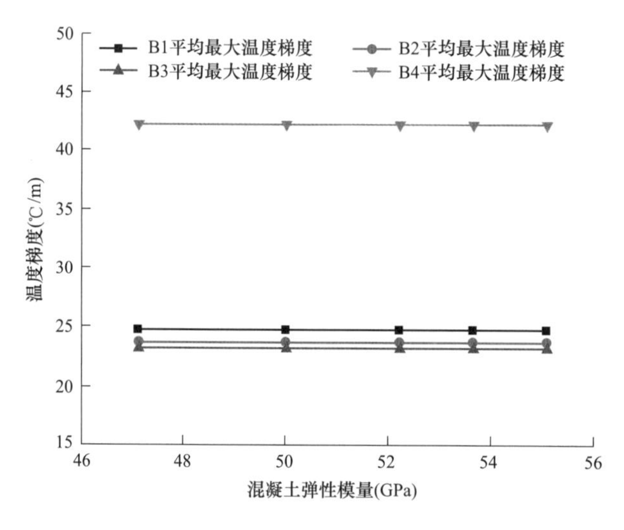

图 9-6 各部位平均最大温度梯度

由图 9-6 可以看出，弹性模量对最大温度梯度无影响。

由图 9-7 可以看出，弹性模量对最大温降值无影响。

由图 9-8 可以看出，风机基础混凝土的各部位最大应力对基础混凝土的弹性模量敏

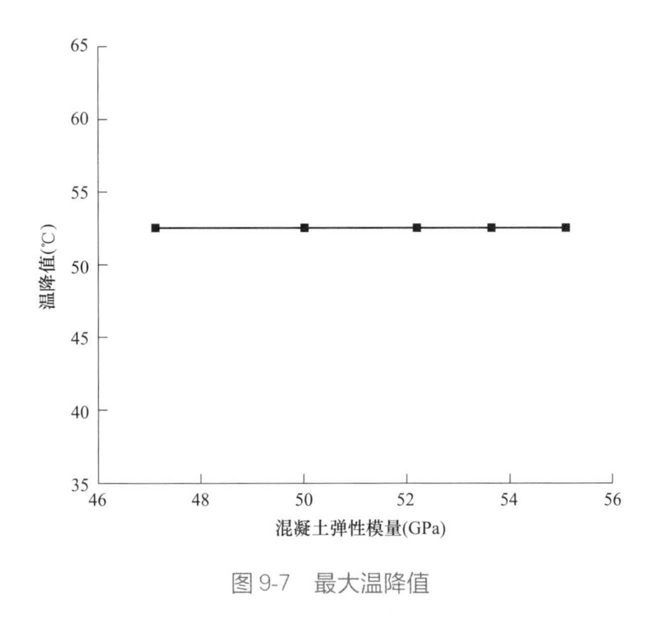

图 9-7 最大温降值

感，混凝土弹性模量每增大 10GPa，最大应力增大 0.23～0.46MPa，增大 20%～55%。混凝土弹性模量与各部位最大应力呈线性正相关的关系。

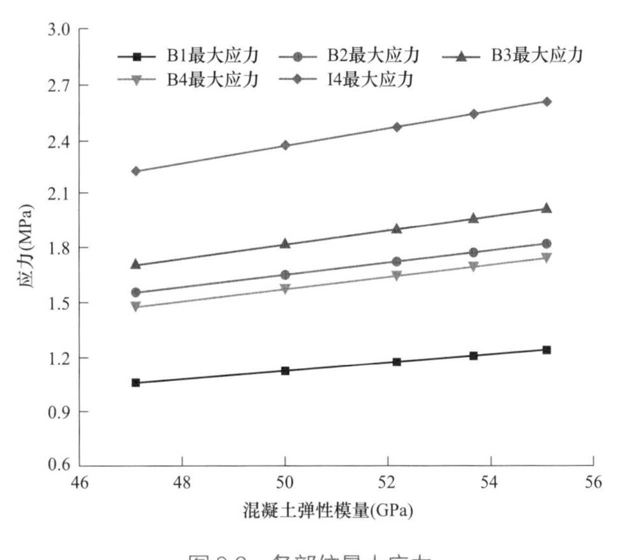

图 9-8 各部位最大应力

综上所述，基础混凝土的弹性模量对风机基础的最高温度、各部位内外温差和温度梯度没影响，但对最大应力和各部位的最大应力有影响，并与最大应力和各部位的最大应力呈线性正相关的关系。其余计算参数均相同的情况下，已知两个不同混凝土弹性模量时风机基础混凝土的最大应力和各部位的最大应力计算结果，可根据此关系推算出任意弹性模量下风机基础混凝土的最大应力和各部位的最大应力计算结果。

9.3 垫层混凝土弹性模量

9.3.1 分析方案

垫层混凝土的弹性模量也会对风机基础的温度应力场产生一定的影响，由于垫层混凝土尺寸较小，选取较大弹性模量范围对其进行分析。

取各方案风机垫层混凝土弹性模量 E_0 为 C20 混凝土弹性模量（36.98GPa）、土弹性模量（0.004GPa），其余计算参数均相同，对风机基础的温度场和应力场进行仿真模拟计算，计算方案如表 9-4 所示。

表 9-4　垫层混凝土弹性模量分析计算方案

方案名称	FJ-B1	FJ-B2
E_0(GPa)	36.98	0.004

9.3.2 影响分析

通过对垫层混凝土弹性模量分析的 2 个计算方案进行仿真模拟计算，计算得到的结果如图 9-9～图 9-13 所示。

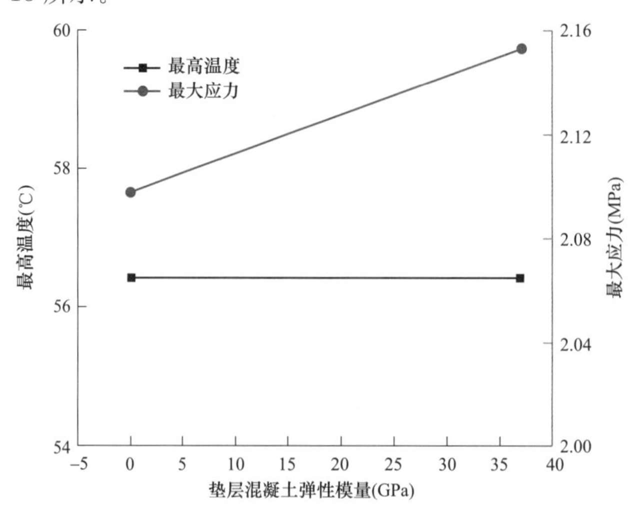

图 9-9　最高温度和最大应力

由图 9-9 可以看出，垫层混凝土弹性模量对最高温度无影响。风机垫层混凝土的最大应力对垫层混凝土的弹性模量不敏感，垫层混凝土两种方案弹性模量相差 4 个数量级，最大应力增大不足 0.1MPa。垫层混凝土弹性模量对最大应力影响极小。

由图 9-10 可以看出，垫层混凝土弹性模量对最大内外温差无影响。

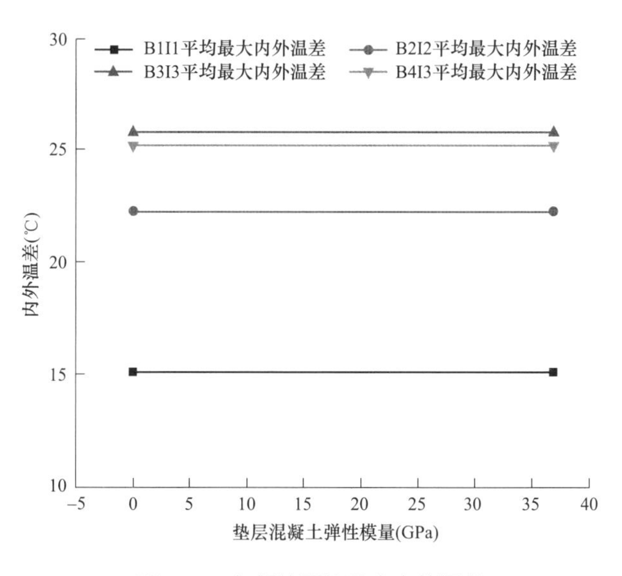

图 9-10　各部位平均最大内外温差

由图 9-11 可以看出，垫层混凝土弹性模量对最大温度梯度无影响。

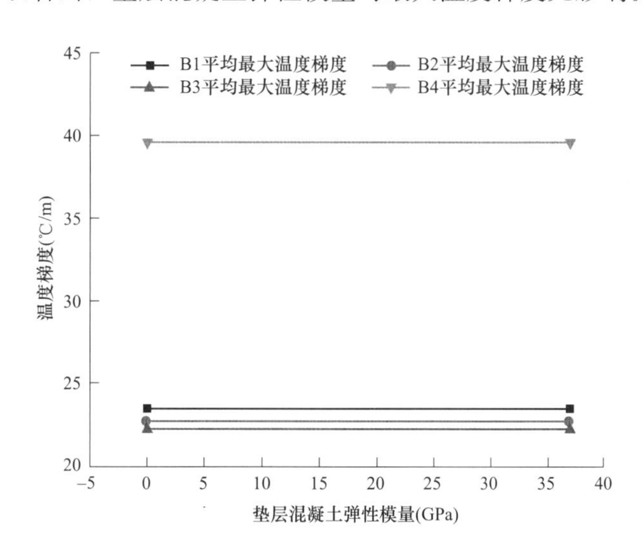

图 9-11　各部位平均最大温度梯度

由图 9-12 可以看出，垫层混凝土弹性模量对最大温降值无影响。

由图 9-13 可以看出，风机垫层混凝土的各部位最大应力对基础混凝土的弹性模量不

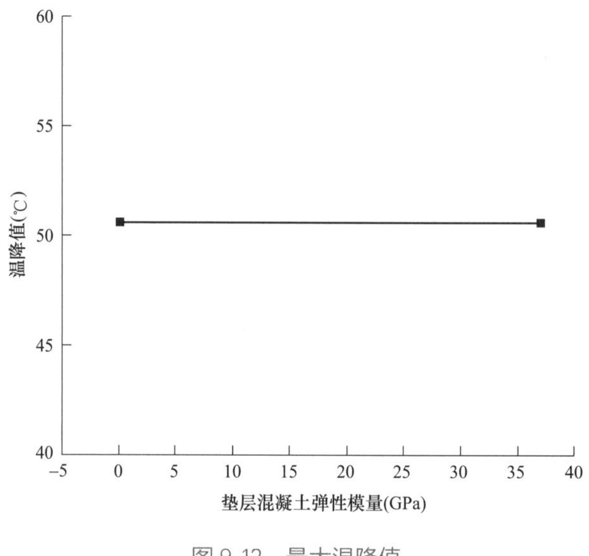

图 9-12　最大温降值

敏感，两种方案垫层混凝土弹性模量相差近 1 万倍，外部节点最大应力增大不超过 0.1MPa，内部节点最大应力增大不超过 0.35MPa，垫层混凝土弹性模量每增大 10GPa，内部节点最大应力增大约 0.7%。垫层混凝土弹性模量对最大应力影响极小。

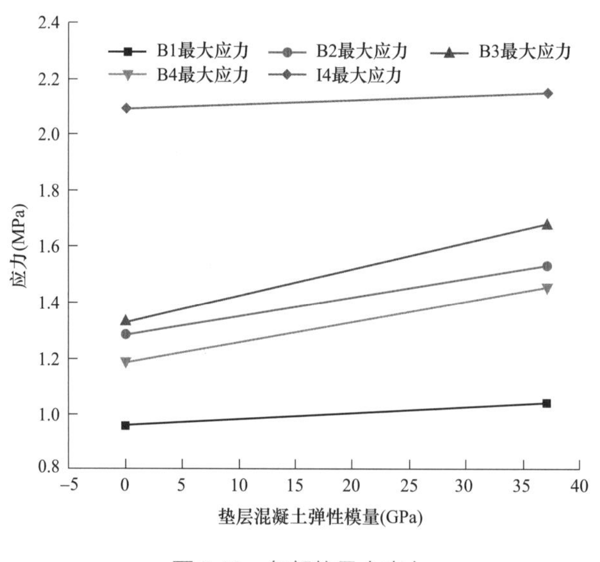

图 9-13　各部位最大应力

综上所述，垫层混凝土的弹性模量对风机基础的最高温度、最大温降值、各部位内外温差和温度梯度没影响，对最大应力和各部位最大应力影响也极小。

9.4 混凝土密度

9.4.1 分析方案

混凝土的密度一般在 2400kg/m³ 左右，为分析风机基础混凝土密度对温度场和应力场的影响，取各方案风机基础混凝土密度为 2300、2400、2500、2600kg/m³，其余计算参数均相同，对风机基础的温度场和温度应力场进行仿真模拟计算，计算方案如表 9-5 所示。

表 9-5　　混凝土密度分析计算方案

方案名称	FJ-ρ1	FJ-ρ2	FJ-ρ3	FJ-ρ4
密度（kg/m³）	2300	2400	2500	2600

9.4.2 影响分析

通过对基础混凝土密度分析的 4 个计算方案进行仿真模拟计算，计算得到的结果如图 9-14～图 9-18 所示。

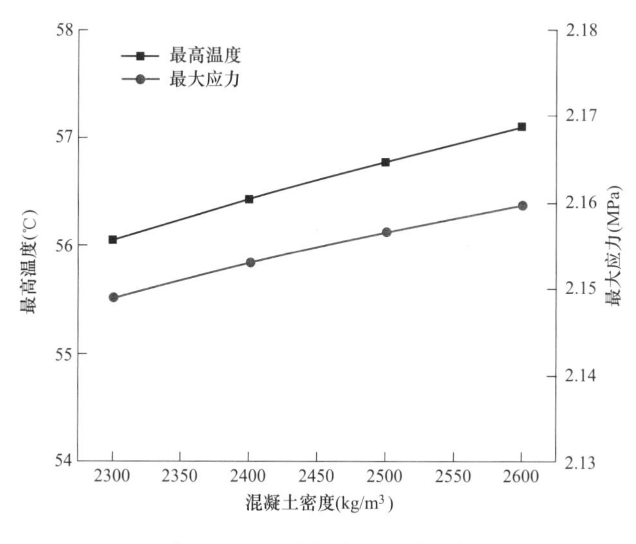

图 9-14　最高温度和最大应力

由图 9-14 可以看出，基础混凝土密度每增大 10kg/m³，混凝土的最高温度仅增大 0.04℃，增大 0.07%～0.08%，最高温度对基础混凝土密度不敏感。风机基础混凝土的最大应力对基础混凝土的密度不敏感，混凝土密度每增大 10kg/m³，最大应力仅增大约

0.001MPa，增大 0.04%～0.05%。

由图 9-15 可以看出，最大内外温差对基础混凝土密度不敏感。基础混凝土密度每增大 10kg/m³，混凝土的最大内外温差仅增大 0.03℃，增大 0.13%～0.14%。

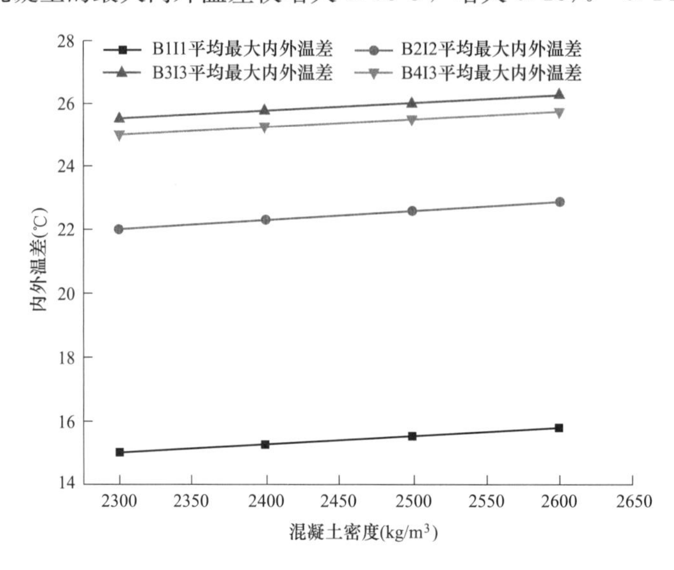

图 9-15　各部位平均最大内外温差

由图 9-16 可以看出，最大温度梯度对基础混凝土密度不敏感，基础混凝土密度每增大 10kg/m³，混凝土的最大温度梯度仅增大 0.06℃，增大 0.14%～0.15%。

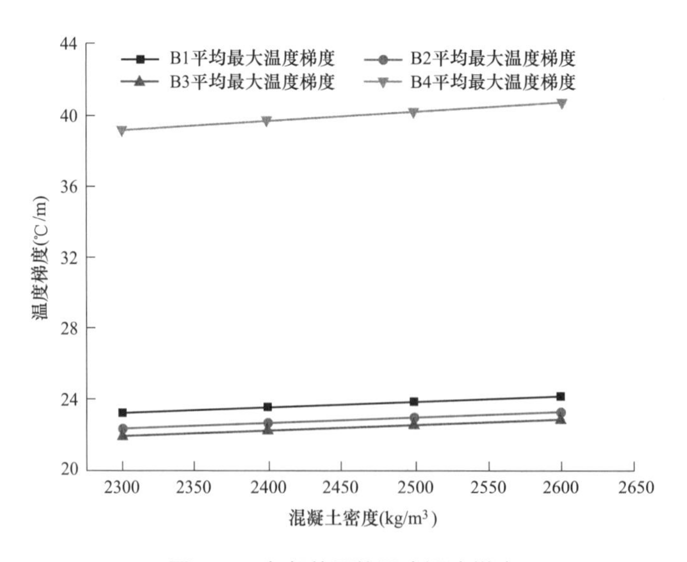

图 9-16　各部位平均最大温度梯度

由图 9-17 可以看出，最大温降值对基础混凝土密度也不敏感。基础混凝土密度每增大 10kg/m³，混凝土的最大温度梯度仅增大 0.02℃，增大 0.03%～0.04%。

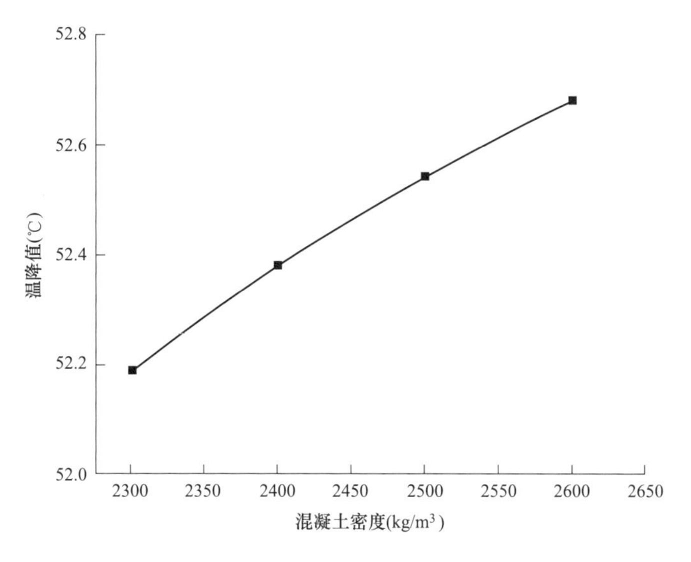

图 9-17 最大温降值

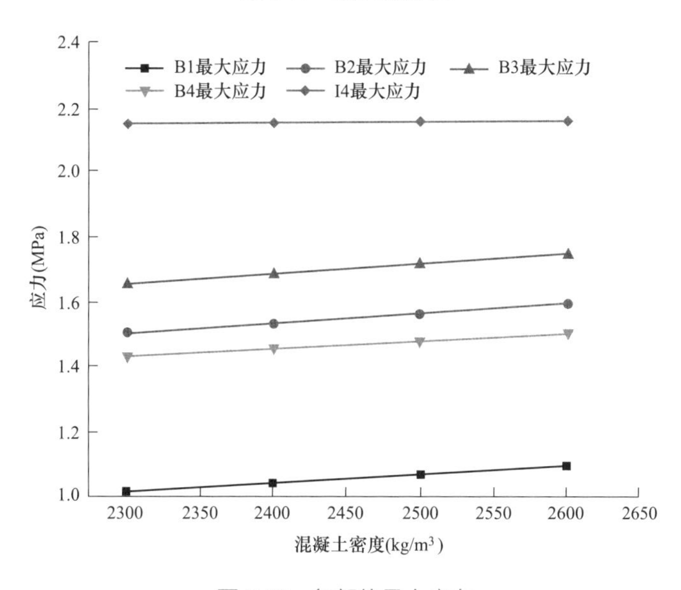

图 9-18 各部位最大应力

由图 9-18 可以看出，风机基础混凝土的内部节点最大应力对基础混凝土的密度不敏感，混凝土密度每增大 10kg/m³，内部节点最大应力仅增大约 0.001MPa，增大 0.07%～0.08%；风机基础混凝土的表面节点最大应力对基础混凝土的密度敏感度也很小，混凝土密度每增大 10kg/m³，表面节点最大应力增大 0.003MPa，增大 0.2%～0.3%。最高温度、最大内部应力和最大表面应力与基础混凝土密度呈线性正相关的关系。基础混凝土密度越大，风机基础混凝土的最高温度、内部最大应力和表面最大应力均会增大，但混凝土密度对三者的影响均较小。

综上所述，基础混凝土密度对风机基础混凝土的最高温度、最大温降值、各部位内外温差和温度梯度、最大应力、各部位最大应力的影响均很小。

9.5 土 密 度

9.5.1 分析方案

不同的土，密度不同，它与土的密实程度、含水量多少等因素有关，顾晓鲁主编的《地基与基础》中一般土的密度在 1.3～2.2G/cm^3。

为分析土的密度对温度场和应力场的影响，取各方案风机土的密度为 1300、1600、1900、2200kg/m^3，其余计算参数均相同，对风机基础的温度场和温度应力场进行仿真模拟计算，计算方案如表 9-6 所示。

表 9-6　　土密度分析计算方案

方案名称	FJ-D1	FJ-D2	FJ-D3	FJ-D4
密度（kg/m^3）	1300	1600	1900	2200

9.5.2 影响分析

通过对土的密度分析的 4 个计算方案进行仿真模拟计算，计算得到的结果如图 9-19～图 9-23 所示。

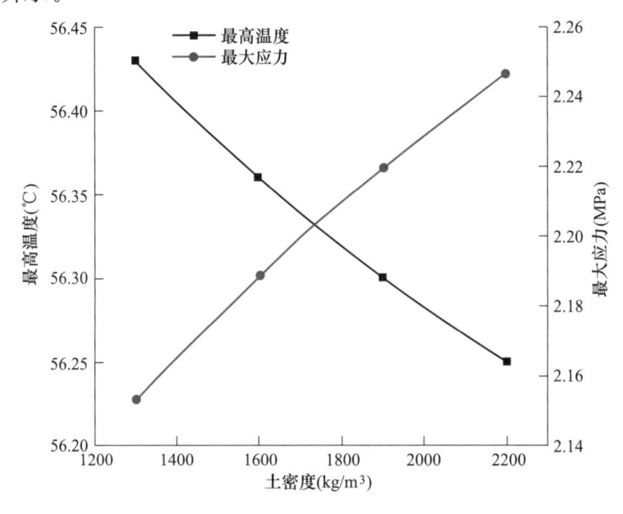

图 9-19　最高温度和最大应力

由图 9-19 可以看出，土的密度每增大 10kg/m^3，混凝土的最高温度仅降低 0.002℃，降低 0.003%～0.004%，最高温度对土的密度不敏感。风机基础混凝土的最大应力对土的密度不敏感，土密度每增大 10kg/m^3，最大应力仅增大 0.001MPa，增大 0.04%～0.05%。

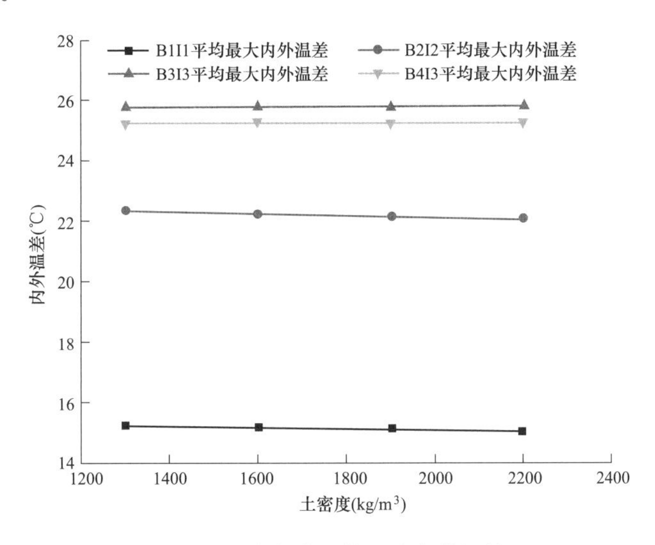

图 9-20　各部位平均最大内外温差

由图 9-20 可以看出，最大内外温差对土的密度不敏感。土的密度每增大 10kg/m^3，混凝土的最大内外温差仅降低 0.02℃，降低约 0.1%。

由图 9-21 可以看出，最大温度梯度对土的密度不敏感，混凝土的最大温度梯度基本不变。

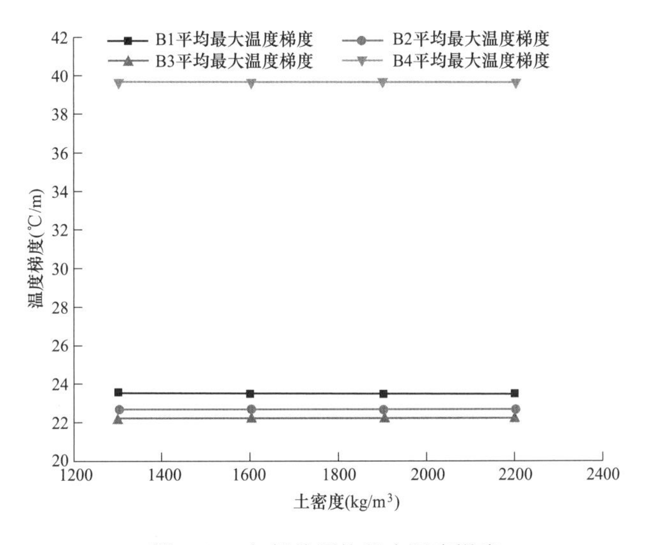

图 9-21　各部位平均最大温度梯度

由图 9-22 可以看出，最大温降值对土的密度不敏感。土的密度每增大 10kg/m³，混凝土的最大温降值仅降低 0.04℃，降低 0.07%～0.08%。

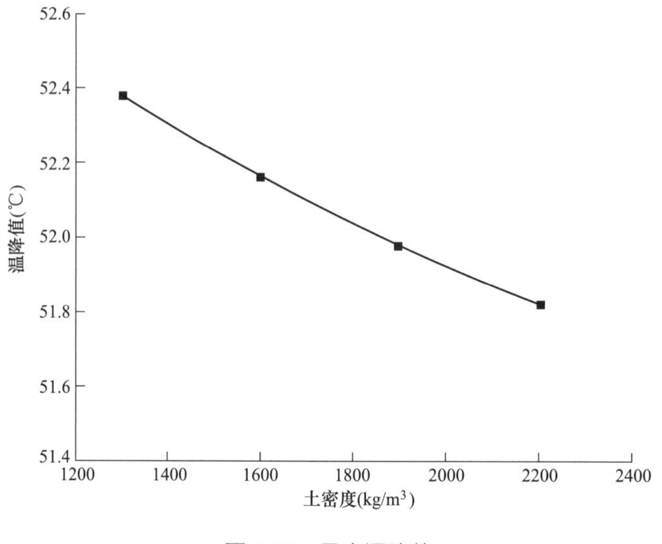

图 9-22　最大温降值

由图 9-23 可以看出，风机基础混凝土的内部节点最大应力对土的密度也不敏感，土的密度每增大 10kg/m³，内部节点最大应力仅增大约 0.001MPa，增大 0.04%～0.05%；风机基础混凝土的表面节点最大应力对土的密度敏感度也很小，土密度每增大 10kg/m³，表面节点最大应力降低 0.007MPa，降低 0.6%～0.7%。

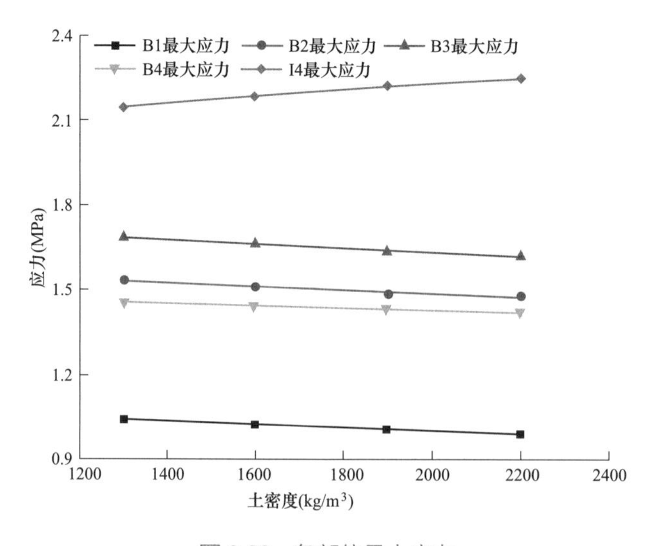

图 9-23　各部位最大应力

综上所述，土密度对风机基础混凝土的最高温度、最大温降值、各部位内外温差和温度梯度、最大应力、各部位最大应力的影响均很小。

9.6 混凝土导热系数

9.6.1 分析方案

导热系数是混凝土的一种热学性能，反映了混凝土的传热能力大小，在未进行混凝土热性能实验时，混凝土的导热系数可根据混凝土各组成成分的质量分数进行计算。根据工程经验，取各方案风机基础混凝土导热系数为5.076、7.838、10.6kJ/(m·h·℃)，导温系数满足式(7-1)，其余计算参数均相同，对风机基础的温度场和温度应力场进行仿真模拟计算，计算方案如表9-7所示。

表9-7 导热系数分析计算方案

方案名称	FJ-λ1	FJ-λ2	FJ-λ3
导热系数[kJ/(m·h·℃)]	5.067	7.838	10.6

9.6.2 影响分析

通过混凝土导热系数分析的3个计算方案进行仿真模拟计算，计算得到的结果如图9-24～图9-28所示。

由图9-24可以看出，风机基础混凝土的最高温度对基础混凝土的导热系数较敏感，基础混凝土导热系数每增大1kJ/(m·h·℃)，混凝土的最高温度减小0.74℃，减小1.1%～1.4%；风机基础混凝土内部节点最大应力对基础混凝土的导热系数敏感，混凝土导热系数每增大1kJ/(m·h·℃)，最大应力减小0.072MPa，减少2.5%～3.7%。

由图9-25可以看出，最大内外温差对基础混凝土导热系数敏感。基础混凝土导热系数每增大1kJ/(m·h·℃)，混凝土的最大内外温差降低约1.5℃，降低7.4%～9.2%。

由图9-26可以看出，最大温度梯度对基础混凝土导热系数敏感。基础混凝土导热系数每增大1kJ/(m·h·℃)，混凝土的最大温度梯度降低1.5～3.9℃，降低4.9%～7.4%。

由图9-27可以看出，最大温降值对基础混凝土导热系数不敏感。基础混凝土导热系数每增大1kJ/(m·h·℃)，混凝土的最大温度梯度降低0.39℃，降低0.72%～0.74%。

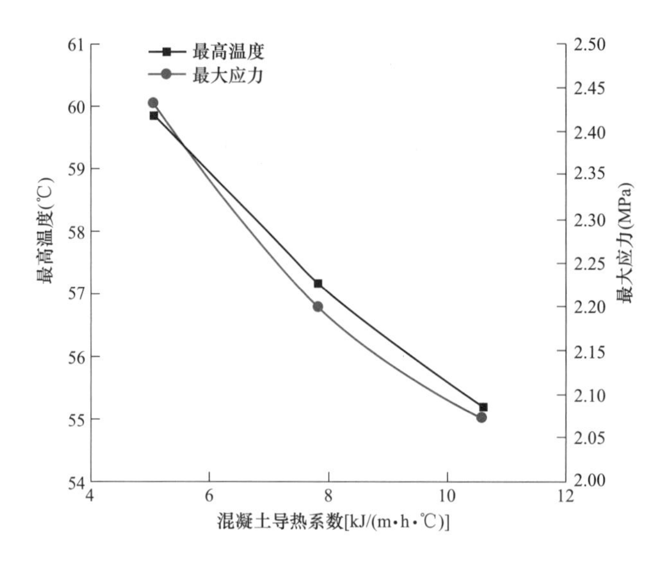

图 9-24　最高温度和最大应力

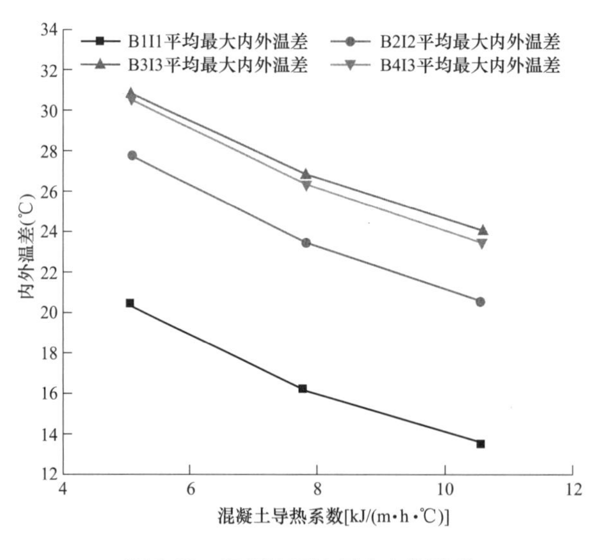

图 9-25　各部位平均最大内外温差

由图 9-28 可以看出，风机基础混凝土内部节点最大应力对基础混凝土的导热系数敏感，混凝土导热系数每增大 1kJ/(m·h·℃)，内部节点最大应力减小 0.072MPa，减小 2.5%～3.7%；风机基础混凝土的表面节点最大应力对基础混凝土的导热系数也敏感，混凝土导热系数每增大 1kJ/(m·h·℃)，表面节点最大应力减小约 0.044MPa，减小 3.4%～4.3%。

综上所述，随着导热系数的增大，风机基础混凝土最高温度、最大内外温差和最大

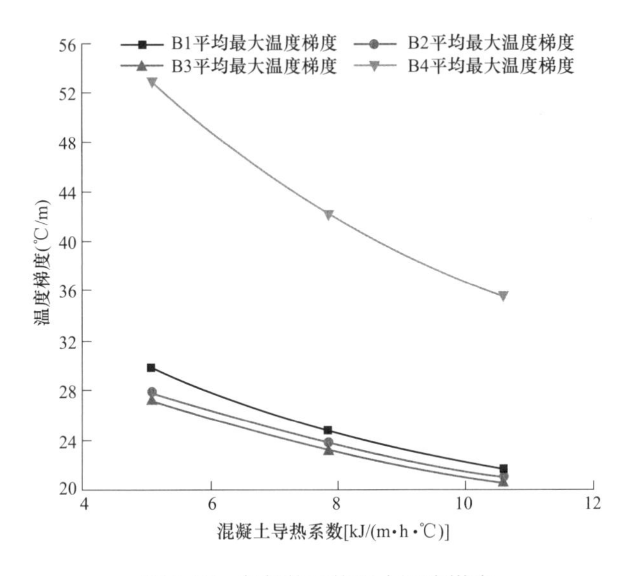

图9-26　各部位平均最大温度梯度

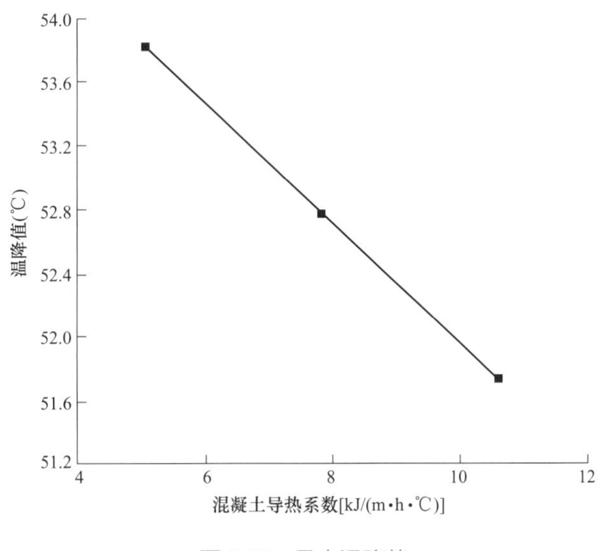

图9-27　最大温降值

温度梯度减小，这是由于随着混凝土导温系数变大，混凝土的热传导性能提高，更有利于混凝土内部热量向外散失，最终使混凝土最高温度逐渐变低。随着导热系数的增大，风机基础混凝土最大内部应力和最大表面应力也减小，这是因为随着混凝土导温系数变大，内外温差变小，最终导致应力变小。且最高温度、最大内外温差、最大温度梯度、各部位最大应力和基础最大应力与导热系数呈负相关的非线性关系。最大温降值与导热系数呈负相关的线性关系。

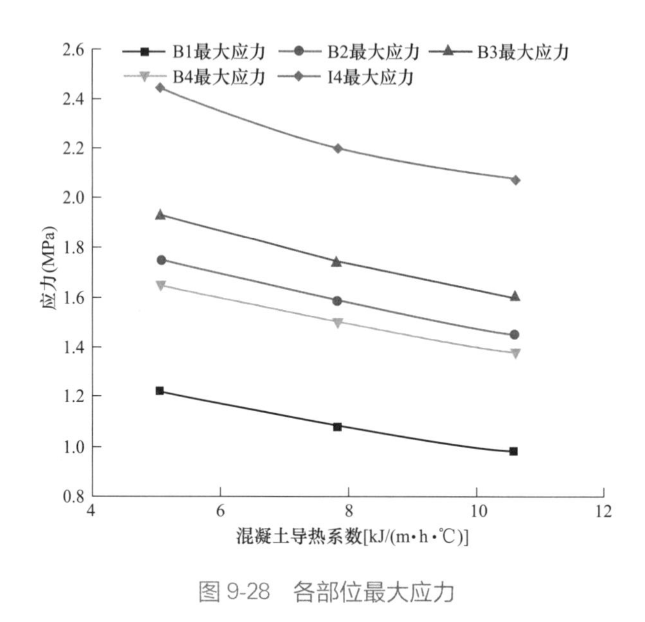

图 9-28　各部位最大应力

基础混凝土的导热系数对风机基础的温度场和应力场有影响，并与最大温降值呈线性负相关的线性关系，与各部位内外温差、温度梯度、各部位应力、风机基础最高温度和最大应力呈负相关的非线性关系。在其余计算参数均相同的情况下，已知两个不同混凝土导热系数时风机基础混凝土的最大温降值计算结果，可根据线性关系推算出任意导热系数下风机基础混凝土的最高温度和最大温降值计算结果；在其余计算参数均相同的情况下，已知三个不同混凝土导热系数时风机基础混凝土的各部位内外温差、温度梯度、各部位最大应力、风机基础最高温度和最大应力计算结果，可根据计算结果拟合出曲线，然后推算出任意导热系数下风机基础混凝土的各部位内外温差、温度梯度、各部位最大应力、风机基础最高温度和最大应力计算结果。

9.7 土导热系数

9.7.1 分析方案

取各方案风机土的导热系数为 1.8、3.78、5.76、7.74、10.71、13.68kJ/(m·h·℃)，导温系数满足式（7-1），其余计算参数均相同，对风机基础的温度场和温度应力场进行仿真模拟计算，计算方案如表 9-8 所示。

表 9-8　　土地导热系数分析计算方案

方案名称	FJ-F1	FJ-F2	FJ-F3	FJ-F4	FJ-F5	FJ-F6
导热系数[kJ/(m·h·℃)]	1.8	3.78	5.76	7.74	10.71	13.68

9.7.2　影响分析

通过土导热系数分析的 5 个计算方案进行仿真模拟计算，计算得到的结果如图 9-29～图 9-33 所示。

由图 9-29 可以看出，风机基础最高温度随土导热系数增大而减小，土导热系数每增大 1kJ/(m·h·℃)，混凝土的最高温度减小 0.1℃，减小 0.05%～0.19%。风机基础混凝土最大应力随土的导热系数增大先增大后减小，土导热系数小于 4kJ/(m·h·℃)时每增大 1kJ/(m·h·℃)，最大应力减小 0.05MPa，减小约 2.2%；土导热系数大于 4kJ/(m·h·℃) 时每增大 1kJ/(m·h·℃)，最大应力增大 0.018MPa，增大 0.54%～0.77%。

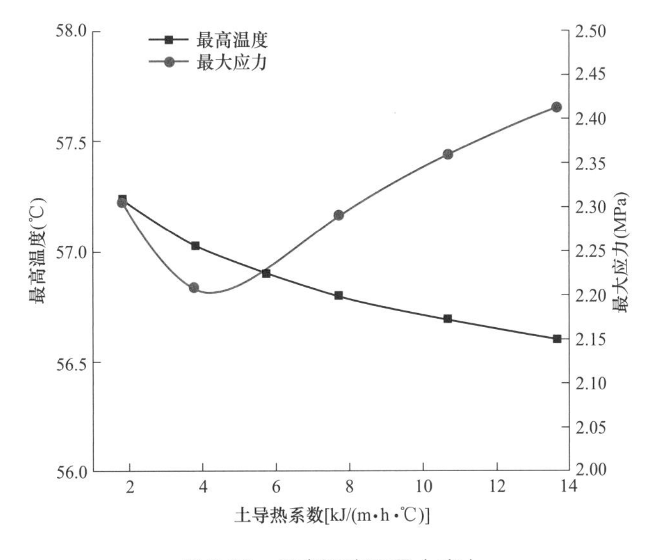

图 9-29　最高温度和最大应力

由图 9-30 可以看出，各部位最大内外温差对土的导热系数不敏感。土的导热系数每增大 1kJ/(m·h·℃)，混凝土的最大内外温差降低约 0.14℃，降低 0.26%～0.86%。

由图 9-31 可以看出，最大温度梯度对土的导热系数不敏感。土的导热系数增大，混凝土的最大温度梯度基本不变。

由图 9-32 可以看出，最大温降值对土的导热系数不敏感。土的导热系数每增大

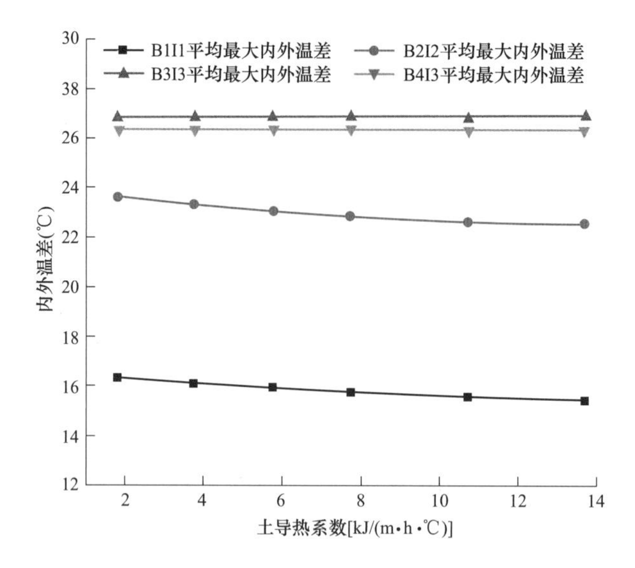

图 9-30　各部位平均最大内外温差

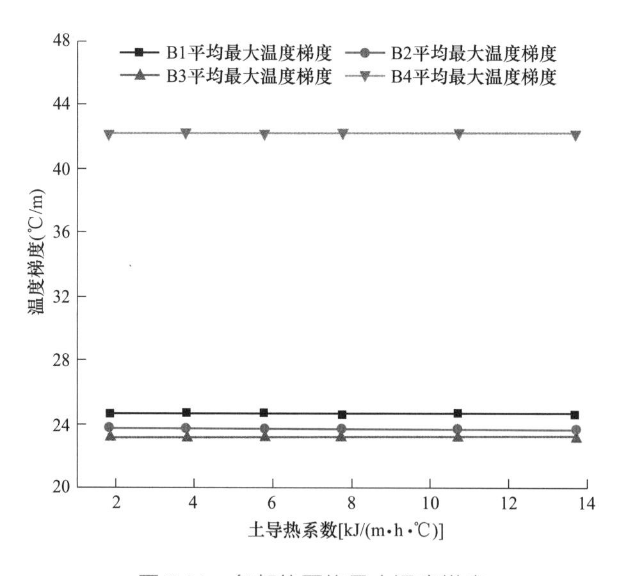

图 9-31　各部位平均最大温度梯度

1kJ/(m·h·℃)，混凝土的最大温度梯度增大 0.08～0.48℃，增大 0.15%～0.9%。

由图 9-33 可以看出，土导热系数小于 4kJ/(m·h·℃) 时每增大 1kJ/(m·h·℃)，最大应力减小 0.05MPa，减少约 2.8%；土导热系数大于 4kJ/(m·h·℃) 时每增大 1kJ/(m·h·℃)，最大应力增大 0.018MPa，增大 0.54%～0.77%。风机基础混凝土的表面节点最大应力对基础混凝土的导热系数较敏感，混凝土导热系数每增大 1kJ/(m·h·℃)，表面节点最大应力减小约 0.04MPa，减小 1.1%～3.6%。总体来说风机基础

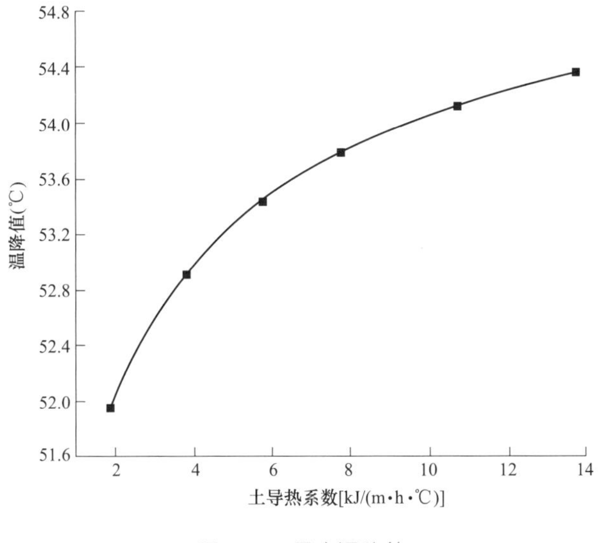

图 9-32　最大温降值

混凝土内部节最大应力对土的导热系数不敏感，土的导热系数对风机基础表面部位的应力有一定的影响，但影响有限。

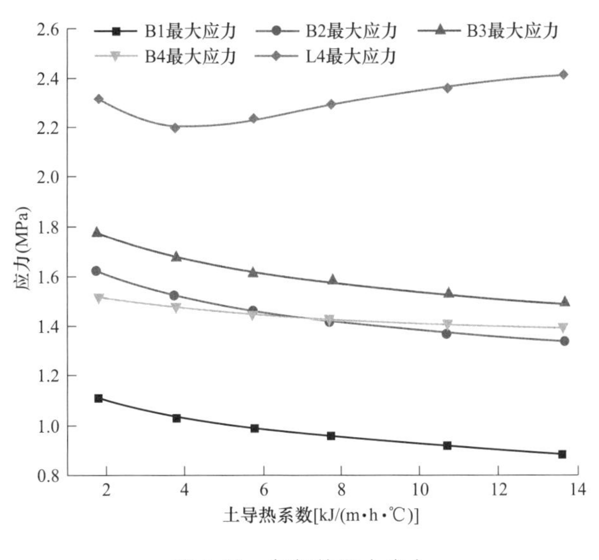

图 9-33　各部位最大应力

综上所述，随着土的导热系数的增大，风机基础混凝土最高温度、最大内外温差和最大表面应力减小，最大温降值增大。土的导热系数小于 4kJ/（m·h·℃）内部节点最大应力降低，土的导热系数小于 4kJ/（m·h·℃）内部节点最大应力增大。且最高温度、最大表面应力与导热系数呈负相关的非线性关系。总体来说，土导热系数对风机基础最高温度、最大温降值、各部位内外温差和温度梯度影响很小，土导热系数小于

4kJ/(m·h·℃）才会对风机基础的最大应力和各部位最大应力有一定的影响，土导热系数大于4kJ/(m·h·℃）时对风机基础的最大应力和各部位最大应力的影响也很小。

9.8 泊 松 比

9.8.1 分析方案

《混凝土坝温度控制设计规范》(NB/T 35092—2017）中规定，混凝土泊松比无实验成果时可取0.167～0.2。

取各方案风机基础混凝土与垫层混凝土泊松比为0.1667、0.18、0.2，其余计算参数均相同，对风机基础的温度场和应力场进行仿真模拟计算，计算方案如表9-9所示。

表9-9　泊松比分析计算方案

方案名称	FJ-R1	FJ-R2	FJ-R3
泊松比	0.1667	0.18	0.2

9.8.2 影响分析

通过对泊松比分析的3个计算方案进行仿真模拟计算，计算得到的结果如图9-34～图9-38所示。

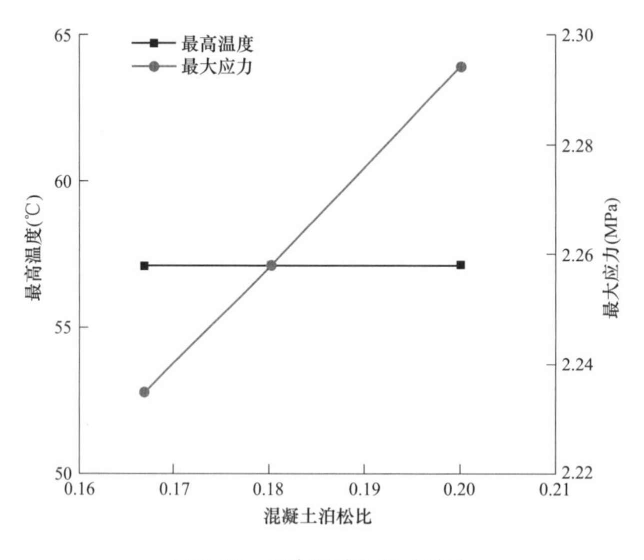

图9-34　最高温度和最大应力

由图 9-34 可以看出，泊松比对最高温度无影响。风机基础混凝土的最大应力对混凝土的泊松比不敏感，混凝土泊松比每增大 0.01，最大应力增大 0.018MPa，增大约 0.8%。最大应力与混凝土泊松比成线性正相关的关系。

由图 9-35 可以看出，泊松比对最大内外温差无影响。

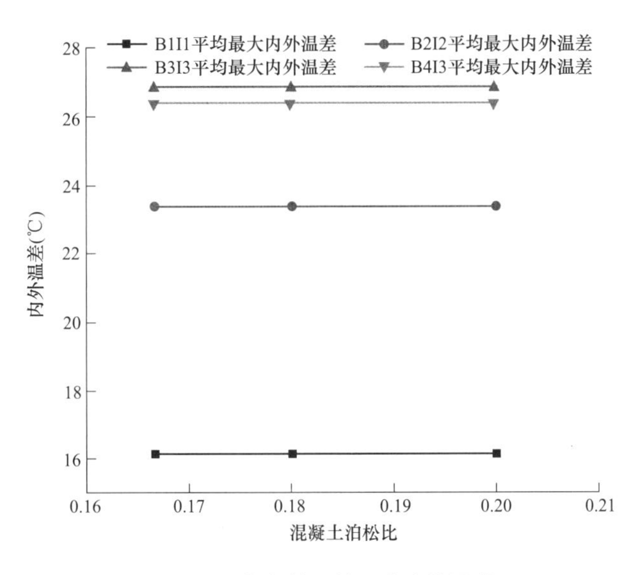

图 9-35　各部位平均最大内外温差

由图 9-36 可以看出，泊松比对最大温度梯度无影响。

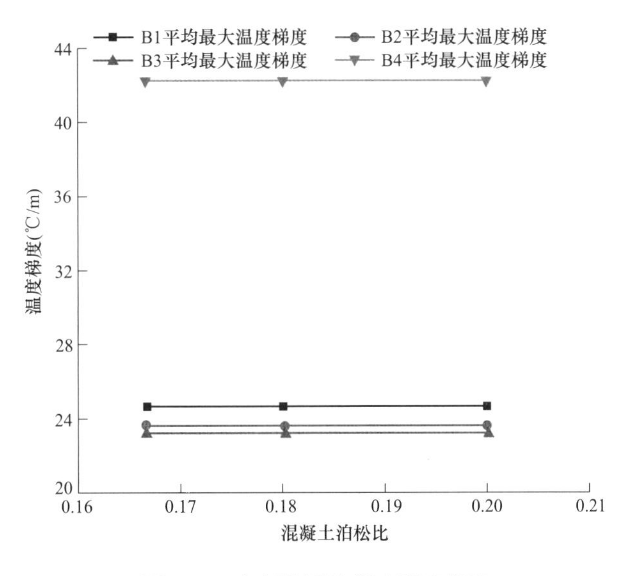

图 9-36　各部位平均最大温度梯度

由图 9-37 可以看出，泊松比对最大温降值无影响。

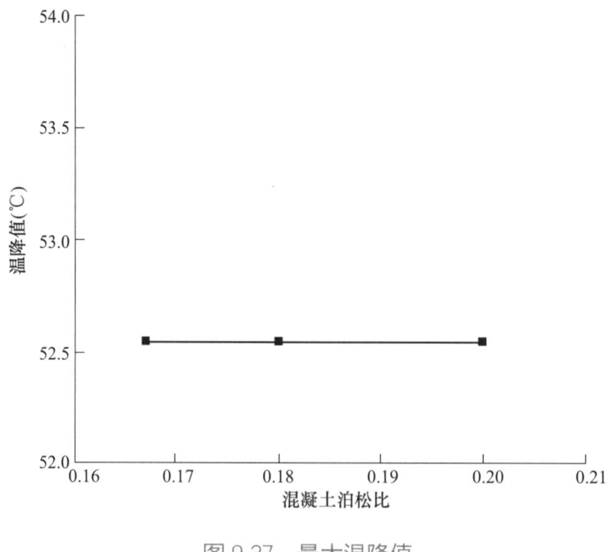

图 9-37 最大温降值

由图 9-38 可以看出，混凝土的泊松比对风机基础混凝土的各部位最大应力的影响较小，混凝土泊松比每增大 0.01，最大应力增大 0.014～0.028MPa，增大 0.8%～1.6%。各部位最大应力与混凝土泊松比成线性正相关的关系。

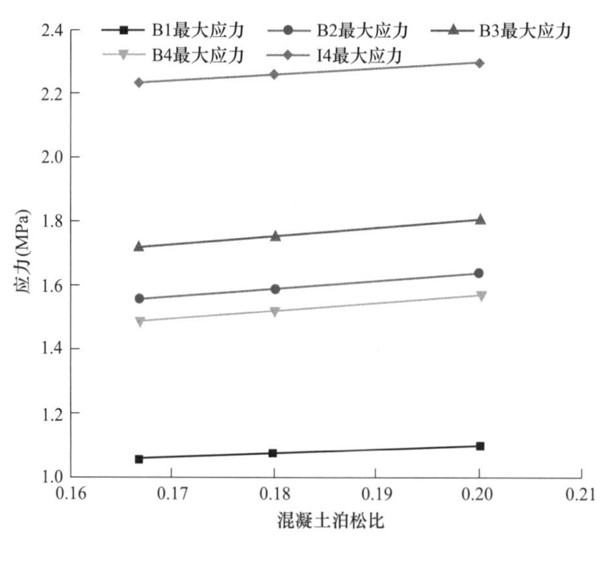

图 9-38 各部位最大应力

综上所述，混凝土的泊松比对风机基础的温度场没影响，对应力场影响较小，应力与混凝土的泊松比呈线性正相关的关系。

9.9 混凝土线胀系数

9.9.1 分析方案

混凝土温度升高引起膨胀，温度降低引起收缩。在温度改变量为定值时，混凝土胀（缩）变形大小，取决于混凝土线膨胀系数。混凝土线膨胀系数主要与混凝土材料组成有关，受骨料岩石种类影响最大。

《混凝土坝温度控制设计规范》（NB/T 35092—2017）中规定，混凝土线膨胀系数无实验成果时，不同品种骨料混凝土线膨胀系数可按表 9-10 的规定取值。

表 9-10 不同品种骨料混凝土线膨胀系数

名称	线膨胀系数 α（1/℃）	名称	线膨胀系数 α（1/℃）
石英岩混凝土	11×10^{-6}	玄武岩混凝土	8×10^{-6}
砂岩混凝土	10×10^{-6}	石灰岩混凝土	7×10^{-6}
花岗岩混凝土	9×10^{-6}		

故取风机基础混凝土线膨胀系数为 $7\times10^{-6}\sim11\times10^{-6}$，其余计算参数均相同，对风机基础的温度场和温度应力场进行仿真模拟计算，计算方案如表 9-11 所示。

表 9-11 线膨胀系数分析计算方案

方案名称	FJ-α1	FJ-α2	FJ-α3	FJ-α4	FJ-α5
线膨胀系数（1/℃）	7×10^{-6}	8×10^{-6}	9×10^{-6}	10×10^{-6}	11×10^{-6}

9.9.2 影响分析

通过对线膨胀系数分析的 5 个计算方案进行仿真模拟计算，计算得到的结果如图 9-39～图 9-43 所示。

由图 9-39 可以看出，线膨胀系数对最高温度无影响。风机基础混凝土的最大应力对基础混凝土的线膨胀系数敏感，混凝土线膨胀系数每增大 1×10^{-6}℃，最大应力增大 0.28MPa，增大 11.2%～17%。最大应力与混凝土线膨胀系数呈线性正相关的关系。

由图 9-40 可以看出，线膨胀系数对最大内外温差无影响。

由图 9-41 可以看出，线膨胀系数对最大温度梯度无影响。

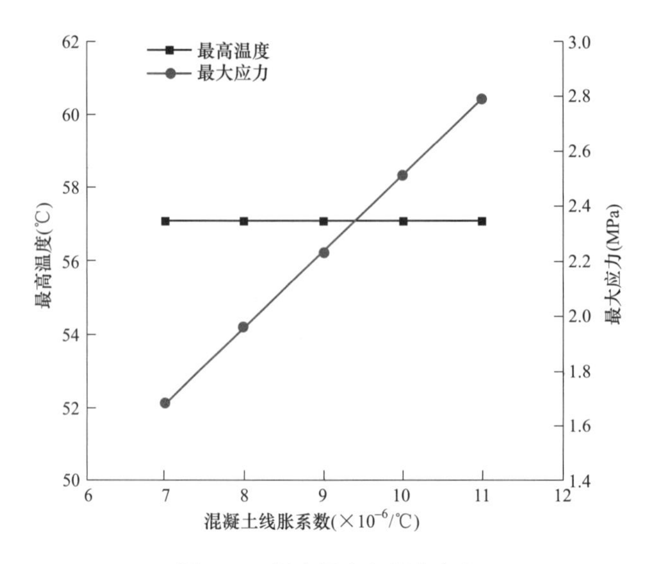

图 9-39　最高温度和最大应力

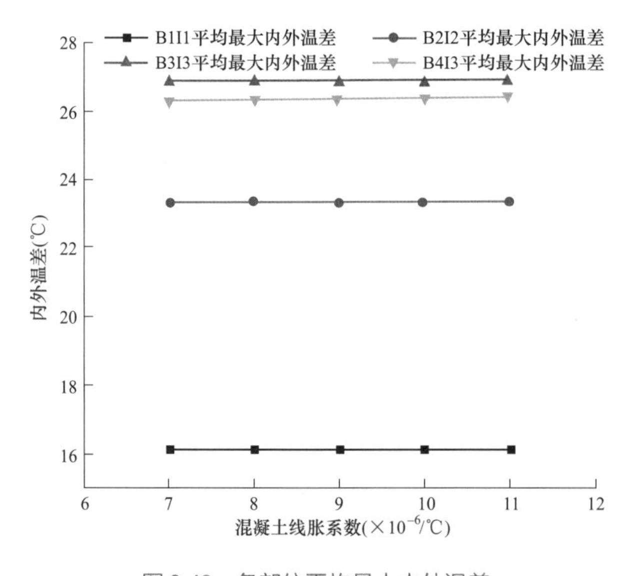

图 9-40　各部位平均最大内外温差

由图 9-42 可以看出，线膨胀系数对最大温降值无影响。

由图 9-43 可以看出，风机基础混凝土的内部节点最大应力对基础混凝土的线膨胀系数敏感，混凝土线膨胀系数每增大 1×10^{-6}/℃，内部节点最大应力增大 0.28MPa，增大 11.2%～17%；风机基础混凝土的表面节点最大应力对基础混凝土的线膨胀系数也敏感，混凝土线膨胀系数每增大 1×10^{-6}/℃，表面节点最大应力增大 0.10MPa，增大 8.6%～11.2%。

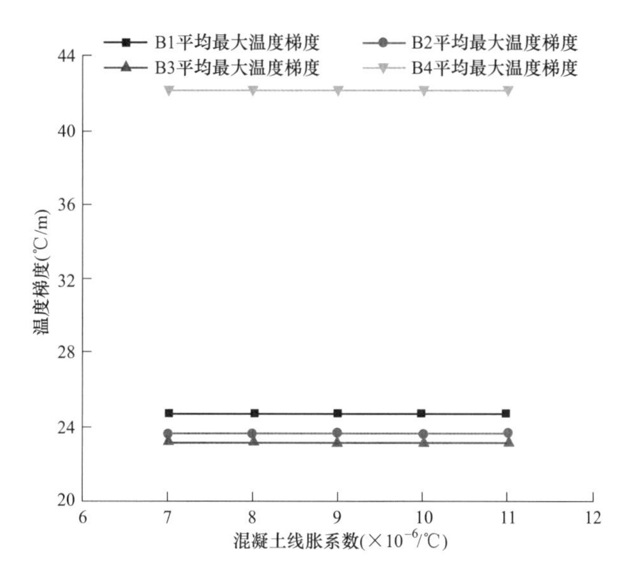

图 9-41 各部位平均最大温度梯度

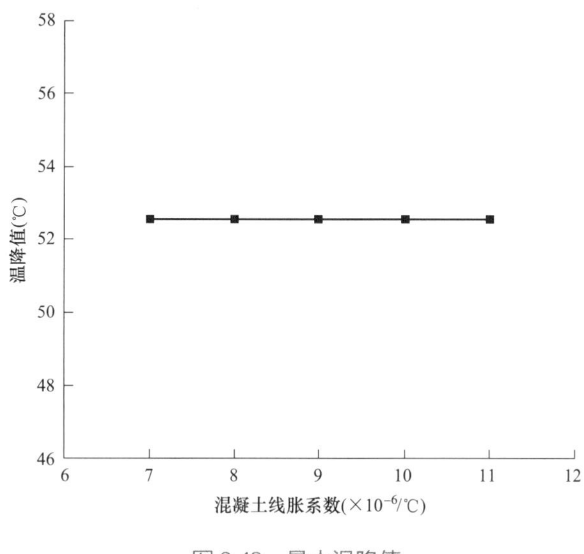

图 9-42 最大温降值

综上所述，基础混凝土的线膨胀系数对风机基础的最高温度、最大温降值、各部位内外温差和温度梯度没有影响，对风机基础的最大应力、各部位的最大温度应力有较大的影响。基础混凝土的线膨胀系数与最大内部应力和最大表面应力呈线性正相关的关系。故在其余计算参数均相同的情况下，已知两个不同混凝土线膨胀系数时风机基础混凝土的最大应力和各部位的最大应力，可根据线性关系推算出任意线膨胀系数下风机基础混凝土的最大应力和各部位的最大应力。

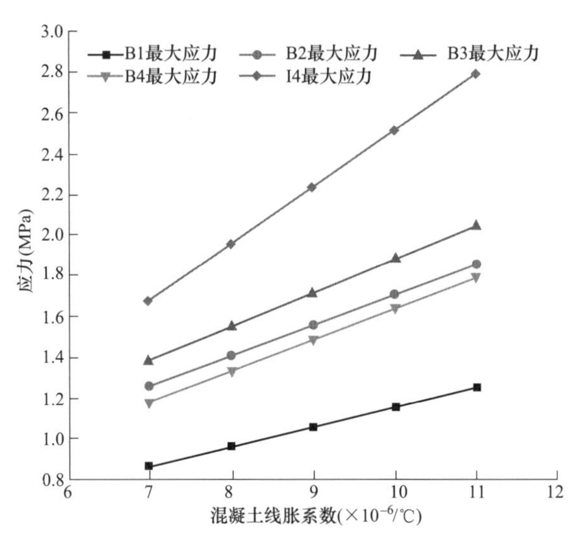

图 9-43　各部位最大应力

9.10　混凝土比热容

9.10.1　分析方案

取各方案风机基础混凝土比热容为 0.9、0.92、0.94、0.96、0.98、1.0kJ/(kg·℃)，其余计算参数均相同，对风机基础的温度场和温度应力场进行仿真模拟计算，计算方案如表 9-12 所示。

表 9-12　　比热容分析计算方案

方案名称	FJ-I1	FJ-I2	FJ-I3	FJ-I4	FJ-I5	FJ-I6
比热容[kJ/(kg·℃)]	0.9	0.92	0.94	0.96	0.98	1.0

9.10.2　影响分析

通过对基础混凝土比热容分析的 6 个计算方案进行仿真模拟计算，计算得到的结果如图 9-44～图 9-48 所示。

由图 9-44 可以看出，基础混凝土比热容每增大 0.01kJ/(kg·℃)，混凝土的最高温度仅增大 0.1℃，增大 0.13%～0.15%，最高温度对基础混凝比热容不敏感。风机基础混凝土的最大应力对基础混凝土的比热容不敏感，混凝土比热容每增大 0.01kJ/(kg·℃)，最

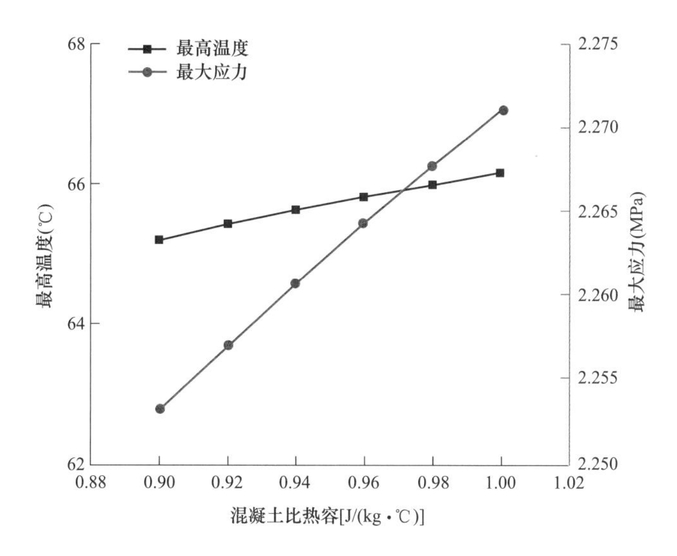

图 9-44 最高温度和最大应力

大应力仅增大约 0.0018MPa，增大 0.07%～0.08%。

由图 9-45 可以看出，最大内外温差对基础混凝土比热容不敏感。基础混凝土比热容每增大 0.01kJ/(kg·℃)，混凝土的最大内外温差仅增大 0.08℃，增大 0.25%～0.35%。

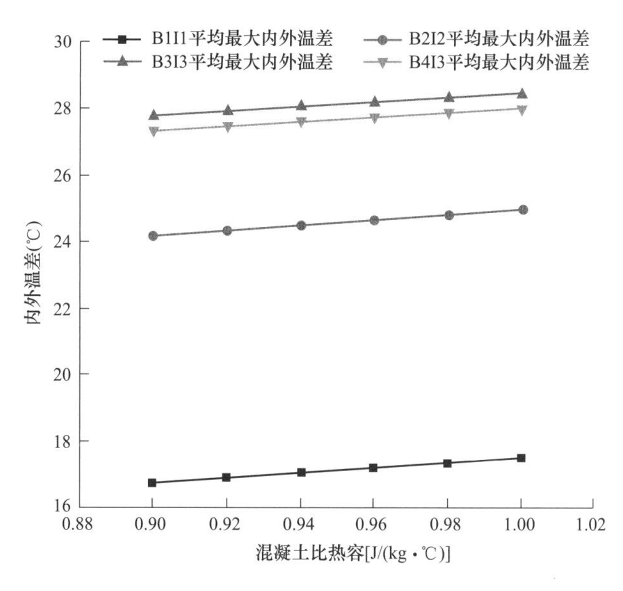

图 9-45 各部位平均最大内外温差

由图 9-46 可以看出，最大温度梯度对基础混凝土比热容不敏感，基础混凝土比热容每增大 0.01kJ/(kg·℃)，混凝土的最大温度梯度仅增大 0.1℃，增大 0.3%～0.35%。

由图 9-47 可以看出，最大温降值对基础混凝土比热容不敏感。基础混凝土比热容每

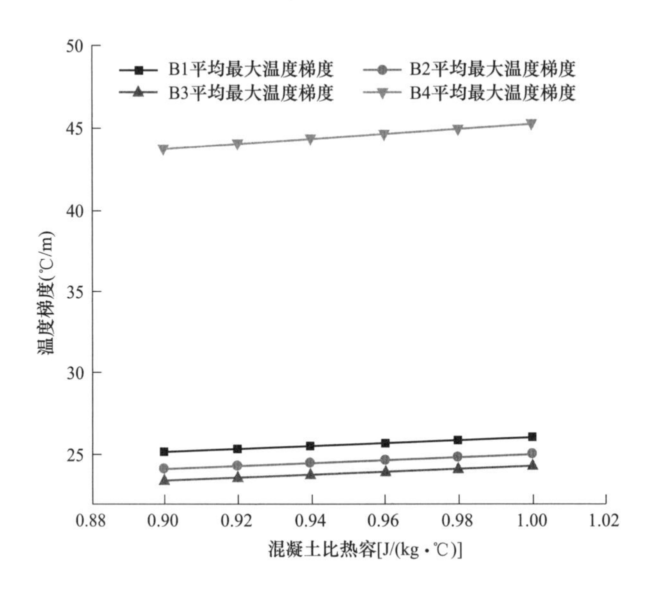

图 9-46　各部位平均最大温度梯度

增大 0.01kJ/(kg·℃)，混凝土的最大温度梯度仅增大 0.06℃，增大 0.1%～0.12%。

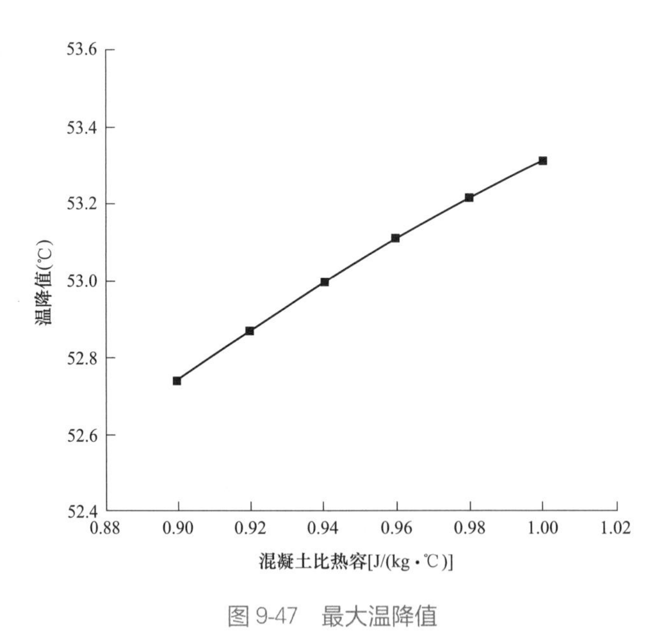

图 9-47　最大温降值

由图 9-48 可以看出，风机基础混凝土的内部节点最大应力对基础混凝土的比热容不敏感，混凝土比热容每增大 0.01kJ/(kg·℃)，内部节点最大应力仅增大约 0.0018MPa，增大 0.07%～0.08%；风机基础混凝土的表面节点最大应力对基础混凝土的比热容敏感度也很小，混凝土比热容每增大 0.01kJ/(kg·℃)，表面节点最大应力增大 0.008MPa，增大 0.49%～0.55%。

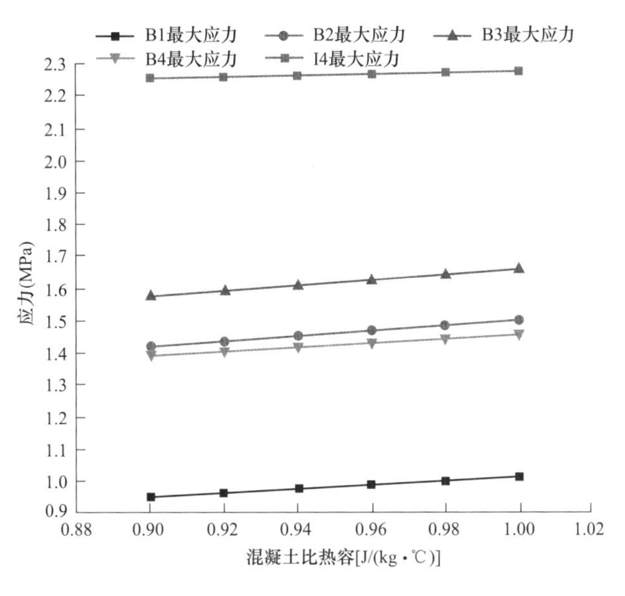

图 9-48　各部位最大应力

综上所述，混凝土比热容对风机基础混凝土的最高温度、最大温降值、各部位内外温差和温度梯度、最大应力、各部位最大应力的影响均很小。

9.11　混凝土绝热温升

9.11.1　分析方案

水泥的水化热是影响混凝土温度应力的一个重要因素，在温度场的计算中通常使用混凝土绝热温升 θ。影响混凝土绝热温升的因素包括水泥品种、水泥用量、混合材料品种和用量、浇筑温度。本小节主要采用朱伯芳院士提出的复合指数式来表示绝热温升与龄期的关系

$$\theta(\tau)=\theta_0(1-e^{-a\tau^b}) \tag{9-2}$$

式中　θ_0——最终绝热温升，℃；

a、b——水泥水化热常数，表示水泥水化热的放热速率，普通硅酸盐水泥 425 号，$a=0.69$，$b=0.56$；普通硅酸盐水泥 525 号，$a=0.36$，$b=0.74$。

本小节取各方案风机基础混凝土最终绝热温升θ_0为 40、50、60、70、80℃，其余计算参数均相同，其中 a、b 均取普通硅酸盐水泥 425 号所对应的值，对风机基础的温度

场和温度应力场进行仿真模拟计算，计算方案如表 9-13 所示。

表 9-13　　绝热温升分析计算方案

方案名称	FJ-01	FJ-02	FJ-03	FJ-04	FJ-05
最终绝热温升（℃）	40	50	60	70	80

9.11.2 影响分析

通过对绝热温升分析的 6 个计算方案进行仿真模拟计算，计算得到的结果如图 9-49～图9-53 所示。

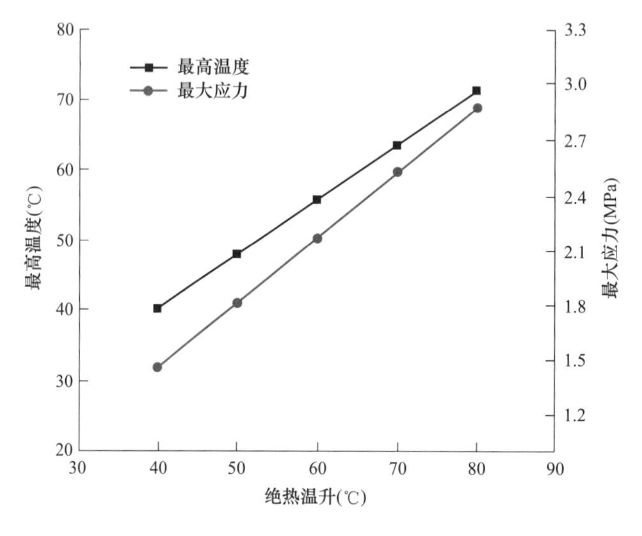

图 9-49　最高温度和最大应力

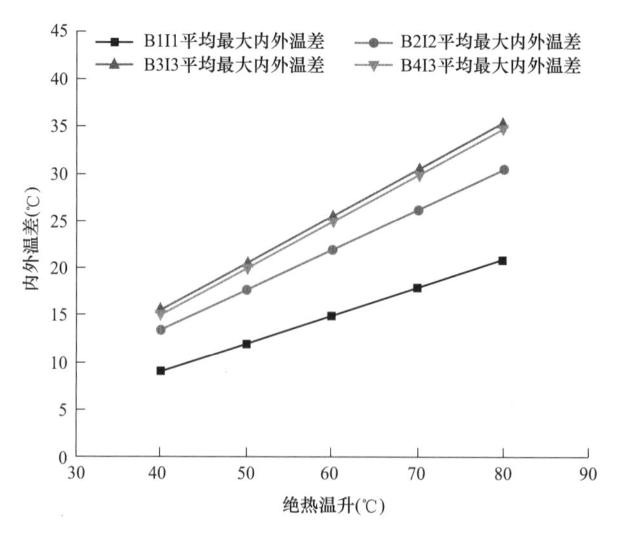

图 9-50　各部位平均最大内外温差

由图 9-49 可以看出，风机基础混凝土的最大温度和最大应力对基础混凝土的绝热温升敏感，混凝土的绝热温升每升高 10℃，最高温度升高 7.78℃，增大 12.3%～19.4%，两者呈线性正相关的关系；最大应力增大 0.35MPa，增大 14.2%～23.8%，两者呈线性正相关的关系。

由图 9-50 可以看出，风机基础混凝土表面各部位平均最大内外温差对基础混凝土的绝热温升敏感，混凝土绝热温升每升高 10℃，最大内外温差升高 2.93～4.86℃，升高 16.3%～32.3%。各部位平均最大内外温差与混凝土绝热温升呈线性正相关的关系。

由图 9-51 可以看出，风机基础混凝土表面各部位平均最大温度梯度对基础混凝土的绝热温升敏感，混凝土绝热温升每升高 10℃，最大温度梯度升高 4.33～7.71℃/m，升高 16.5%～32.8%。各部位平均最大温度梯度与混凝土绝热温升呈正相关的关系。

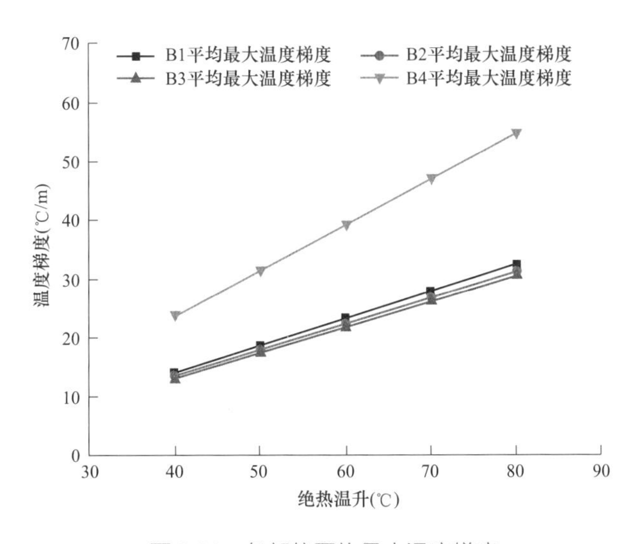

图 9-51　各部位平均最大温度梯度

由图 9-52 可以看出，风机基础混凝土最大温降值对基础混凝土的绝热温升敏感，混凝土绝热温升每升高 10℃，最大温降值升高 7.34～7.61℃，升高 12.9%～20%。最大温降值与混凝土绝热温升呈正相关的关系。

由图 9-53 可以看出，风机基础混凝土的各部位最大应力对基础混凝土的绝热温升敏感。绝热温升每升高 10℃，各部位最大应力增大 0.19～0.36MPa，增大 14.2%～30%，各部位最大应力与绝热温升呈线性正相关的关系。

综上所述，基础混凝土的绝热温升对风机基础的温度场和应力场都有影响，且最高温度、内外温差、温度梯度、最大温降值和各部位应力皆与绝热温升呈线性正相关的关系。

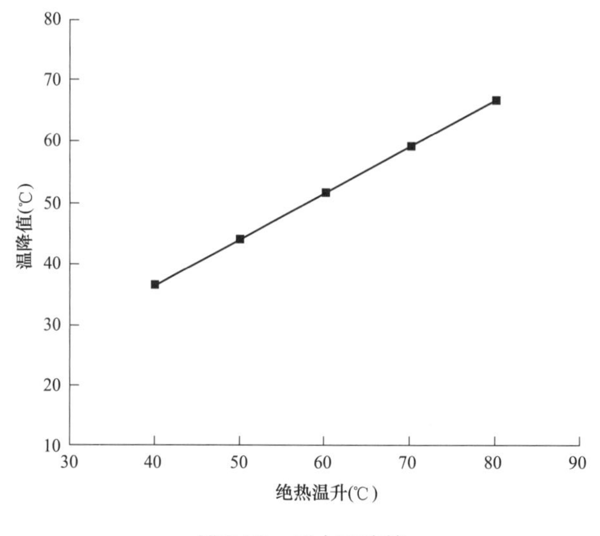

图 9-52　最大温降值

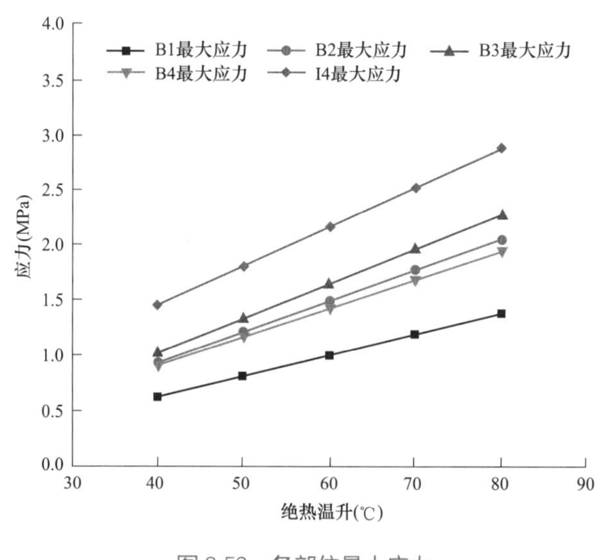

图 9-53　各部位最大应力

随着绝热温升的提高，风机基础混凝土最高温度也提高，这是由于随着混凝土绝热温升变大，混凝土内部热量聚集更多，最终使混凝土最高温度变大。随着绝热温升的增大，风机基础混凝土最大应力和最大表面应力也增大，这是因为随着混凝土内部温度提高，内外温差变大，最终导致最大应力和最大表面应力变大。故在其余计算参数均相同的情况下，已知两个不同绝热温升时风机基础混凝土的最高温度、各部位内外温差、温度梯度、最大应力和各部位的最大应力，可根据线性关系推算出任意绝热温升下风机基础混凝土的最高温度、各部位内外温差、温度梯度、最大应力和各部位的最大应力。

9.12 风　　速

9.12.1 分析方案

风速主要影响风机基础混凝土结构与空气接触面的表面散热系数 β 的大小，进而影响风机基础温度场和应力场。朱伯芳院士经过研究，提出了表面放热系数 β 与风速的关系式

粗糙表面：
$$\beta = 21.06 + 17.58v^{0.910} \tag{9-3}$$

光滑表面：
$$\beta = 18.46 + 17.30v^{0.883} \tag{9-4}$$

式中　v——风速，m/s。

本小节取各方案风机基础混凝土年平均风速为 1、2、3、4、5m/s，其余计算参数均相同，对风机基础的温度场和温度应力场进行仿真模拟计算，计算方案如表 9-14 所示。

表 9-14　　风速分析计算方案

方案名称	FJ-v1	FJ-v2	FJ-v3	FJ-v4	FJ-v5
年平均风速（m/s）	1	2	3	4	5

9.12.2 影响分析

通过对风速分析的 5 个计算方案进行仿真模拟计算，计算得到的结果如图 9-54～图 9-58 所示。

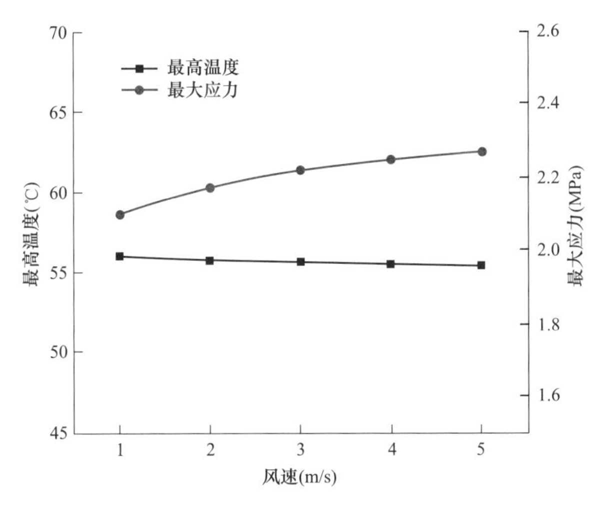

图 9-54　最高温度和最大应力

由图 9-54 可以看出，风机基础混凝土的最高温度对年平均风速不敏感，年平均风速每增大 1m/s，混凝土的最高温度减小 0.08℃，减小约 0.1%～0.2%；风机基础混凝土内部节点最大应力对年平均风速较敏感，年平均风速每增大 1m/s，内部节点最大应力增大 0.021～0.076MPa，增大 0.94%～3.6%。

由图 9-55 可以看出，风机基础混凝土表面各部位平均最大内外温差对年平均风速敏感，年平均风速每增大 1m/s，最大内外温差升高 0.33～1.65℃，升高 1.2%～12.2%。各部位平均最大内外温差与年平均风速呈非线性正相关的关系。

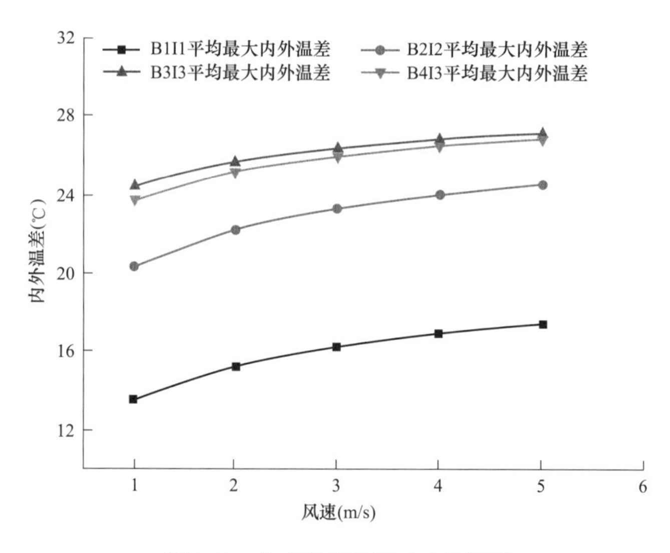

图 9-55　各部位平均最大内外温差

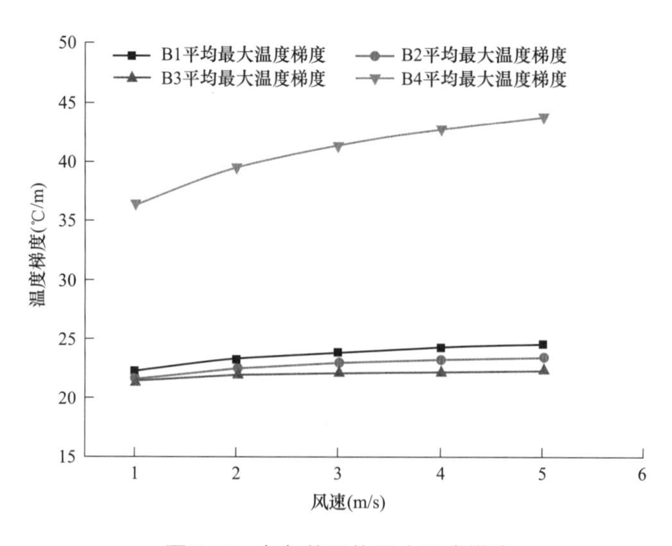

图 9-56　各部位平均最大温度梯度

由图 9-56 可以看出，风机基础混凝土表面各部位平均最大温度梯度对年平均风速敏感，年平均风速每增大 1m/s，温度梯度升高 0.48～3.2℃/m，升高 2.2%～8.8%。各部位平均最大温度梯度与年平均风速呈非线性正相关的关系。

由图 9-57 可以看出，年平均风速对最大温降值影响很小。

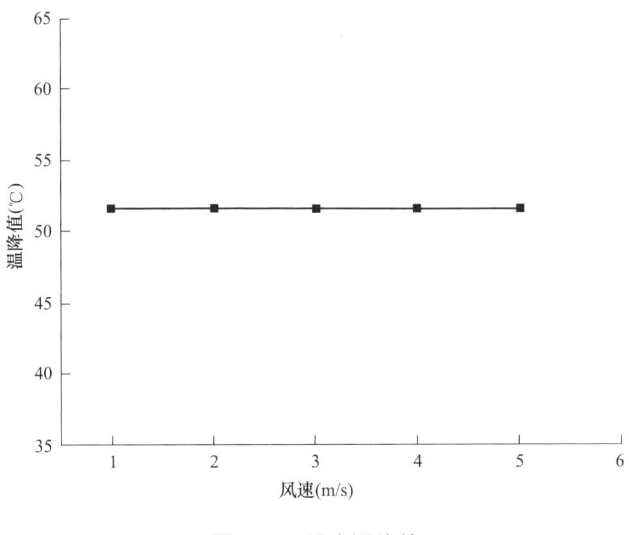

图 9-57　最大温降值

由图 9-58 可以看出，风机基础混凝土的表面最大应力对年平均风速不敏感，年平均风速每增大 1m/s，最大应力减小 0.0013～0.0021MPa。风机基础混凝土的内部最大应力对年平均风速敏感，年平均风速每增大 1m/s，最大应力增大 0.021～0.043MPa，增大 0.94%～3.61%，最大应力与年平均风速呈正相关的关系。

随着年平均风速的增大，风机基础混凝土最高温度逐步减小，但最高温度减小幅度很小，这是由于风速主要影响混凝土表面的散热系数，风速增大，混凝土表面的散热变快，故使最高温度减小，但最高温度发生在尺寸较大的风机基础中心部位，因此风速对最高温度的影响比较有限。随着年平均风速的增大，风机基础混凝土最大应力会随之增大，这是因为随着风速变大，使得风机基础内外散热更加不均匀，温度梯度增大，最终导致最大应力增大。随着年平均风速的增大，风机基础的最大表面应力会先增大后减小，这是由于当风速小于一定值时，混凝土内外散热性能差异较小，表面温度梯度较小，故风速较低时最大表面应力较小；当风速大于一定值时，风速越大，混凝土表面一定深度的最大温度越低，使得表面附近的内外温差越小，最终使最大表面应力减小。且风速与风机基础混凝土最高温度、最大内部应力呈非线性关系。

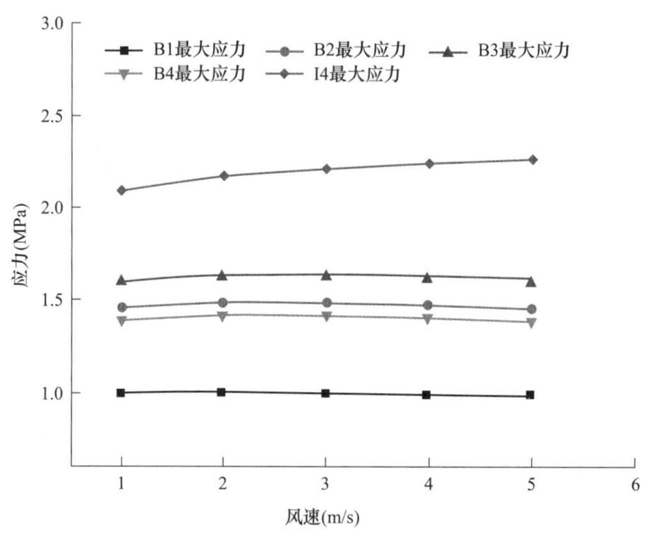

图 9-58　各部位最大应力

综上所述，风速对最高温度、最大温降值、表面部位最大应力影响很小，对最大应力、内外温差、温度梯度影响较大，且均与其呈非线性关系。故可在其余计算参数均相同的情况下，已知三个不同风速时风机基础混凝土的最大应力、内外温差、温度梯度计算结果，根据计算结果拟合出曲线，然后推算出任意风速下风机基础混凝土的最大应力、内外温差、温度梯度计算结果。

9.13 年平均气温

9.13.1　分析方案

气温的变化是引起混凝土裂缝的重要原因，也是计算温度应力的基本参数之一。风电机组在运行期间，其基础同时受长期和短期气温变化的影响。本小节主要研究以年为周期的气温年变化，气温年变化指一年内月平均气温的变化，可用余弦函数表示

$$T_a = T_{am} + \frac{A_a}{2}\cos\left[\frac{\pi}{182.5}(\tau - \tau_0)\right] \tag{9-5}$$

式中　T_a——气温；

T_{am}——年平均气温；

A_a——气温年较差；

τ——时间，天；

τ_0——气温最高的时间。

由于我国一般 7 月气温最高，取τ_0为 7 月 15 日，故对气温年变化的研究可分解为年平均气温和气温年较差对风机基础混凝土温度应力影响的研究。

本小节取各方案风机基础混凝土年平均气温为 10、15、20℃，其余计算参数均相同（年较差为 30℃，施工开始日期为 7 月 15 日），对风机基础的温度场和应力场进行仿真模拟计算。计算方案如表 9-15 所示。

表 9-15　　年平均气温分析计算方案

方案名称	FJ-N1	FJ-N2	FJ-N3
年平均气温（℃）	10	15	20

9.13.2　影响分析

下面取方案中年平均气温分别为 10、15、20℃的计算结果进行对比，如图 9-59～图 9-63 所示。

由图 9-59 可以看出，年平均气温对风机基础混凝土的最大应力无影响。风机基础混凝土的最高温度对年平均气温敏感，年平均气温每升高 5℃，混凝土最高温度升高 5℃，升高 6.43%～6.87%，且最高温度与年平均气温呈线性正相关的关系。

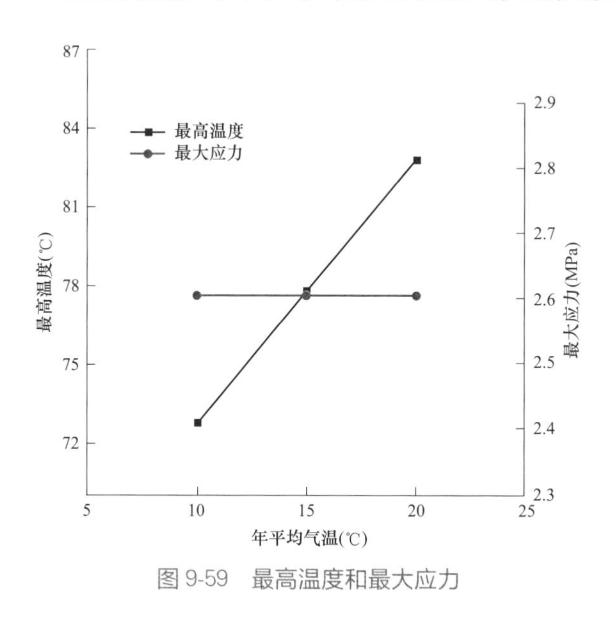

图 9-59　最高温度和最大应力

由图 9-60 可以看出，年平均气温对混凝土最大内外温差无影响。

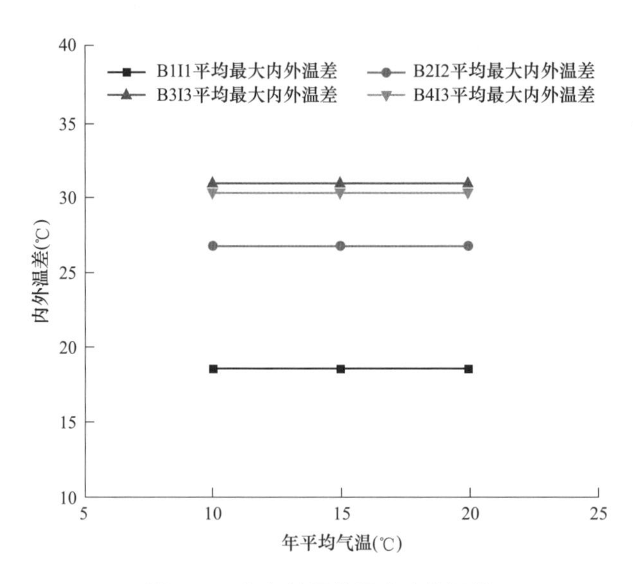

图 9-60　各部位平均最大内外温差

由图 9-61 可以看出，年平均气温对各部位平均最大温度梯度无影响。

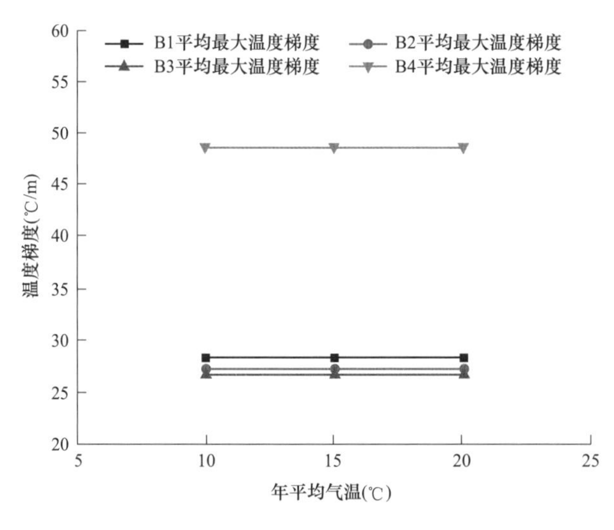

图 9-61　各部位平均最大温度梯度

由图 9-62 可以看出，年平均气温对最大温降值无影响。

由图 9-63 可以看出，年平均气温对各部位最大应力无影响。

综上所述，年平均气温仅是风机基础混凝土最高温度的敏感因素，且最高温度与年平均气温呈线性正比例关系，年平均气温增加几摄氏度，混凝土最高温度也增加几摄氏度。故在其余计算参数均相同的情况下，已知一个不同年平均气温时风机基础混凝土的最高温度，可根据此线性关系推算出任意年平均气温下风机基础混凝土的最高温度。

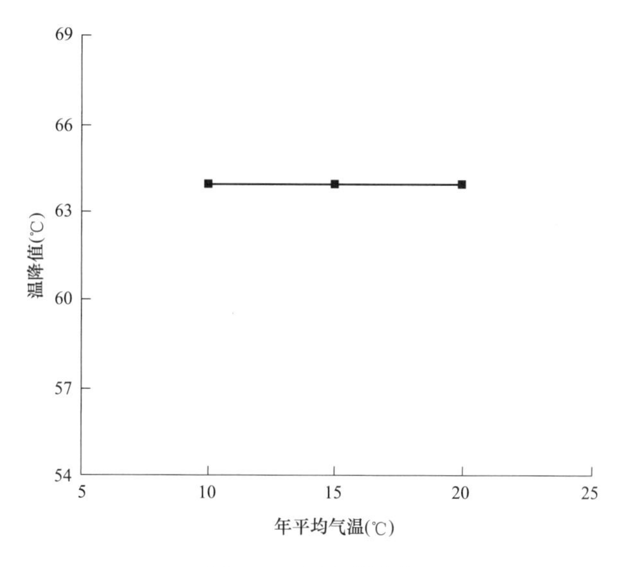

图 9-62　最大温降值

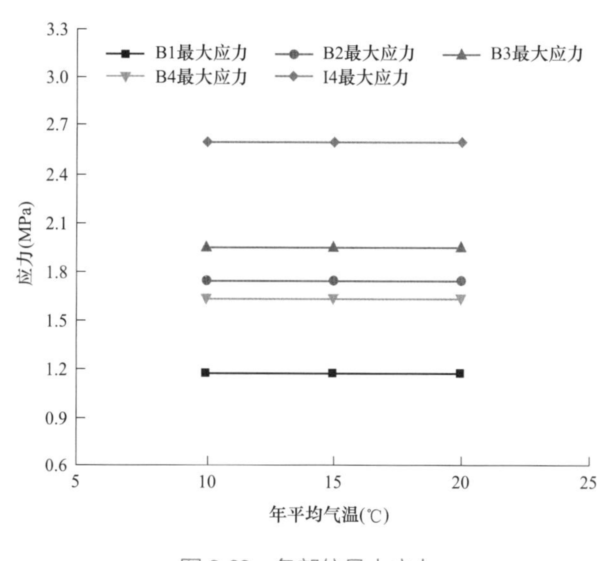

图 9-63　各部位最大应力

9.14 气温年较差

9.14.1 分析方案

本小节取各方案风机基础混凝土气温年较差为10、15、20、30℃，其余计算参数均相同，施工开始日期为6月15日，对风机基础的温度场和应力场进行仿真模拟计算。计算方案如表9-16所示。

表 9-16　　气温年较差分析计算方案

方案名称	FJ-O1	FJ-O2	FJ-O3	FJ-O4
气温年较差（℃）	10	15	20	30

9.14.2　影响分析

下面取方案中气温年较差为10、15、20℃的不同计算结果进行对比，如图9-64～图9-68所示。

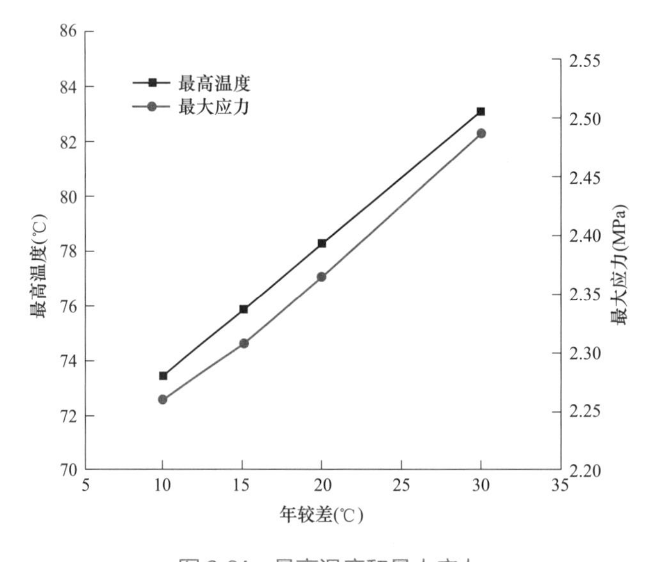

图 9-64　最高温度和最大应力

由图9-64可以看出，风机基础混凝土的最高温度和最大应力对气温年较差敏感。年较差每升高5℃，混凝土最高温度升高2.41℃，升高2.98%～3.27%，且两者呈线性正相关的关系。同时当年较差升高5℃时，混凝土最大应力增大0.048～0.0613MPa，增大2.1%～2.53%，与年较差呈正相关关系。

由图9-65可以看出，气温年较差每增大5℃，内外温差减小0.07℃，其对最大内外温差影响很小。

由图9-66可以看出，气温年较差每减小5℃，温度梯度减小约0.06℃/m，其对最大温度梯度影响很小。

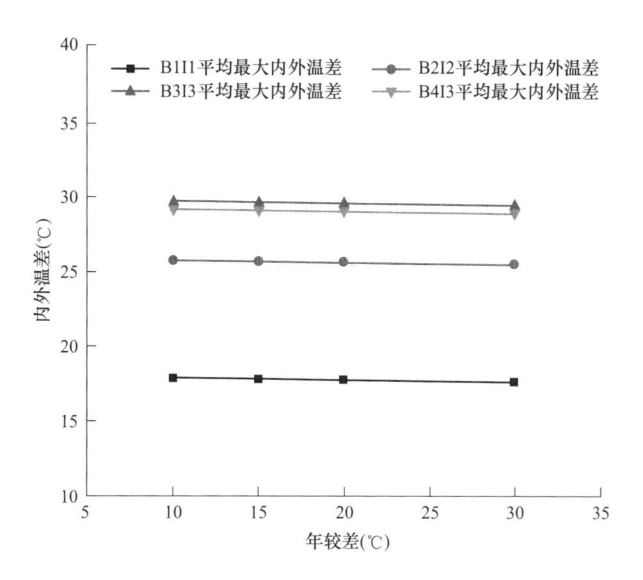

图9-65　各部位平均最大内外温差

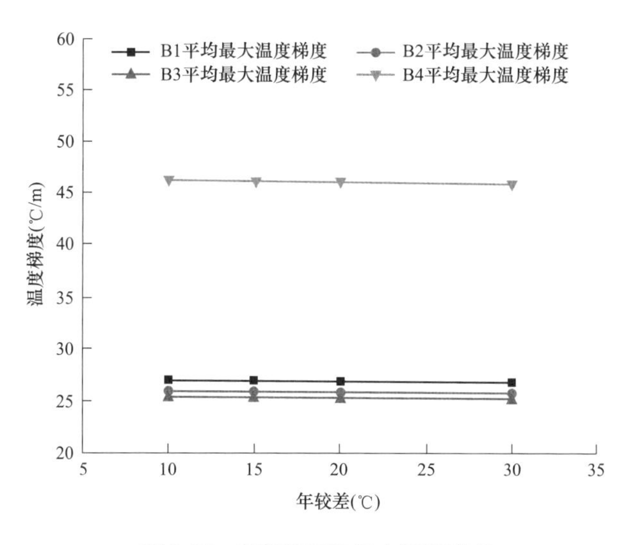

图9-66　各部位平均最大温度梯度

由图9-67可以看出，风机基础混凝土的最大温降值对气温年较差敏感。年较差每增大5℃，最大温降值升高3.35℃，升高5.8%～6.56%，且最大温降值与气温年较差呈线性正比例关系。

由图9-68可以看出，风机基础混凝土表面部位的最大应力对气温年较差不敏感，年较差每增大5℃，表面最大应力减小0.0058～0.0169MPa。混凝土的内部最大应力对气温年较差较敏感，年较差每增大5℃，内部最大应力增大0.048MPa，增大2.11%～2.53%，与年较差呈正相关的关系。

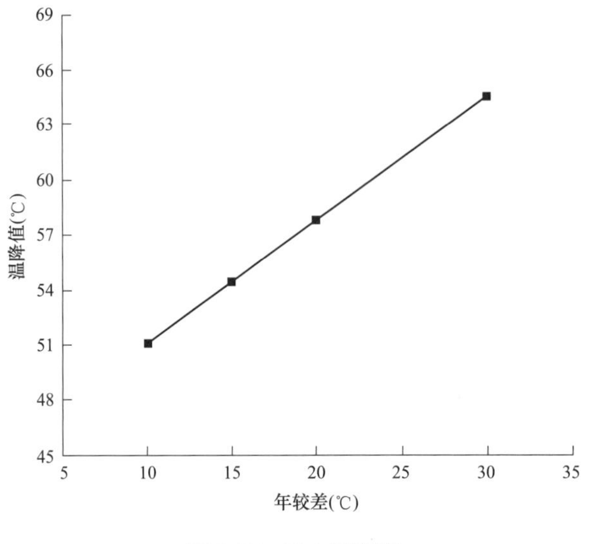

图 9-67　最大温降值

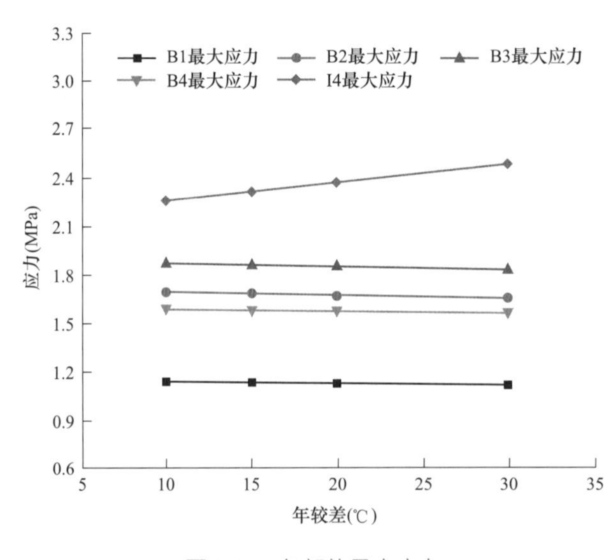

图 9-68　各部位最大应力

综上所述，气温年较差对各部位内外温差、温度梯度和表面部位的最大应力影响很小，对最高温度、最大温降和最大应力影响较大，且最高温度、最大温降与气温年较差呈线性正相关的关系，与最大应力气温年较差近似呈线性正相关的关系。故在其余计算参数均相同的情况下，已知两个不同气温年较差时风机基础混凝土的最高温度、最大温降值和最大应力，可根据此线性关系推算出任意气温年较差下风机基础混凝土的最高温度、最大温降值和最大应力。

9.15 施工开始日期

9.15.1 分析方案

风机基础混凝土施工开始日期是影响基础温差和拉应力等的重要因素，不同的施工开始日期对应不同的气温。为了研究气温和施工开始日期对风机基础混凝土温度场和温度应力场的影响，选取年平均气温为20℃；选取气温年较差为20、30℃；选取施工开始日期为1～12月各月15日（2月为2月14日），其余计算参数均相同，对风机基础的温度场和温度应力场进行仿真模拟计算，计算方案如表9-17所示。

表9-17　　施工开始日期分析计算方案

施工开始日期	气温年较差 A_a 不同，年平均气温为20℃	
	20℃	30℃
1月15日	FJ-ΔT20-1	FJ-ΔT30-1
2月14日	FJ-ΔT20-2	FJ-ΔT30-2
3月15日	FJ-ΔT20-3	FJ-ΔT30-3
4月15日	FJ-ΔT20-4	FJ-ΔT30-4
5月15日	FJ-ΔT20-5	FJ-ΔT30-5
6月15日	FJ-ΔT20-6	FJ-ΔT30-6
7月15日	FJ-ΔT20-7	FJ-ΔT30-7
8月15日	FJ-ΔT20-8	FJ-ΔT30-8
9月15日	FJ-ΔT20-9	FJ-ΔT30-9
10月15日	FJ-ΔT20-10	FJ-ΔT30-10
11月15日	FJ-ΔT20-11	FJ-ΔT30-11
12月15日	FJ-ΔT20-12	FJ-ΔT30-12

9.15.2 影响分析

将上述FJ-ΔT20-1～FJ-ΔT20-12和FJ-ΔT30-1～FJ-ΔT30-12方案的不同计算结果进行对比，如图9-69～图9-73所示。

由图9-69可以看出，对于固定施工间隔的风机基础，在年平均气温相同的情况下，对最高温度数据进行拟合，得出气温年较差与施工开始日期计算结果可以拟合成余弦函

数，且拟合优度R^2＝0.9998，如式（9-6）所示

$$T_{max}=T_{88max}+\frac{\Delta T_a}{2}\cos\left[\frac{\pi}{182.5}(\tau_c-179)\right] \tag{9-6}$$

式中　T_{88max}——第 88 天开始施工时风机基础的最高温度，从 1 月 1 日起算；

ΔT_a——气温年较差；

τ_c——开始施工日期。

可由式（9-6）推算出不同施工开始日期和不同气温年较差情况下风机基础的最高温度。

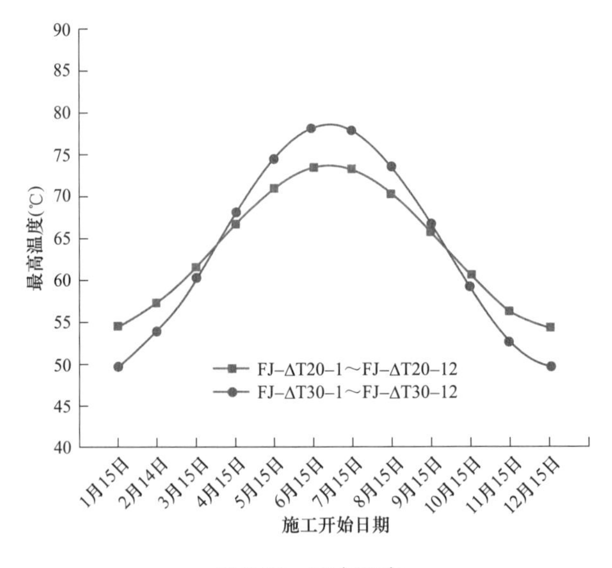

图 9-69　最高温度

图 9-70 为最大应力变化曲线，经过对最大应力数据的拟合得出，其计算结果可以拟合成余弦函数，且拟合优度R^2＝0.9796，如式（9-7）所示

$$\sigma_{max}=\sigma_{125max}+\frac{\Delta\sigma}{2}\cos\left[\frac{\pi}{182.5}(\tau_c-244)\right] \tag{9-7}$$

式中　σ_{125max}——第 125 天开始施工时风机基础的最大应力，从 1 月 1 日起算；

$\Delta\sigma$——最大应力变幅（图 9-70 中最大与最小应力之差）；

τ_c——开始施工日期。

可由式（9-7）推算出不同施工开始日期和不同气温年较差情况下风机基础的最大应力。

图 9-71 为风机基础表面 3 号区域节点和内部 3 号区域节点的内外温差变化曲线，从图中可以看出，对于固定施工间隔的风机基础，在年平均气温相同的情况下，对最大内

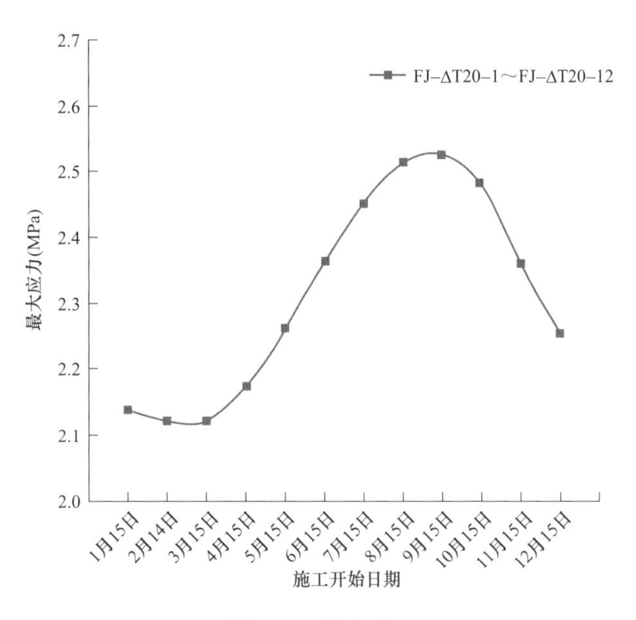

图9-70　最大应力

外温差数据进行拟合，得出气温年较差与施工开始日期计算结果可以拟合成余弦函数，且拟合优度$R^2=0.9951$，如式（9-8）所示

$$T=T_{171}+\frac{\Delta T}{2}\cos\left[\frac{\pi}{185.5}(\tau_c-265)\right] \tag{9-8}$$

式中　T_{171}——第171天开始施工时风机基础的内外温差，从1月1日起算；

ΔT——内外温差变幅（图9-71中最大与最小内外温差之差）；

τ_c——开始施工日期。

可由式（9-8）推算出不同施工开始日期和不同气温年较差情况下风机基础的最大内外温差。

图9-72为风机基础表面4号区域节点的平均最大温度梯度变化曲线，从图中可以看出，对于固定施工间隔的风机基础，在年平均气温相同的情况下，对温度梯度数据进行拟合，得出气温年较差与施工开始日期计算结果可以拟合成余弦函数，且拟合优度$R^2=0.9968$，如式（9-9）所示

$$\mathrm{d}T=\mathrm{d}T_{173}+\frac{\Delta \mathrm{d}T}{2}\cos\left[\frac{\pi}{182.5}(\tau_c-265)\right] \tag{9-9}$$

式中　$\mathrm{d}T_{173}$——第173天开始施工时风机基础的最大温度梯度，从1月1日起算；

$\Delta \mathrm{d}T$——温度梯度变幅（图9-72中最大与最小温度梯度作差）；

τ_c——开始施工日期。

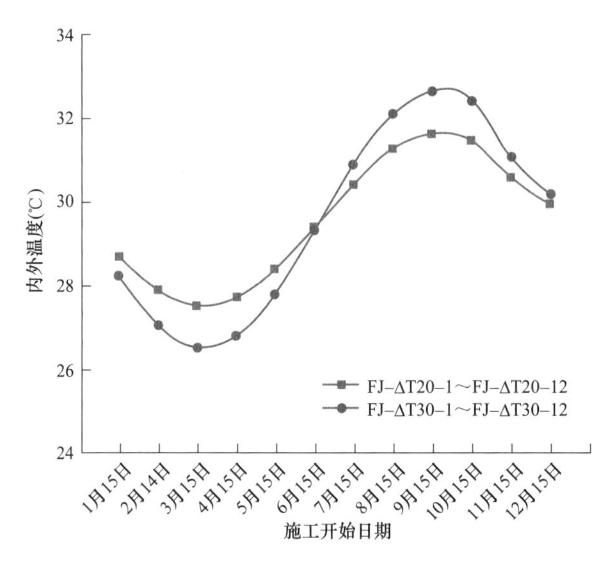

图 9-71 B3l3 最大内外温差

可由式（9-9）推算出不同施工开始日期和不同气温年较差情况下风机基础的最大温度梯度。

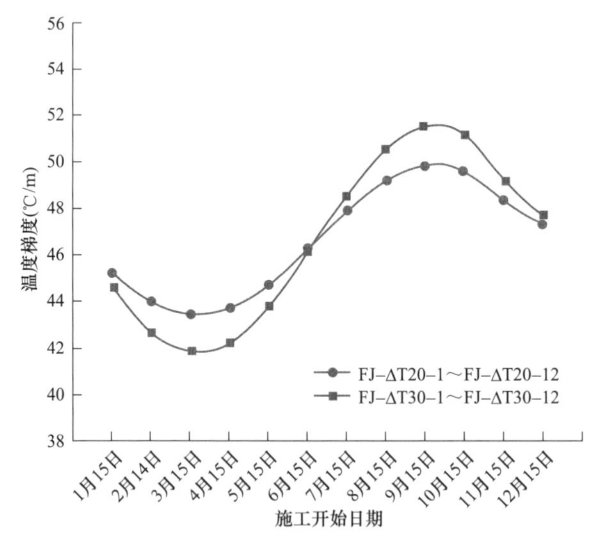

图 9-72 B4 区域平均最大温度梯度

由图 9-73 可以看出，对于固定施工间隔的风机基础，在年平均气温相同的情况下，对最大温降值数据进行拟合，得出气温年较差与施工开始日期计算结果可以拟合成余弦函数，且拟合优度$R^2=0.989$，如式（9-10）所示

$$Td=Td_{58}+\frac{\Delta Td}{2}\cos\left[\frac{\pi}{182.5}(\tau_c-170)\right] \tag{9-10}$$

式中　Td_{58}——第58天开始施工时风机基础的最大温降值，从1月1日起算；

ΔTd——最大温降值变幅（图9-73中最大与最小温降值作差）；

τ_c——开始施工日期。

可由式（9-10）推算出不同施工开始日期和不同气温年较差情况下风机基础的最大温降值。

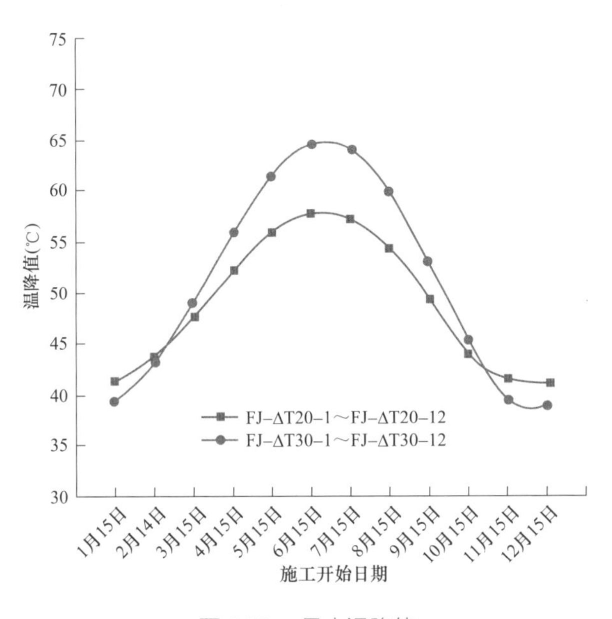

图9-73　最大温降值

图9-74为B3部位最大应力变化曲线，经过对最大应力数据的拟合得出，其计算结果可以拟合成余弦函数，且拟合优度$R^2=0.9937$，如式（9-11）所示

$$\sigma_{\max}=\sigma_{181\max}+\frac{\Delta\sigma}{2}\cos\left[\frac{\pi}{182.5}(\tau_c-275)\right] \tag{9-11}$$

式中　$\sigma_{181\max}$——第181天开始施工时风机基础的最大应力，从1月1日起算；

$\Delta\sigma$——最大应力变幅（图9-74中最大与最小应力之差）；

τ_c——开始施工日期。

可由式（9-11）推算出不同施工开始日期和不同气温年较差情况下风机基础的表面最大应力。

综上所述，施工开始日期对风机基础最高温度、最大应力、各部位内外温差、各部位温度梯度和各部位最大应力均有较大影响，且均呈余弦函数形式分布。故在其余计算参数均相同的情况下，已知两个不同施工开始日期下风机基础混凝土的最高温度、最大

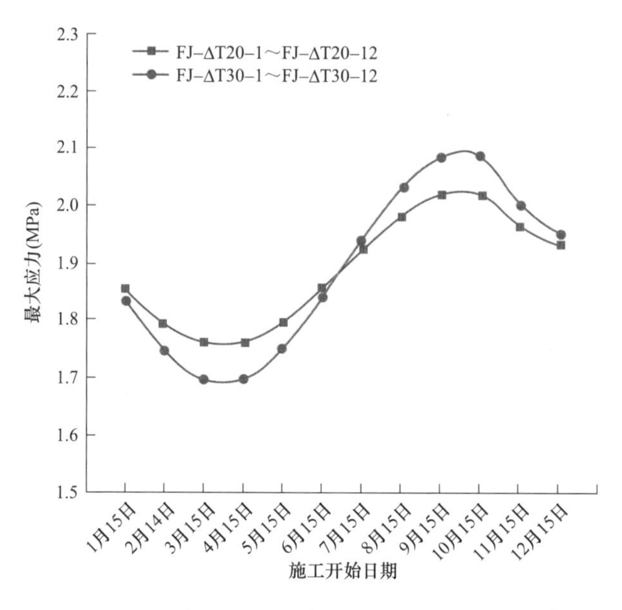

图 9-74　B3 部位最大应力

应力、各部位内外温差、各部位温度梯度和各部位最大应力，可根据此余弦关系推算出任意施工开始日期下风机基础混凝土的最高温度、最大应力、各部位内外温差、各部位温度梯度和各部位最大应力。

9.16　本章小结

本章主要介绍了影响风机基础混凝土温度场和应力场的多种影响参数，经过分析和初步筛选，最终确定了对基础主体混凝土的密度、导热系数、比热容、绝热温升、水泥种类、弹性模量、泊松比、线膨胀系数、土的密度、导热系数、年平均气温、气温年较差、风速和施工开始时间共 14 种影响因素进行研究。通过对各影响参数的多种方案的仿真模拟计算，将各方案的计算结果进行对比，最终得到各参数对风机基础混凝土最高温度、最大应力、最大温降值、各部位内外温差、温度梯度和最大应力的影响规律、影响大小。最终确定对风机基础温度应力场有较大影响的 8 种影响参数（基础混凝土弹性模量、导热系数、线膨胀系数、绝热温升、风速、年平均气温、气温年较差、施工开始时间）。

第 10 章　基于 BP 神经网络的风机基础温度应力预测

10.1　预测模型设计思路

BP 神经网络可用于进行数据预测，在各大领域广泛运用。构建基于 BP 神经网络的风机基础温度应力预测模型，可以避免繁琐复杂的有限元仿真模拟计算，仅向预测模型中输入风机基础混凝土温度应力的各影响因素数值，便能快速得到风机基础混凝土温度应力的较高精度预测结果。由第 8 章的研究可知，风机基础是否产生温度裂缝与风机基础的最大应力（发生在内部）和表面最大应力有关，其中各部位的内外温差和温度梯度与表面最大应力直接相关，最大温降值与内部最大应力直接相关，故确定预测模型的输出参数为最高温度、最大应力和各表面部位最大应力、内部最大温降值、各部位内外温差和各部位温度梯度，共 16 个输出结果。根据第 9 章的计算分析，选取影响较大的影响因素：基础混凝土的弹性模量、线膨胀系数、导热系数、绝热温升、年平均气温、气温年较差、风速和施工开始日期作为预测模型的输入参数。

关于 BP 神经网络的软件有许多种，如 Tensorflow、Matlab 的 BP 神经网络工具箱等。其中 Tensorflow 中高度封装的框架 tf. keras 可以快速搭建神经网络模型，是深度学习框架中最易上手的一个，它提供了一致而简洁的 API，能根据实际应用调节神经元个数、隐含层层数、激活函数、学习率等多种神经网络参数，能极大减少一般应用下的工作量，提高代码的封装程度和复用性。

综合以上信息，本节模型的设计思路确定为首先确定神经网络模型的输入参数和输出参数，为各输入参数在其可能范围内设置若干具体数值，通过各参数不同取值的组合形成计算方案，使用基于 ANSYS 二次开发的三维有限元徐变温度应力模拟软件进行大规模的风机基础混凝土温度场、应力场的长历时仿真分析，得到用于训练神经网络的初步数据样本，之后根据各影响因素与输出参数之间的规律整理扩展训练样本，然后对基于 Python 中的 Tensorflow 库初步设计 BP 神经网络结构进行训练，最终得出风机基础温度应力的 BP 神经网络预测模型，实现通过向预测模型中输入各影响因素参数数值，快速地得到风机基础的温度应力预测值的目标，如图 10-1 所示。

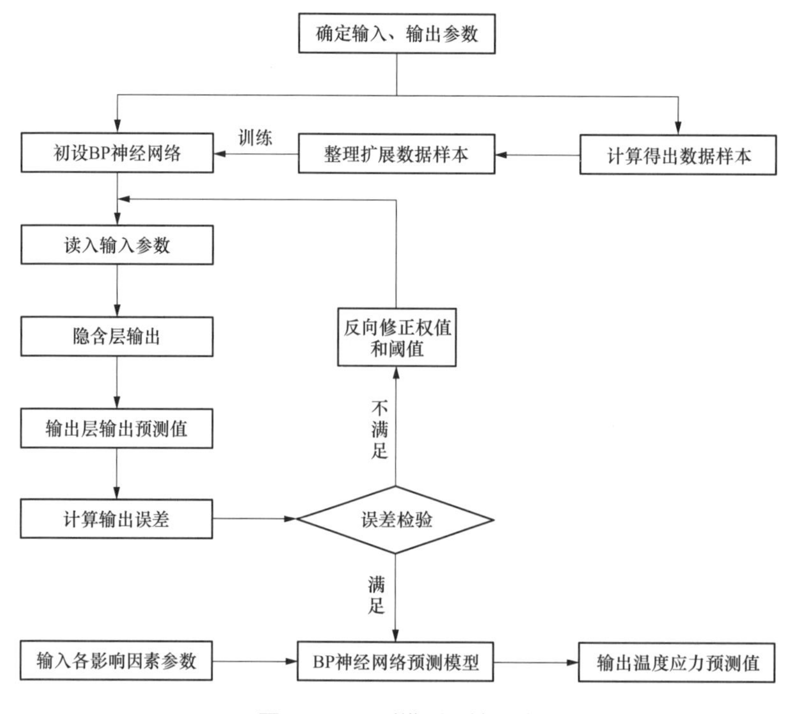

图 10-1　预测模型设计思路

10.2　小实心圆盘基础温度应力预测模型

10.2.1　数据样本的构建和处理

1. 设置计算方案

根据第 8 章和第 9 章的计算分析，选取小实心圆盘风机基础混凝土最高温度、最大

应力和各表面部位最大应力、内部最大温降值、各部位内外温差和各部位温度梯度，共 16 个输出结果作为神经网络训练数据样本的结果数据；在设定神经网络训练样本的计算方案时，根据第 9 章的结果选取输出参数较敏感的影响因素作为计算方案的参数，包括风机基础混凝土的弹性模量、线膨胀系数、导热系数、绝热温升、年平均气温、气温年较差、风速和施工开始日期。其他不敏感参数按照常规数据作为固定值处理，根据上述敏感因素参数不同取值的相互组合，形成多个计算方案，然后使用基于 ANSYS 二次开发的三维有限元徐变温度应力模拟软件进行大规模的温度场、应力场长历时仿真分析，提取结果中的风机基础混凝土最高温度、最大应力、各表面部位最大应力、内部最大温降值、各部位内外温差和各部位温度梯度，得到用于神经网络训练的初步数据样本。

由第 9 章的计算分析可知，混凝土弹性模量和线胀系数与风机基础混凝土的风机基础混凝土应力相关的结果数据成线性正相关的关系；导热系数与结果数据呈非线性关系；混凝土绝热温升与结果数据呈线性正相关的关系；年平均气温与最高温度呈线性正相关的关系，且最高温度变化量与年平均变化量相等，对其余结果数据无影响；气温年较差与结果数据呈线性正相关的关系；开始浇筑日期与结果数据可近似拟合成余弦函数；风速与结果数据呈非线性关系。

构建计算方案的原则是：即能够涵盖所有敏感因素的参数变化范围，又能够方便地根据第 9 章的规律通过输入参数细分或延拓实现计算结果样本数据的扩展，同时又使方案数量尽量少，以减少有限元计算的工作量。由于多年平均气温只对最高温度有影响且二者变化量呈 1∶1 比例关系，对其余结果数据不构成影响，所以年平均气温按固定参数处理，取值数量为 1(15℃)，其他与输出参数呈线性关系的输入参数取值数量为 2，与输出参数成非线性关系的输入参数取值数量为 3，此外，由于水泥种类会影响绝热温升的温升速率，需要把水泥种类也作为输入参数，取值为 2，各输入参数取值如表 10-1 所示。上述各输入参数不同取值相互组合，构成用于小实心圆盘温度应力预测神经网络模型训练的初步数据样本。

表 10-1　　小实心圆盘基础用于构建数据样本的各输入参数取值

弹性模量 E_0（GPa）	线膨胀系数 α（1/℃）	导热系数 λ [kJ/(m·h·℃)]	绝热温升曲线		施工开始日期 τ_c	气温		风速 v（m/s）
			绝热温升 θ（℃）	水泥种类 k		年平均气温 T_{am}（℃）	气温年较差 A_a（℃）	
47.125	7×10^{-6}	5.067	30	425 水泥	3 月 15 日	15	20	1
55.1	11×10^{-6}	7.838	80	525 水泥	5 月 15 日		25	2
		10.6			8 月 15 日			4

由表 10-1 可以得出，为构建小实心圆盘温度应力预测神经网络模型训练的初步数据样本，共需计算 2×2×3×2×2×3×1×2×3＝864 个计算方案。

2. 数据样本的构建

构建数据样本需对 864 个计算方案进行计算并分析，首先需要编写这 864 个计算方案的 APDL 运算程序，然后使用三维有限元徐变温度应力模拟软件进行每个方案的长历时（365 天＋420 天）的仿真计算，接下来要对每个方案的计算结果进行分析和数据提取，在此基础上，对输入参数取值进行细化和延拓，根据第 9 章的输入参数与输出参数之间关系的规律，把 864 个方案的计算结果扩展成为能够涵盖所有参数范围，并且输入参数取值数量和间距适合进行 BP 神经网络训练的扩展样板数据，共 13824 组。为防止有限元计算分析的重算、漏算和误算，以及提取结果数据时的遗漏，需要对每个方案的计算结果都进行检查校核。小实心圆盘基础每个计算方案的结果文件大小超过 10GB，因此在计算过程中需要对结果文件进行随时的无用文件删除等整编处理。每个方案计算结果人工进行分析和数据提取需要至少 1 天的时间，为此编制了专门的 Python＋Matlab 数据处理程序，实现数据样本的自动化构建处理。小实心圆盘数据样本构建的步骤和自动化程序介绍如图 10-2 所示。四种方案全部计算和数据处理时间共计花费 10 个月（先后投入 12 台微机运行）。

为构建小实心圆盘风机基础的数据样本，共编写了 8 个自动计算程序，约 35000 行代码，自动计算分析了 864 个计算方案，并根据施工开始日期、年平均气温和绝热温升与结果数据之间的关系将 864 组数据扩展成为包含 13824 组数据的数据样本，最终所得到的数据样本如表 10-2 所示。其中，由于施工开始日期与风机基础混凝土温度场和应力场的结果数据均可拟合为余弦函数，可根据计算的 3、5、8 月施工开始日期的计算结果，拟合出施工开始日期与各结果数据的余弦函数公式，进而求出各月施工开始日期的风机基础温度应力场结果数据，通过这种方法可将 864 组数据的样本扩展为包含 3456 组数据的样本；由于年平均气温仅影响风机基础混凝土的最高温度，且年平均气温改变量和最高温度改变量相等，以此可根据计算的年平均气温为 15℃时的各风机基础温度应力场结果数据计算出各年平均气温时风机基础温度应力场结果数据，经过实验发现仅扩展一组年平均气温数据便可使神经网络预测精度满足要求，通过这种方法求出年平均气温为 20℃时的各风机基础温度应力场结果数据，将 3456 组数据的样本扩展为包含 6912 组数据的样本。在进行神经网络预测时，发现混凝土绝热温升取值间隔过大，导致神经网络预测精度较差，故须对绝热温升进行扩展，由于绝热温升与风机基础温度场和应力场结果数据均呈线性关系，可根据所计算的 30℃和 80℃的计算结果数据拟合出各结果数据与绝热温升的直线函数，从而计算出各绝热温升时的温度场和应力场结果数据，由 30℃和 80℃的计算结果数据扩展为 30、45、65、80℃的计算结果数据，将 6912 组数据样本扩展为包含 13824 组数据的样本。

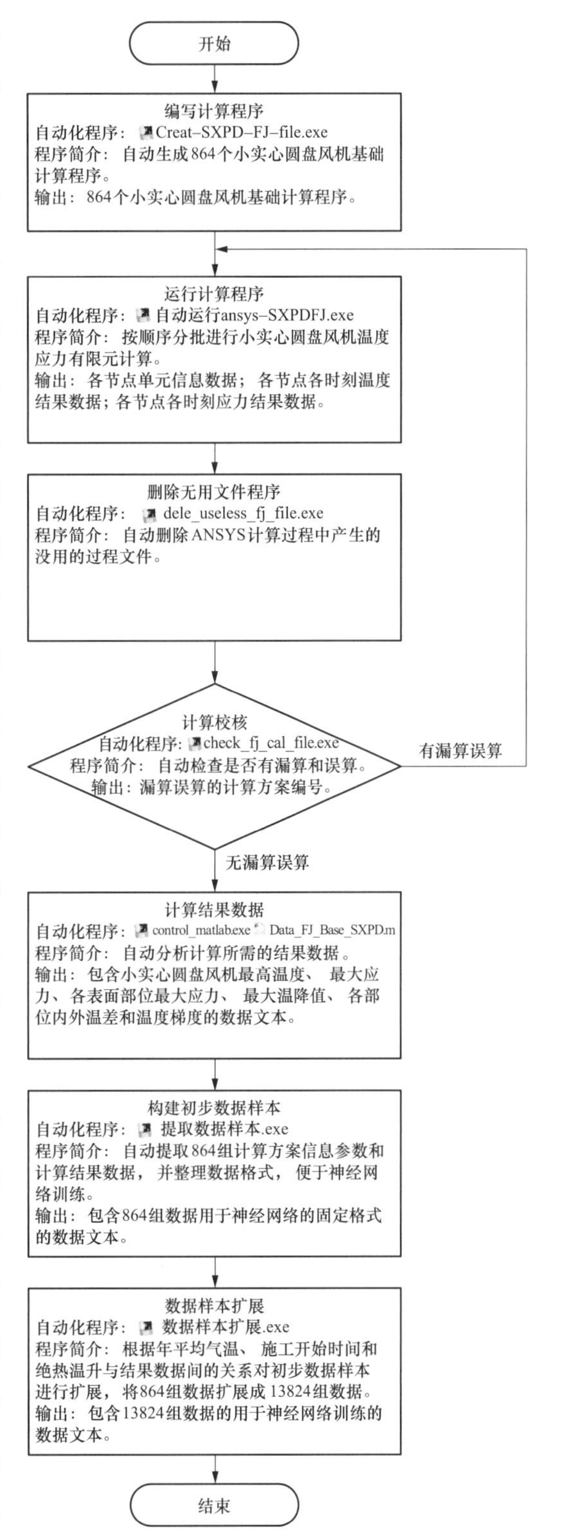

图 10-2　数据样本构建的步骤及自动化程序

表 10-2　　用于训练的小实心圆盘数据样本（部分）

序号	施工开始日期	自生体积变形	年平均气温（℃）	气温年较差（℃）	弹性模量（GPa）	泊松比	密度（kg/m³）	线膨胀系数（1/℃）	导热系数[kJ/(m·h·℃)]	导温系数（℃·m²/h）	比热容[kJ/(kg·℃)]	风速（m/s）	绝热温升（℃）	水泥种类	最高温度（℃）	最大应力（MPa）	B1最大应力（MPa）	B2最大应力（MPa）	B3最大应力（MPa）	B4最大应力（MPa）	I4最大应力（MPa）	最大温降（℃）	B1I1内外温差（℃）	B2I2内外温差（℃）	B3I3内外温差（℃）	B4I3内外温差（℃）	B1温度梯度（℃/m）	B2温度梯度（℃/m）	B3温度梯度（℃/m）	B4温度梯度（℃/m）
1	74	1	15	20	47.125	0.18	2400	7	5.076	0.0022	0.96	1	30	425	38.27	1.3908	0.4391	0.6279	0.6759	0.6054	0.8269	24.56	8.22	11.43	12.99	12.79	12.51	11.82	11.65	21.64
2	74	1	20	20	47.125	0.18	2400	7	5.076	0.0022	0.96	1	30	425	43.27	1.3908	0.4391	0.6279	0.6759	0.6054	0.8269	24.56	8.22	11.43	12.99	12.79	12.51	11.82	11.65	21.64
3	135	1	15	20	47.125	0.18	2400	7	5.076	0.0022	0.96	1	30	425	47.74	1.369	0.4502	0.6504	0.7041	0.6307	0.9556	33.14	8.63	12.12	13.99	13.78	13.34	12.63	12.46	23.13
4	135	1	20	20	47.125	0.18	2400	7	5.076	0.0022	0.96	1	30	425	52.74	1.369	0.4502	0.6504	0.7041	0.6307	0.9556	33.14	8.63	12.12	13.99	13.78	13.34	12.63	12.46	23.13
5	227	1	15	20	47.125	0.18	2400	7	5.076	0.0022	0.96	1	30	425	47.34	1.475	0.5558	0.8075	0.8892	0.747	1.1558	31.96	10.75	15.05	17.28	17.01	16.36	15.47	15.31	28.39
6	227	1	20	20	47.125	0.18	2400	7	5.076	0.0022	0.96	1	30	425	52.34	1.475	0.5558	0.8075	0.8892	0.747	1.1558	31.96	10.75	15.05	17.28	17.01	16.36	15.47	15.31	28.39
7	15	1	15	20	47.125	0.18	2400	7	5.076	0.0022	0.96	1	30	425	31.2	1.3829	0.4893	0.7068	0.77	0.6699	0.88	16.84	9.02	12.61	14.45	14.23	13.8	13.05	12.88	23.91
8	15	1	20	20	47.125	0.18	2400	7	5.076	0.0022	0.96	1	30	425	36.2	1.3829	0.4893	0.7068	0.77	0.6699	0.88	16.84	9.02	12.61	14.45	14.23	13.8	13.05	12.88	23.91
9	45	1	15	20	47.125	0.18	2400	7	5.076	0.0022	0.96	1	30	425	33.95	1.3701	0.4566	0.6572	0.7113	0.6317	0.8356	20.21	8.44	11.79	13.5	13.29	12.93	12.23	12.06	22.4
10	45	1	20	20	47.125	0.18	2400	7	5.076	0.0022	0.96	1	30	425	38.95	1.3701	0.4566	0.6572	0.7113	0.6317	0.8356	20.21	8.44	11.79	13.5	13.29	12.93	12.23	12.06	22.4
11	105	1	15	20	47.125	0.18	2400	7	5.076	0.0022	0.96	1	30	425	43.49	1.3811	0.4353	0.6248	0.673	0.6067	0.8739	29.93	8.26	11.53	13.19	12.99	12.66	11.97	11.8	21.92
12	105	1	20	20	47.125	0.18	2400	7	5.076	0.0022	0.96	1	30	425	48.49	1.3811	0.4353	0.6248	0.673	0.6067	0.8739	29.93	8.26	11.53	13.19	12.99	12.66	11.97	11.8	21.92
13	166	1	15	20	47.125	0.18	2400	7	5.076	0.0022	0.96	1	30	425	50.24	1.4278	0.4845	0.6995	0.7614	0.6643	1.0356	35.46	9.4	13.15	15.08	14.85	14.37	13.59	13.42	24.91
14	166	1	20	20	47.125	0.18	2400	7	5.076	0.0022	0.96	1	30	425	55.24	1.4278	0.4845	0.6995	0.7614	0.6643	1.0356	35.46	9.4	13.15	15.08	14.85	14.37	13.59	13.42	24.91
15	196	1	15	20	47.125	0.18	2400	7	5.076	0.0022	0.96	1	30	425	50.07	1.4498	0.5215	0.7558	0.8281	0.7077	1.1117	34.51	10.13	14.18	16.29	16.04	15.46	14.62	14.46	26.82
16	196	1	20	20	47.125	0.18	2400	7	5.076	0.0022	0.96	1	30	425	55.07	1.4498	0.5215	0.7558	0.8281	0.7077	1.1117	34.51	10.13	14.18	16.29	16.04	15.46	14.62	14.46	26.82
17	258	1	15	20	47.125	0.18	2400	7	5.076	0.0022	0.96	1	30	425	42.66	1.4641	0.5759	0.8384	0.9259	0.7713	1.1612	26.17	11.02	15.45	17.77	17.49	16.79	15.88	15.72	29.15
18	258	1	20	20	47.125	0.18	2400	7	5.076	0.0022	0.96	1	30	425	47.66	1.4641	0.5759	0.8384	0.9259	0.7713	1.1612	26.17	11.02	15.45	17.77	17.49	16.79	15.88	15.72	29.15
19	288	1	15	20	47.125	0.18	2400	7	5.076	0.0022	0.96	1	30	425	37.62	1.4522	0.5772	0.8403	0.9282	0.7728	1.12	21.24	10.92	15.31	17.6	17.33	16.64	15.74	15.58	28.89
20	288	1	20	20	47.125	0.18	2400	7	5.076	0.0022	0.96	1	30	425	42.62	1.4522	0.5772	0.8403	0.9282	0.7728	1.12	21.24	10.92	15.31	17.6	17.33	16.64	15.74	15.58	28.89
21	319	1	15	20	47.125	0.18	2400	7	5.076	0.0022	0.96	1	30	425	33.23	1.4302	0.5591	0.8129	0.8957	0.7517	1.044	17.35	10.45	14.64	16.83	16.57	15.94	15.08	14.92	27.66
22	319	1	20	20	47.125	0.18	2400	7	5.076	0.0022	0.96	1	30	425	38.23	1.4302	0.5591	0.8129	0.8957	0.7517	1.044	17.35	10.45	14.64	16.83	16.57	15.94	15.08	14.92	27.66
23	349	1	15	20	47.125	0.18	2400	7	5.076	0.0022	0.96	1	30	425	30.93	1.4054	0.5276	0.765	0.8389	0.7148	0.9579	15.78	9.77	13.68	15.7	15.46	14.92	14.11	13.95	25.88
24	349	1	20	20	47.125	0.18	2400	7	5.076	0.0022	0.96	1	30	425	35.93	1.4054	0.5276	0.765	0.8389	0.7148	0.9579	15.78	9.77	13.68	15.7	15.46	14.92	14.11	13.95	25.88

续表

序号	施工开始日期	自生体积变形	年平均气温(℃)	气温年较差(℃)	弹性模量(GPa)	泊松比	密度(kg/m³)	线膨胀系数(1/℃)	导热系数[kJ/(m·h·℃)]	导温系数(℃·m²/h)	比热容[kJ/(kg·℃)]	风速(m/s)	绝热温升(℃)	水泥种类	最高温度(℃)	最大应力(MPa)	B1最大应力(MPa)	B2最大应力(MPa)	B3最大应力(MPa)	B4最大应力(MPa)	I4最大应力(MPa)	最大温降(℃)	B1I1内外温差(℃)	B2I2内外温差(℃)	B3I3内外温差(℃)	B4I3内外温差(℃)	B1温度梯度(℃/m)	B2温度梯度(℃/m)	B3温度梯度(℃/m)	B4温度梯度(℃/m)
…	…	…	…	…	…	…	…	…	…	…	…	…	…	…	…	…	…	…	…	…	…	…	…	…	…	…	…	…	…	…
13801	288	1	15	25	55.1	0.18	2400	11	10.6	0.0046	0.96	4	30	525	33.4	1.6879	0.9753	1.4584	1.5962	1.4472	1.6854	18.85	7.45	11.82	13.69	13.47	10.67	10.89	9.99	19.02
13802	288	1	15	25	55.1	0.18	2400	11	10.6	0.0046	0.96	4	80	525	67.75	4.0262	2.3991	3.6117	3.9456	3.5822	4.0315	52.57	19.39	30.39	35.14	34.6	27.78	28.19	26.04	49.39
13803	288	1	15	25	55.1	0.18	2400	11	10.6	0.0046	0.96	4	45	525	43.7	2.3894	1.4024	2.1044	2.301	2.0877	2.3892	28.97	11.03	17.39	20.13	19.81	15.8	16.08	14.81	28.13
13804	288	1	15	25	55.1	0.18	2400	11	10.6	0.0046	0.96	4	65	525	57.44	3.3247	1.972	2.9657	3.2408	2.9417	3.3277	42.45	15.81	24.82	28.7	28.26	22.65	23	21.22	40.28
13805	288	1	20	25	55.1	0.18	2400	11	10.6	0.0046	0.96	4	30	525	38.4	1.6879	0.9753	1.4584	1.5962	1.4472	1.6854	18.85	7.45	11.82	13.69	13.47	10.67	10.89	9.99	19.02
13806	288	1	20	25	55.1	0.18	2400	11	10.6	0.0046	0.96	4	80	525	72.75	4.0262	2.3991	3.6117	3.9456	3.5822	4.0315	52.57	19.39	30.39	35.14	34.6	27.78	28.19	26.04	49.39
13807	288	1	20	25	55.1	0.18	2400	11	10.6	0.0046	0.96	4	45	525	48.7	2.3894	1.4024	2.1044	2.301	2.0877	2.3892	28.97	11.03	17.39	20.13	19.81	15.8	16.08	14.81	28.13
13808	288	1	20	25	55.1	0.18	2400	11	10.6	0.0046	0.96	4	65	525	62.44	3.3247	1.972	2.9657	3.2408	2.9417	3.3277	42.45	15.81	24.82	28.7	28.26	22.65	23	21.22	40.28
13809	319	1	15	25	55.1	0.18	2400	11	10.6	0.0046	0.96	4	30	525	28.27	1.6236	0.951	1.4207	1.5449	1.414	1.5651	13.95	7.02	11.14	12.92	12.72	10.09	10.3	9.45	17.98
13810	319	1	15	25	55.1	0.18	2400	11	10.6	0.0046	0.96	4	80	525	62.6	3.9195	2.3757	3.5681	3.8934	3.549	3.8645	47.86	18.95	29.71	34.37	33.84	27.19	27.59	25.48	48.32
13811	319	1	15	25	55.1	0.18	2400	11	10.6	0.0046	0.96	4	45	525	38.57	2.3124	1.3784	2.0649	2.2494	2.0545	2.2549	24.12	10.6	16.71	19.35	19.06	15.22	15.49	14.26	27.08
13812	319	1	15	25	55.1	0.18	2400	11	10.6	0.0046	0.96	4	65	525	52.3	3.2307	1.9483	2.9239	3.1888	2.9085	3.1747	37.69	15.37	24.14	27.93	27.5	22.06	22.4	20.67	39.22
13813	319	1	20	25	55.1	0.18	2400	11	10.6	0.0046	0.96	4	30	525	33.27	1.6236	0.951	1.4207	1.5449	1.414	1.5651	13.95	7.02	11.14	12.92	12.72	10.09	10.3	9.45	17.98
13814	319	1	20	25	55.1	0.18	2400	11	10.6	0.0046	0.96	4	80	525	67.6	3.9195	2.3757	3.5681	3.8934	3.549	3.8645	47.86	18.95	29.71	34.37	33.84	27.19	27.59	25.48	48.32
13815	319	1	20	25	55.1	0.18	2400	11	10.6	0.0046	0.96	4	45	525	43.57	2.3124	1.3784	2.0649	2.2494	2.0545	2.2549	24.12	10.6	16.71	19.35	19.06	15.22	15.49	14.26	27.08
13816	319	1	20	25	55.1	0.18	2400	11	10.6	0.0046	0.96	4	65	525	57.3	3.2307	1.9483	2.9239	3.1888	2.9085	3.1747	37.69	15.37	24.14	27.93	27.5	22.06	22.4	20.67	39.22
13817	349	1	15	25	55.1	0.18	2400	11	10.6	0.0046	0.96	4	30	525	25.57	1.5507	0.9085	1.3547	1.4553	1.3559	1.4288	11.96	6.39	10.14	11.8	11.61	9.24	9.43	8.65	16.46
13818	349	1	15	25	55.1	0.18	2400	11	10.6	0.0046	0.96	4	80	525	59.9	3.7985	2.3348	3.4919	3.8022	3.491	3.6753	45.96	18.3	28.72	33.25	32.73	26.32	26.72	24.65	46.77
13819	349	1	15	25	55.1	0.18	2400	11	10.6	0.0046	0.96	4	45	525	35.87	2.225	1.3364	1.9959	2.1594	1.9964	2.1028	22.16	9.96	15.71	18.24	17.95	14.36	14.62	13.45	25.55
13820	349	1	15	25	55.1	0.18	2400	11	10.6	0.0046	0.96	4	65	525	49.6	3.1242	1.9069	2.8507	3.0981	2.8505	3.0014	35.76	14.73	23.15	26.82	26.39	21.2	21.53	19.85	37.68
13821	349	1	20	25	55.1	0.18	2400	11	10.6	0.0046	0.96	4	30	525	30.57	1.5507	0.9085	1.3547	1.4553	1.3559	1.4288	11.96	6.39	10.14	11.8	11.61	9.24	9.43	8.65	16.46
13822	349	1	20	25	55.1	0.18	2400	11	10.6	0.0046	0.96	4	80	525	64.9	3.7985	2.3348	3.4919	3.8022	3.491	3.6753	45.96	18.3	28.72	33.25	32.73	26.32	26.72	24.65	46.77
13823	349	1	20	25	55.1	0.18	2400	11	10.6	0.0046	0.96	4	45	525	40.87	2.225	1.3364	1.9959	2.1594	1.9964	2.1028	22.16	9.96	15.71	18.24	17.95	14.36	14.62	13.45	25.55
13824	349	1	20	25	55.1	0.18	2400	11	10.6	0.0046	0.96	4	65	525	54.6	3.1242	1.9069	2.8507	3.0981	2.8505	3.0014	35.76	14.73	23.15	26.82	26.39	21.2	21.53	19.85	37.68

3. 数据处理

为消除各输入、输出参数间量级的差异性，防止由于各输入参数量级差异过大导致在神经网络训练中部分权重不能被有效更新，需要在神经网络训练前将各输入、输出参数进行归一化和反归一化操作。

目前常用在 0～1 区间的归一化公式为

$$x=\frac{x_i-x_{\min}}{x_{\max}-x_{\min}} \tag{10-1}$$

反归一化公式

$$x=x_i(x_{\max}-x_{\min})+x_{\min} \tag{10-2}$$

在 BP 神经网络训练前，需要将输入和输出参数进行归一化处理，消除各参数的量级差异，加快训练速度。当 BP 神经网络训练完成后，得到的神经网络预测模型是根据归一化后的数据为基础的，为得到预期的预测结果，需要将神经网络预测结果进行反归一化处理。

10.2.2 BP 神经网络结构设计

1. BP 神经网络参数设计

在 BP 神经网络训练前，需要构建神经网络的结构，并初设神经网络的参数，主要包括设定网络层数、各层神经元数量，选择激活函数、优化器和损失函数。

（1）网络层数。BP 神经网络通常由 1 个输入层、$N(N\geqslant 1)$ 个隐含层、1 个输出层构成。常见的 BP 神经网络隐含层一般为一层或两层。经过实验，双隐含层结构下可满足精度要求。故本小节选择的 BP 神经网络各网络层数为：1 层输入层、2 层隐含层、1 层输出层。

（2）各层神经元数量。除了影响较大的 8 个影响参数外，还增加了水泥种类、密度、泊松比、比热容和自生体积变形作为输入参数，故取输入层神经元数量为 14 个。

由于神经网络预测模型需输出风机基础混凝土的 1 个最高温度结果数据、1 个最大应力结果数据、5 个各部位最大应力结果数据、1 个内部最大温降值结果数据、4 个各部位内外温差结果数据和 4 个各部位温度梯度结果数据，故输出层神经元数量共需 16 个。

隐含层的最优神经元个数无明确的规定，目前常采用经验公式法或试错法确定。

(3) 激活函数。Tensorflow 库中提供了 Sigmiod、Tanh、ReLU 等激活函数，本小节选取在神经网络中使用最广泛且表现优异的 ReLU 函数作为隐含层的激活函数。为方便输出层输出负值，输出层选用 Tanh 函数作为激活函数。

ReLU 函数：
$$f(x)=\max(0,\ x) \tag{10-3}$$

Tanh 函数：
$$f(x)=\frac{e^{x}-e^{-x}}{e^{x}+e^{-x}} \tag{10-4}$$

(4) 优化器。目前并没有某一个优化器在所有情况下都表现得很好，需要根据具体任务选取优化器。经过对比 SGD、SGDM、NAG、AdaGrad、AdaDelta 和 Adam 优化器，最终选取 Adam 优化器。

(5) 损失函数。均方误差损失函数（MSE）是解决对具体数值进行预测问题的最常用的损失函数，适用于风机基础温度应力的预测问题。故选取损失函数为均方误差损失函数（MSE）。

$$\mathrm{MSE}=\frac{1}{n}\sum_{i=1}^{n}(\hat{y}_i-y_i)^2 \tag{10-5}$$

式中 $\hat{y}_i$——输出层输出值；

y_i——期望输出值。

2. BP 神经网络的搭建与训练

在 BP 神经网络的训练过程中，首先需要导入数据样本，并充分打乱数据样本，这样可以避免某些特征集中出现，而导致的有时学习过度、有时学习不足，使得下降方向出现偏差的问题。

然后利用 tf. keras. models. Sequential() 函数，根据所确定的网络层数、各层神经元数量和激活函数，确定神经网络从输入层到输出层的网络结构。

然后根据所选择的优化器和损失函数，利用 model. compile() 函数配置神经网络的训练方法，并定义准确率评测标准为 accuracy，学习率为 0.001。

最后使用 model. fit () 函数执行训练过程，在此函数中告知网络的输入特征和标签、每次喂入神经网络的数据量（batch）、迭代次数（epoch）、数据集中测试集的划分比例以及测试的 epoch 间隔次数。

至此，一个可训练的神经网络已搭建完成，但由于神经网络在初始化时，随机赋予权值与阈值等参数，导致每次训练后的神经网络参数不同，使每次的预测结果也不相同。为避免此情况，可借助 Tensorflow 库中的回调函数 tf. keras. callbacks. ModelCheckpoint() 直接保存训练过程中的最优模型。利用神经网络模型进行预测时，采用 load_weights() 函数来读取所保存的最优模型参数，避免了神经网络的多次训练，并使预测结果稳定。

经过多次实验，发现仅用一个 BP 神经网络模型预测所需的 16 个结果数据误差较大，而根据结果数据特征建立不同的神经网络模型进行预测时误差较小。为预测小实心圆盘风机温度应力的 16 个结果数据，本小节共建立了 4 个不同的 BP 神经网络预测模型，分别为最高温度和最大温降值 BP 神经网络预测模型、最大应力和 I4 最大应力 BP 神经网络预测模型、各表面部位最大应力 BP 神经网络预测模型、各部位最大内外温差和温度梯度 BP 神经网络预测模型，经过多次实验，选出了 4 个 BP 神经网络预测模型的最优结构参数，各 BP 神经网络预测模型结构参数见表 10-3，小实心圆盘风机基础各分区示意图如图 9-1 所示。

表 10-3　　小实心圆盘基础各 BP 神经网络预测模型结构参数

名　称	神经元个数			
	输入层	隐含层 1	隐含层 2	输出层
最高温度和最大温降值 BP 神经网络预测模型	14	8	5	2
最大应力和 I4 最大应力 BP 神经网络预测模型	14	10	8	2
各表面部位最大应力 BP 神经网络预测模型	14	11	8	4
各部位最大内外温差和温度梯度 BP 神经网络预测模型	14	12	10	8

将数据样本导入所搭建的 4 个 BP 神经网络中进行训练，经过多次试验选出了 4 个 BP 神经网络预测模型的最优训练参数，其中最高温度和最大温降值 BP 神经网络预测模型每次喂入神经网络的数据量 batch 为 12，迭代次数 epoch 为 80，数据集中测试集的划分比例为 0.2；最大应力和 I4 最大应力 BP 神经网络预测模型每次喂入神经网络的数据量 batch 为 12，迭代次数 epoch 为 100，数据集中测试集的划分比例为 0.2；各表面部位最大应力 BP 神经网络预测模型每次喂入神经网络的数据量 batch 为 12，迭代次数 epoch

为 200，数据集中测试集的划分比例为 0.2；各部位最大内外温差和温度梯度 BP 神经网络预测模型每次喂入神经网络的数据量 batch 为 12，迭代次数 epoch 为 200，数据集中测试集的划分比例为 0.2。

经过对 4 个 BP 神经网络预测模型的训练，得到了误差随迭代次数的变化曲线，如图 10-3～图 10-6 所示。

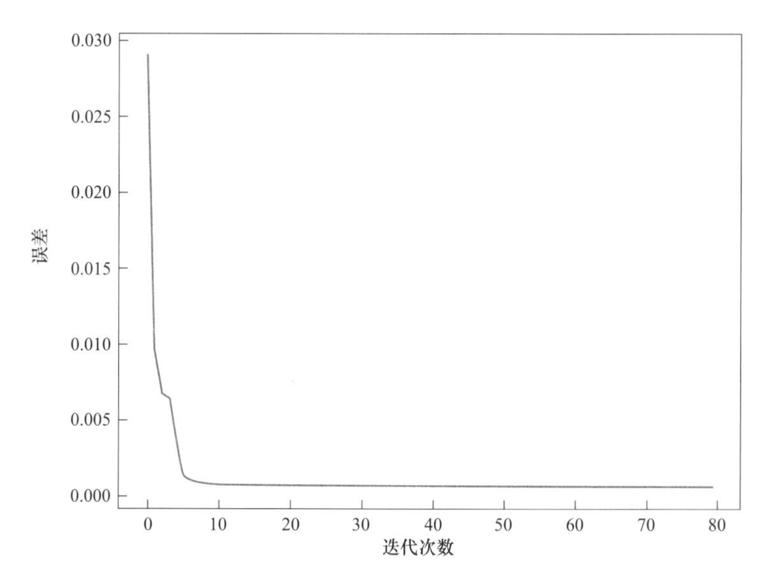

图 10-3　最高温度和最大温降值 BP 神经网络预测模型误差随迭代次数变化曲线

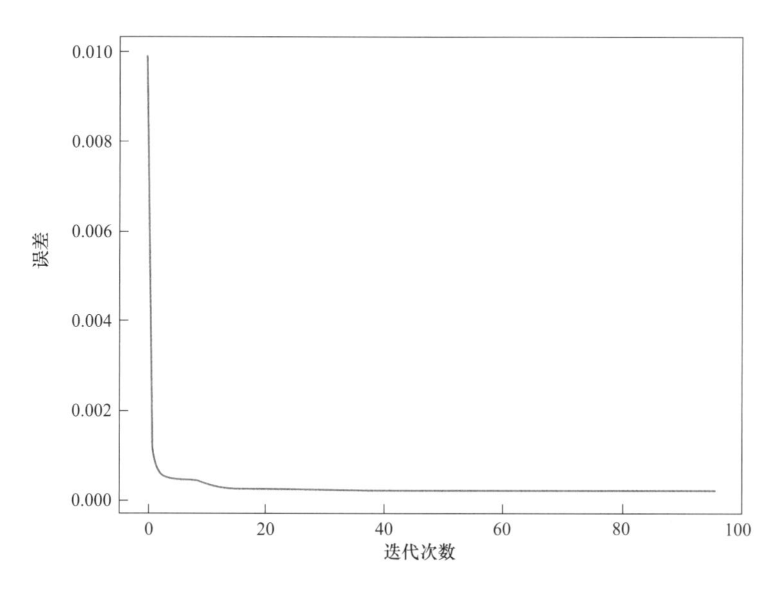

图 10-4　最大应力和 I4 最大应力 BP 神经网络预测模型误差随迭代次数变化曲线

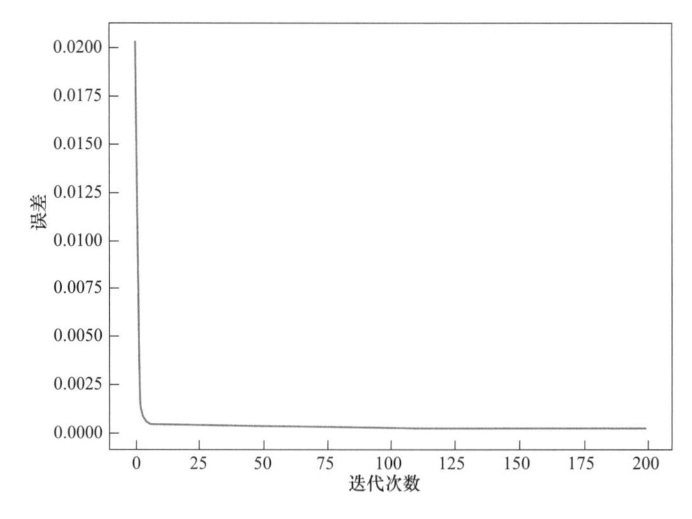

图 10-5　各表面部位最大应力 BP 神经网络预测模型误差随迭代次数变化曲线

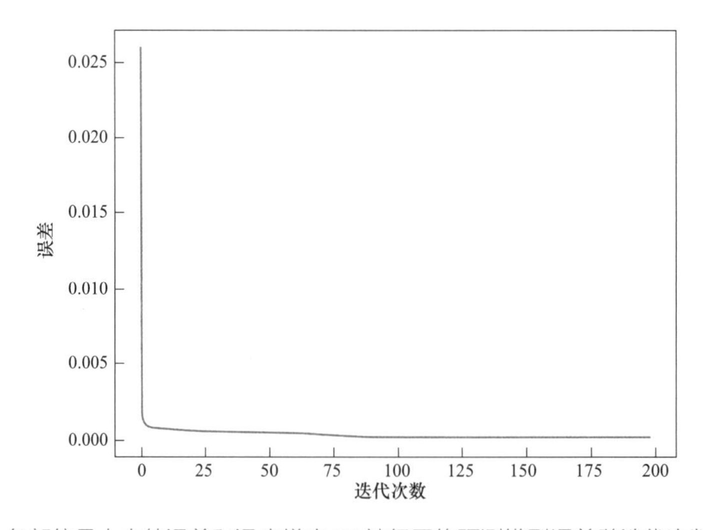

图 10-6　各部位最大内外温差和温度梯度 BP 神经网络预测模型误差随迭代次数变化曲线

由图 10-3～图 10-6 可以发现，4 个 BP 神经网络随着训练迭代进程误差迅速下降，在结束训练时误差均小于 0.001，说明此时 BP 神经网络的预测值与训练样本中测试集的结果十分接近。

10.2.3　小实心圆盘基础 BP 神经网络预测模型检验

为验证已经训练完成的 4 个小实心圆盘基础 BP 神经网络预测模型预测的准确性，随机生成了 10 组参数，并对每组参数进行有限元温度应力仿真模拟计算，其中各参数均在合理范围内随机获得，且这 10 组参数均未参与神经网络的训练。将 BP 神经网络预测值与有限元仿真模拟计算值进行比较，得出所训练出的 BP 神经网络的误差，误差分析见表 10-4。

表 10-4　小实心圆盘基础 BP 神经网络预测模型误差分析

序号		最高温度（℃）	最大应力（MPa）	B1 最大应力（MPa）	B2 最大应力（MPa）	B3 最大应力（MPa）	B4 最大应力（MPa）	I4 最大应力（MPa）	最大温降（℃）	B1I1 内外温差（℃）	B2I2 内外温差（℃）	B3I3 内外温差（℃）	B4I3 内外温差（℃）	B1 温度梯度（℃/m）	B2 温度梯度（℃/m）	B3 温度梯度（℃/m）	B4 温度梯度（℃/m）
1	计算值	46.32	2.1727	0.9401	1.3712	1.4742	1.4346	1.3842	37.32	9.33	14.61	17	16.73	13.63	13.8	12.75	24.15
	预测值	45.046	2.092	0.955	1.39	1.461	1.429	1.515	34.904	8.632	13.367	15.846	15.503	13.158	13.165	12.512	22.614
	误差	−2.75%	−3.71%	1.58%	1.37%	−0.90%	−0.39%	9.45%	−6.47%	−7.48%	−8.51%	−6.79%	−7.33%	−3.46%	−4.60%	−1.87%	−6.36%
2	计算值	59.9	2.8314	1.4674	2.2057	2.4065	2.1859	2.5184	49.75	14.91	23.27	26.79	26.38	21.23	21.51	19.84	37.74
	预测值	59.38	2.644	1.453	2.129	2.305	2.116	2.268	47.293	14.392	22.818	26.853	26.346	21.385	21.665	20.166	37.226
	误差	−0.87%	−6.62%	−0.98%	−3.48%	−4.22%	−3.20%	−9.94%	−4.94%	−3.47%	−1.94%	0.24%	−0.13%	0.73%	0.72%	1.64%	−1.36%
3	计算值	83.52	3.1378	1.0986	1.6214	1.7933	1.5437	2.3188	67	21.6	30.3	34.25	33.82	31.69	30.11	29.14	55.89
	预测值	78.47	2.98	1.161	1.71	1.893	1.595	2.318	62.697	21.935	30.862	34.943	34.487	32.405	30.682	29.721	56.924
	误差	−6.05%	−5.03%	5.68%	5.46%	5.56%	3.32%	−0.03%	−6.42%	1.55%	1.85%	2.02%	1.97%	2.26%	1.90%	1.99%	1.85%
4	计算值	54.75	3.5857	1.329	2.0049	2.2348	1.9032	2.9818	44.73	20.38	29.08	32.75	32.27	29.74	28.52	27.56	51.89
	预测值	54.903	3.38	1.402	2.072	2.303	1.95	2.968	41.619	19.09	27.987	32.004	31.505	28.697	27.574	26.522	49.779
	误差	0.28%	−5.74%	5.49%	3.35%	3.05%	2.46%	−0.46%	−6.96%	−6.33%	−3.76%	−2.28%	−2.37%	−3.51%	−3.32%	−3.77%	−4.07%
5	计算值	42.1	1.9536	0.8466	1.2683	1.3778	1.2483	1.3455	28.12	10.29	15.92	18.13	17.87	14.52	14.64	13.49	25.67
	预测值	42.162	1.814	0.878	1.286	1.37	1.291	1.444	27.507	9.591	15.074	17.753	17.397	14.618	14.585	13.754	25.116
	误差	0.15%	−7.15%	3.71%	1.40%	−0.57%	3.42%	7.32%	−2.18%	−6.79%	−5.31%	−2.08%	−2.65%	0.67%	−0.38%	1.96%	−2.16%

续表

序号		最高温度（℃）	最大应力（MPa）	B1 最大应力（MPa）	B2 最大应力（MPa）	B3 最大应力（MPa）	B4 最大应力（MPa）	I4 最大应力（MPa）	最大温降（℃）	B1I1 内外温差（℃）	B2I2 内外温差（℃）	B3I3 内外温差（℃）	B4I3 内外温差（℃）	B1 温度梯度（℃/m）	B2 温度梯度（℃/m）	B3 温度梯度（℃/m）	B4 温度梯度（℃/m）
6	计算值	53.05	1.8484	1.009	1.4914	1.6317	1.5478	1.6797	33.61	9.19	13.81	15.89	15.72	13.08	13.02	12.04	23.64
	预测值	57.077	1.745	0.994	1.451	1.545	1.458	1.682	36.289	9.225	13.835	15.728	15.562	13.29	13.085	12.227	23.744
	误差	7.59%	−5.59%	−1.49%	−2.71%	−5.31%	−5.80%	0.14%	7.97%	0.38%	0.18%	−1.02%	−1.01%	1.61%	0.50%	1.55%	0.44%
7	计算值	51.71	2.0759	0.9721	1.4219	1.5351	1.4853	1.3927	35.51	8.18	13.28	16.17	15.73	13.21	13.33	12.71	22.19
	预测值	52.449	1.962	0.979	1.424	1.495	1.464	1.485	35.035	7.543	12.03	14.674	14.231	12.162	12.268	11.848	20.115
	误差	1.43%	−5.49%	0.71%	0.15%	−2.61%	−1.43%	6.63%	−1.34%	−7.79%	−9.41%	−9.25%	−9.53%	−7.93%	−7.97%	−6.78%	−9.35%
8	计算值	83.39	3.8513	1.621	2.4181	2.715	2.2609	3.8513	65.98	26.7	36.6	40.89	40.48	38.66	36.29	35.27	69.05
	预测值	80.311	3.779	1.605	2.378	2.649	2.258	3.686	65.064	25.614	35.087	39.052	38.635	36.609	34.801	33.778	65.291
	误差	−3.69%	−1.88%	−0.99%	−1.66%	−2.43%	−0.13%	−4.29%	−1.39%	−4.07%	−4.13%	−4.49%	−4.56%	−5.31%	−4.10%	−4.23%	−5.44%
9	计算值	58.77	3.0999	1.2217	1.8065	2.0091	1.6747	2.5202	41.73	20.22	28.62	32.66	32.09	30.54	29.09	28.66	52.47
	预测值	60.473	2.919	1.208	1.779	1.973	1.652	2.465	42.859	19.385	28.168	32.719	32.088	30.106	28.657	28.018	51.373
	误差	2.90%	−5.84%	−1.12%	−1.52%	−1.80%	−1.36%	−2.19%	2.71%	−4.13%	−1.58%	0.18%	−0.01%	−1.42%	−1.49%	−2.24%	−2.09%
10	计算值	74.76	3.1483	0.9254	1.3832	1.5365	1.3051	1.959	55.47	19.84	28.38	32.07	31.65	28.97	27.84	26.81	50.92
	预测值	77.389	2.856	0.969	1.436	1.594	1.334	2.019	59.593	18.926	27.629	31.475	31.022	28.216	27.07	25.963	49.21
	误差	3.52%	−9.28%	4.71%	3.82%	3.74%	2.21%	3.06%	7.43%	−4.61%	−2.65%	−1.86%	−1.98%	−2.60%	−2.77%	−3.16%	−3.36%
平均误差		2.92%	5.63%	2.65%	2.49%	3.02%	2.37%	4.35%	4.78%	4.66%	3.93%	3.02%	3.15%	2.95%	2.77%	2.92%	3.65%

由表 10-4 可以看出，所构建的 4 个神经网络预测模型的预测值与各结果参数的平均预测误差中，仅预测最大应力的平均误差大于 5%，为 5.63%，预测其余结果参数的平均误差均小于 5%，最小的平均误差仅 2.49%，将各结果参数的平均误差进行平均计算得出整体的平均误差为 3.45%，满足工程要求。其中最高温度和最大温降值 BP 神经网络预测模型的平均误差为 3.85%；最大应力和 I4 最大应力 BP 神经网络预测模型的平均误差为 4.99%；各表面部位最大应力 BP 神经网络预测模型的平均误差为 2.63%；各部位最大内外温差和温度梯度 BP 神经网络预测模型的平均误差为 3.38%，均满足要求。

10.3 空心圆盘基础温度应力预测模型

10.3.1 数据样本的构建和处理

1. 设置计算方案

与 10.2 节小实心圆盘类型风机基础的处理方法和过程相同，用于构建数据样本的输入参数包括混凝土的弹性模量、线胀系数、导热系数、绝热温升、水泥种类、施工开始时间，年平均气温、气温年较差和风速，各输入参数取值也与 7.2 节相同，如表 10-5 所示。共构建了 864 个计算方案。

表 10-5　　空心圆盘基础用于构建数据样本的各输入参数取值

弹性模量 E_0（GPa）	线膨胀系数 α（1/℃）	导热系数 λ［kJ/(m·h·℃)］	绝热温升曲线		施工开始日期 τ_c	气温		风速 v（m/s）
			绝热温升 θ（℃）	水泥种类 k		年平均气温 T_{am}（℃）	气温年较差 A_a（℃）	
47.125	7×10^{-6}	5.067	30	425 水泥	3 月 15 日	15	20	1
55.1	11×10^{-6}	7.838	80	525 水泥	5 月 15 日		25	2
		10.6			8 月 15 日			4

2. 数据样本的构建

空心圆盘数据样本构建的步骤和自动化程序与小实心圆盘风机基础类似，见图 10-2。最终扩展成为包含 13824 组数据的结果数据样本，如表 10-6 所示，扩展方法与小实心圆盘风机基础类似。在神经网络训练前将输入、输出参数进行归一化和反归一化操作的方法也与 10.2 节相同。

表 10-6　　用于训练的空心圆盘数据样本（部分）

序号	施工开始日期	自生体积变形	年平均气温（℃）	气温年较差（℃）	弹性模量（GPa）	泊松比	密度（kg/m³）	线膨胀系数（1/℃）	导热系数［kJ/（m·h·℃）］	导温系数（℃·m²/h）	比热容［kJ/（kg·℃）］	风速（m/s）	绝热温升（℃）	水泥种类	最高温度（℃）	最大应力（MPa）	B1最大应力（MPa）	B2最大应力（MPa）	B3最大应力（MPa）	B4最大应力（MPa）	I4最大应力（MPa）	最大温降（℃）	B1I1内外温差（℃）	B2I2内外温差（℃）	B3I3内外温差（℃）	B4I3内外温差（℃）	B1温度梯度（℃/m）	B2温度梯度（℃/m）	B3温度梯度（℃/m）	B4温度梯度（℃/m）
1	166	1	15	25	55.1	0.18	2400	11	10.6	0.0046	0.96	1	45	425	54.85	2.8043	0.8994	0.9952	0.778	0.7956	2.2086	51.36	8.05	10.03	15	15.43	17.12	13.72	13.66	27.59
2	15	1	20	20	55.1	0.18	2400	7	7.838	0.0034	0.96	1	65	425	53.47	2.549	0.7248	0.8536	0.8383	0.8472	1.8294	40.61	14.32	17.65	25.79	26.3	27.45	24.21	23.45	49.9
3	288	1	20	20	47.125	0.18	2400	7	5.076	0.0022	0.96	1	80	525	68.04	2.8004	1.01	1.2173	1.3057	1.28	2.1372	53.44	20.37	26.02	37.08	37.57	35.77	34.11	32.32	69.14
4	288	1	15	20	47.125	0.18	2400	7	5.076	0.0022	0.96	2	30	425	33.63	1.5711	0.3974	0.4513	0.4863	0.5044	1.0891	24.29	9.99	12.08	16.49	16.61	18.57	16.46	15.23	35.67
5	288	1	20	25	55.1	0.18	2400	7	10.6	0.0046	0.96	1	45	525	41.08	2.0471	0.7343	0.6987	0.5784	0.5951	1.185	28.39	7.56	9.95	14.28	14.76	15.59	12.42	12.64	24.3
6	166	1	15	20	55.1	0.18	2400	11	7.838	0.0034	0.96	4	80	525	67.02	3.799	1.3605	1.7923	1.8423	1.7826	3.5171	61.2	17.48	22.95	30.66	30.99	27.93	28.09	26.04	55.89
7	319	1	20	20	47.125	0.18	2400	7	10.6	0.0046	0.96	1	65	525	47.47	2.2095	0.6749	0.8204	0.6749	0.6592	1.2243	33.17	10.42	13.66	19.68	20.33	18.65	17.39	17.46	33.54
8	135	1	15	20	55.1	0.18	2400	7	7.838	0.0034	0.96	2	65	525	58.36	2.2834	0.7663	0.8991	0.9561	0.9538	1.5636	51.95	12.22	16.07	22.77	23.13	20.74	20.47	19.56	40.67
9	15	1	15	20	47.125	0.18	2400	7	7.838	0.0034	0.96	2	30	525	24.07	1.5055	0.324	0.353	0.3791	0.4168	0.5634	16.17	5.07	6.69	9.59	9.74	10.06	8.59	8.22	17.05
10	74	1	15	20	55.1	0.18	2400	7	5.076	0.0022	0.96	2	65	425	58.6	2.4758	0.7572	0.9924	1.0064	0.9825	2.2174	52.08	19.24	23.15	31.46	31.7	35.7	31.71	29.34	68.57
11	288	1	20	25	55.1	0.18	2400	11	7.838	0.0034	0.96	4	30	525	34.09	2.6194	0.7669	0.6105	0.6857	0.6909	1.7928	21.58	7.21	9.56	12.72	12.86	12.57	11.58	10.74	22.97
12	74	1	20	20	47.125	0.18	2400	7	7.838	0.0034	0.96	2	65	525	54.11	2.1042	0.6775	0.8178	0.8113	0.8051	1.2771	42.81	12.09	15.81	22.07	22.41	21.33	19.94	18.96	39.47
13	319	1	15	20	47.125	0.18	2400	11	7.838	0.0034	0.96	1	30	525	26.28	1.8109	0.4964	0.5632	0.597	0.5888	1.2364	16.99	5.6	7.38	10.71	10.95	10.12	9.49	9.32	18.66
14	196	1	20	25	55.1	0.18	2400	11	7.838	0.0034	0.96	2	80	425	83.02	4.7081	1.1618	1.517	1.5748	1.5008	4.4207	73.26	20.98	25.85	35.9	36.37	38.44	34.57	32.55	72.41
15	74	1	15	20	55.1	0.18	2400	11	5.076	0.0022	0.96	4	65	525	53.12	3.3081	1.3256	1.5913	1.9047	1.8721	3.0078	46.68	16.41	20.94	28.2	28.37	27.37	26.65	24.42	54.62
16	105	1	20	25	55.1	0.18	2400	11	5.076	0.0022	0.96	2	80	425	79.92	4.8379	1.2764	1.6013	1.945	1.8161	4.5678	71.55	23.98	28.84	39.35	39.65	44.73	39.66	36.71	85.88
17	258	1	20	20	55.1	0.18	2400	7	10.6	0.0046	0.96	2	30	525	38.24	1.4615	0.3938	0.4642	0.3951	0.4498	0.8687	24.81	5.47	7.33	10.02	10.26	10.1	8.93	8.62	17.22
18	196	1	15	20	55.1	0.18	2400	7	5.076	0.0022	0.96	4	45	525	52.19	1.951	0.6456	0.8087	0.848	0.833	1.5928	45.37	12.36	15.87	21.34	21.48	20.4	20.08	18.4	41.11
19	349	1	15	25	47.125	0.18	2400	11	5.076	0.0022	0.96	1	30	525	23.77	2.2301	0.5441	0.7124	0.7778	0.786	1.4397	16.38	6.65	8.58	12.59	12.76	12.78	11.48	10.93	23.3
20	166	1	20	20	55.1	0.18	2400	11	10.6	0.0046	0.96	1	65	425	69.53	3.2064	0.9893	1.1051	1.0655	1.0672	2.9664	58.62	12.19	15.12	22.43	23.06	23.43	20.48	20.45	41.41
21	227	1	15	20	55.1	0.18	2400	7	10.6	0.0046	0.96	4	45	425	48.09	1.9014	0.5373	0.7007	0.5579	0.5794	1.1589	41.97	11.33	14.17	18.86	19.1	19.81	18.07	16.87	37.51
22	166	1	15	25	55.1	0.18	2400	11	10.6	0.0046	0.96	1	30	425	45.79	2.3363	0.7873	0.8763	0.5554	0.5912	1.5802	42.37	4.99	6.26	9.46	9.73	12.07	8.66	8.6	17.27
23	105	1	20	20	47.125	0.18	2400	11	7.838	0.0034	0.96	4	30	525	39.94	1.6754	0.4493	0.4022	0.6187	0.6435	1.0211	29.66	4.93	6.53	9.1	9.2	10.13	8.26	7.72	16.45
24	349	1	15	25	55.1	0.18	2400	7	10.6	0.0046	0.96	2	45	525	27.8	1.9825	0.6742	0.6708	0.5811	0.6016	1.0279	20.68	7.41	9.86	13.77	14.09	15.03	12.42	11.89	23.77
…	…	…	…	…	…	…	…	…	…	…	…	…	…	…	…	…	…	…	…	…	…	…	…	…	…	…	…	…	…	…

续表

序号	施工开始日期	自生体积变形	年平均气温(℃)	气温年较差(℃)	弹性模量(GPa)	泊松比	密度(kg/m^3)	线膨胀系数(1/℃)	导热系数[kJ/(m·h·℃)]	导温系数(℃·m^2/h)	比热容[kJ/(kg·℃)]	风速(m/s)	绝热温升(℃)	水泥种类	最高温度(℃)	最大应力(MPa)	B1最大应力(MPa)	B2最大应力(MPa)	B3最大应力(MPa)	B4最大应力(MPa)	I4最大应力(MPa)	最大温降(℃)	B1I1内外温差(℃)	B2I2内外温差(℃)	B3I3内外温差(℃)	B4I3内外温差(℃)	B1温度梯度(℃/m)	B2温度梯度(℃/m)	B3温度梯度(℃/m)	B4温度梯度(℃/m)
13801	74	1	15	25	47.125	0.18	2400	7	5.076	0.0022	0.96	4	45	525	40.79	1.8514	0.538	0.6144	0.7152	0.7256	1.063	36.6	10.26	13.09	17.81	17.92	20.1	16.83	15.44	34.49
13802	319	1	20	25	47.125	0.18	2400	11	5.076	0.0022	0.96	1	30	425	32.78	2.38	0.4546	0.4897	0.67	0.6824	1.8589	19.86	8.88	10.82	15.42	15.59	17.02	15.06	14.15	32.04
13803	45	1	20	25	47.125	0.18	2400	7	7.838	0.0034	0.96	1	30	425	32.15	1.5618	0.3554	0.388	0.3606	0.4063	0.6708	22.46	5.14	6.4	9.69	9.88	12.53	8.98	8.76	18.41
13804	15	1	20	25	47.125	0.18	2400	7	10.6	0.0046	0.96	1	30	525	26.41	1.7309	0.4626	0.437	0.3191	0.3656	0.5076	15.31	3.69	4.89	7.5	7.74	11.14	7.21	6.72	12.72
13805	135	1	20	25	47.125	0.18	2400	11	5.076	0.0022	0.96	1	65	525	70.64	3.1485	1.162	1.3224	1.6312	1.621	2.8274	60.94	14.17	18.17	26.83	27.18	25.65	24.6	23.41	50.04
13806	258	1	15	20	55.1	0.18	2400	11	5.076	0.0022	0.96	2	80	525	66.98	4.6068	1.7128	2.1823	2.3959	2.3016	4.3779	57.95	21.97	28.09	38.67	39.02	37.29	36.06	33.5	73.51
13807	196	1	20	25	47.125	0.18	2400	11	10.6	0.0046	0.96	4	80	525	70.03	3.325	0.9812	1.3507	1.2802	1.2465	2.8502	60.78	15.37	20.51	27.1	27.49	24.22	24.53	22.93	47.75
13808	258	1	20	20	47.125	0.18	2400	11	10.6	0.0046	0.96	4	80	525	60.94	3.1698	1.0116	1.4783	1.2793	1.2161	2.8242	47.48	15.91	21.23	27.89	28.3	25.02	25.28	23.62	49.15
13809	258	1	15	25	47.125	0.18	2400	7	10.6	0.0046	0.96	1	45	425	45.68	2.1648	0.5005	0.5431	0.5034	0.5121	1.1983	38.64	9.29	11.56	17.04	17.53	18.22	15.51	15.52	31.55
13810	258	1	15	20	47.125	0.18	2400	11	10.6	0.0046	0.96	2	80	425	65.06	3.5522	0.9421	1.3115	1.1334	1.1224	3.3174	56.44	18.34	22.84	31.92	32.54	33.1	29.93	28.79	61.27
13811	15	1	20	25	47.125	0.18	2400	11	10.6	0.0046	0.96	4	45	425	35.56	2.338	0.7192	0.7444	0.6909	0.6999	1.7245	24.88	9.89	12.42	16.72	16.93	18.59	15.92	14.87	32.72
13812	319	1	15	25	47.125	0.18	2400	7	7.838	0.0034	0.96	4	45	425	34.9	2.1319	0.4719	0.5984	0.5687	0.5681	1.3206	27.31	13.1	16.12	21.47	21.65	23.27	21.07	19.47	44.88
13813	74	1	15	20	55.1	0.18	2400	11	7.838	0.0034	0.96	2	45	525	38.51	2.1464	0.7872	0.8694	1.0516	1.0456	1.7032	32.26	7.79	10.19	14.35	14.58	15.67	12.94	12.33	25.64
13814	288	1	15	25	47.125	0.18	2400	11	7.838	0.0034	0.96	4	80	425	61.85	4.2055	0.9322	1.3536	1.345	1.2702	3.9009	54.18	24.15	29.57	39.26	39.57	43.27	38.71	35.76	83.08
13815	349	1	20	25	47.125	0.18	2400	7	5.076	0.0022	0.96	1	80	525	59.51	2.5252	1.021	1.2272	1.3021	1.2641	2.0213	46.94	19.36	24.73	35.52	36	34.23	32.69	30.99	66.28
13816	105	1	20	20	55.1	0.18	2400	11	7.838	0.0034	0.96	4	30	525	39.94	1.8121	0.5498	0.5108	0.7337	0.7418	1.2135	29.66	4.93	6.53	9.1	9.2	10.13	8.26	7.72	16.45
13817	227	1	20	20	47.125	0.18	2400	11	7.838	0.0034	0.96	2	80	525	69.89	3.3883	1.2321	1.5553	1.5813	1.5197	3.1564	58.32	17.13	22.42	30.9	31.39	28.49	27.95	26.5	55.25
13818	45	1	20	20	55.1	0.18	2400	11	7.838	0.0034	0.96	4	80	525	56.92	3.3044	1.3498	1.7493	1.8435	1.7933	3.1314	45.08	16.73	21.97	29.48	29.79	26.75	27.01	25.04	53.66
13819	196	1	15	25	55.1	0.18	2400	11	5.076	0.0022	0.96	4	30	525	45.55	2.8099	0.6004	0.798	0.9078	0.9139	2.1109	40.94	8.09	10.45	14.18	14.27	13.69	13.26	12.17	27.11
13820	166	1	20	20	55.1	0.18	2400	11	10.6	0.0046	0.96	4	45	525	51.57	2.4173	0.7979	0.8938	0.8815	0.8773	1.845	41.09	7.87	10.57	14.09	14.3	13.81	12.71	11.91	24.72
13821	45	1	15	25	55.1	0.18	2400	11	7.838	0.0034	0.96	4	65	425	48.1	3.5886	0.9445	1.1975	1.2486	1.2369	3.201	43.54	16.93	20.83	27.84	28.08	30.27	27.31	25.24	57.52
13822	227	1	20	25	47.125	0.18	2400	7	10.6	0.0046	0.96	1	80	525	68.82	2.7275	0.7978	0.9551	0.8157	0.7985	1.6473	59.47	13.24	17.31	24.82	25.63	22.92	21.95	22.03	42.37
13823	227	1	20	25	55.1	0.18	2400	11	10.6	0.0046	0.96	2	45	425	55.33	3.152	0.9146	0.8968	0.8416	0.8277	2.4832	46.36	10.27	12.83	17.95	18.3	19.2	16.8	16.15	34.3
13824	196	1	15	25	55.1	0.18	2400	7	10.6	0.0046	0.96	1	45	525	50.22	2.0431	0.6874	0.6873	0.5633	0.5855	1.1759	45.78	6.98	9.18	13.38	13.82	14.96	11.86	11.87	22.75

10.3.2 BP 神经网络结构设计

BP 神经网络参数设计、BP 神经网络的搭建与训练的方法与过程均与 10.2 节相同。并且建立了与 10.2 节相同的 4 个适用不同部位的模型，即最高温度和最大温降值 BP 神经网络预测模型、最大应力和 I4 最大应力 BP 神经网络预测模型、各表面部位最大应力 BP 神经网络预测模型、各部位最大内外温差和温度梯度 BP 神经网络预测模型，经过多次实验，选出了 4 个 BP 神经网络预测模型的最优结构参数，见表 10-7，空心圆盘风机基础各分区示意图如图 10-7 所示。

表 10-7　　空心圆盘基础各 BP 神经网络预测模型结构参数

名　称	神经元个数			
	输入层	隐含层 1	隐含层 2	输出层
最高温度和最大温降值 BP 神经网络预测模型	14	10	8	2
最大应力和 I4 最大应力 BP 神经网络预测模型	14	10	8	2
各表面部位最大应力 BP 神经网络预测模型	14	11	8	4
各部位最大内外温差和温度梯度 BP 神经网络预测模型	14	12	10	8

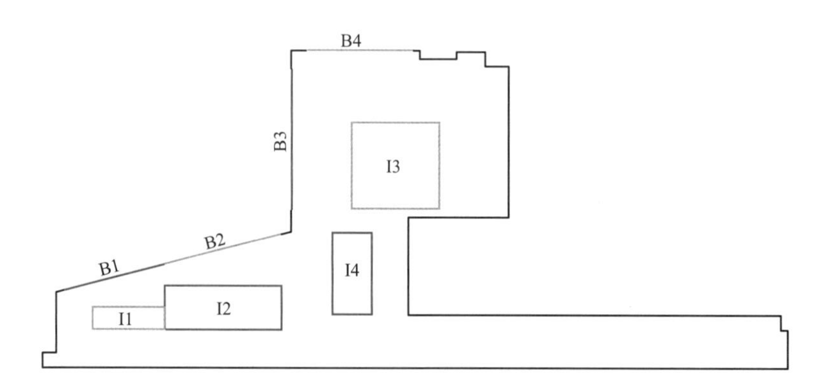

图 10-7　空心圆盘风机基础分区示意图

将数据样本导入所搭建的 4 个 BP 神经网络中进行训练，经过多次试验选出了 4 个 BP 神经网络预测模型的最优训练参数，其中最高温度和最大温降值 BP 神经网络预测模型每次喂入神经网络的数据量 batch 为 12，迭代次数 epoch 为 80，数据集中测试集的划分比例为 0.2；最大应力和 I4 最大应力 BP 神经网络预测模型每次喂入神经网络的数据量 batch 为 12，迭代次数 epoch 为 100，数据集中测试集的划分比例为 0.2；各表面部位

最大应力 BP 神经网络预测模型每次喂入神经网络的数据量 batch 为 12，迭代次数 epoch 为 200，数据集中测试集的划分比例为 0.2；各部位最大内外温差和温度梯度 BP 神经网络预测模型每次喂入神经网络的数据量 batch 为 12，迭代次数 epoch 为 200，数据集中测试集的划分比例为 0.2。

经过对 4 个 BP 神经网络预测模型的训练，得到了误差随迭代次数的变化曲线，如图 10-8～图 10-11 所示。

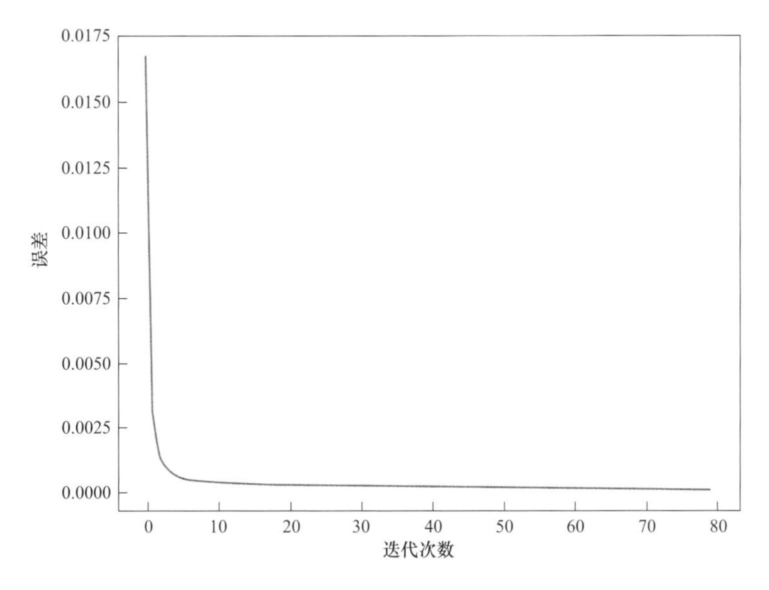

图 10-8　最高温度和最大温降值 BP 神经网络预测模型误差随迭代次数变化曲线

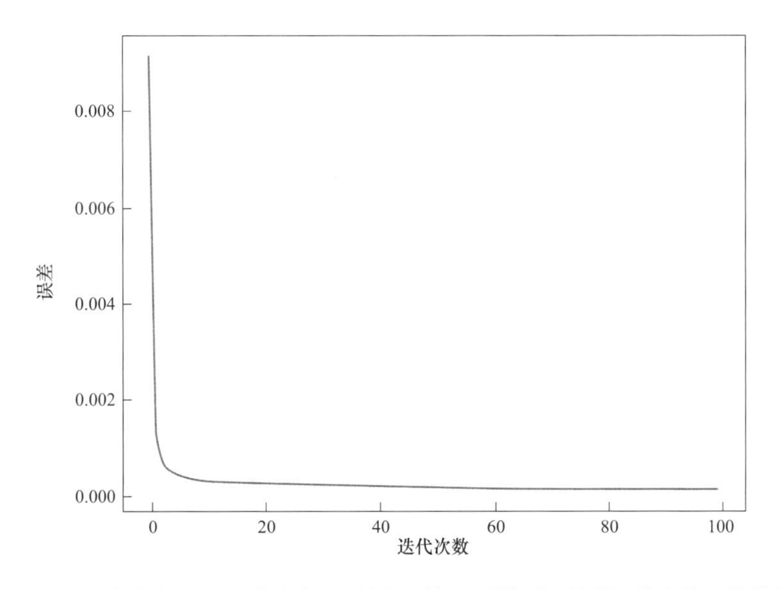

图 10-9　最大应力和 I4 最大应力 BP 神经网络预测模型误差随迭代次数变化曲线

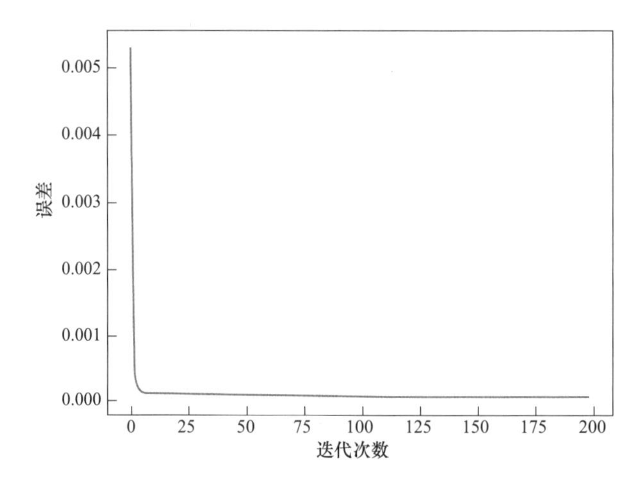

图 10-10　各表面部位最大应力 BP 神经网络预测模型误差随迭代次数变化曲线

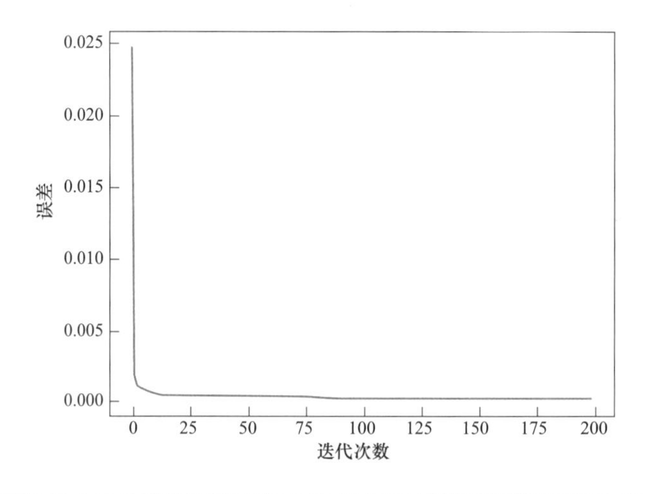

图 10-11　各部位最大内外温差和温度梯度 BP 神经网络预测模型误差随迭代次数变化曲线

由图 10-8～图 10-11 可以发现，4 个 BP 神经网络随着训练迭代进程误差迅速下降，在结束训练时误差均小于 0.001，说明此时 BP 神经网络的预测值与训练样本中测试集的结果十分接近。

10.3.3　空心圆盘基础 BP 神经网络预测模型检验

为验证已经训练完成的 4 个空心圆盘基础 BP 神经网络预测模型预测的准确性，随机生成了 10 组参数，并对每组参数进行有限元温度应力仿真模拟计算，其中各参数均在合理范围内随机获得，且这 10 组参数均未参与神经网络的训练。将 BP 神经网络预测值与有限元仿真模拟计算值进行比较，得出所训练出的 BP 神经网络的误差，误差分析见表 10-8。

表 10-8　空心圆盘基础 BP 神经网络预测模型误差分析

序号		最高温度（℃）	最大应力（MPa）	B1 最大应力（MPa）	B2 最大应力（MPa）	B3 最大应力（MPa）	B4 最大应力（MPa）	I4 最大应力（MPa）	最大温降（℃）	B1I1 内外温差（℃）	B2I2 内外温差（℃）	B3I3 内外温差（℃）	B4I3 内外温差（℃）	B1 温度梯度（℃/m）	B2 温度梯度（℃/m）	B3 温度梯度（℃/m）	B4 温度梯度（℃/m）
1	计算值	58.04	2.3173	0.5811	0.6759	0.869	0.8772	2.1989	43.44	14.78	17.87	23.76	23.89	26.72	24.11	22.05	52.41
	预测值	57.767	2.248	0.593	0.765	0.825	0.827	2.25	43.76	14.289	17.622	23.582	23.652	24.611	23.138	21.044	49.149
	误差	−0.47%	−2.99%	2.05%	13.18%	−5.06%	−5.72%	2.32%	0.74%	−3.32%	−1.39%	−0.75%	−1.00%	−7.89%	−4.03%	−4.56%	−6.22%
2	计算值	63.92	3.0306	1.1131	1.3436	1.3461	1.3037	2.6344	59.18	15.78	20.62	29.03	29.63	26.82	26.01	25.16	51.19
	预测值	65.361	2.979	1.075	1.313	1.332	1.294	2.585	59.505	15.181	19.747	28.007	28.541	25.224	24.933	24.188	48.463
	误差	2.25%	−1.70%	−3.42%	−2.28%	−1.05%	−0.74%	−1.88%	0.55%	−3.80%	−4.23%	−3.52%	−3.68%	−5.95%	−4.14%	−3.86%	−5.33%
3	计算值	62.8	2.5017	0.9301	1.0416	1.1757	1.1509	2.2224	60.11	14.34	18.57	26.93	27.41	25.23	24.26	23.41	48.51
	预测值	61.603	2.505	0.921	1.095	1.156	1.136	2.022	58.254	13.792	17.918	25.615	26.127	23.752	22.879	22.158	44.791
	误差	−1.91%	0.13%	−0.98%	5.13%	−1.68%	−1.29%	−9.02%	−3.09%	−3.82%	−3.51%	−4.88%	−4.68%	−5.86%	−5.69%	−5.35%	−7.67%
4	计算值	53.01	3.2682	0.7698	1.0832	1.0133	0.9686	2.9133	47.9	19.96	24.6	32.41	32.77	35.06	31.53	29.23	66.54
	预测值	53.515	3.194	0.773	0.998	0.929	0.913	2.688	45.744	18.548	22.876	30.977	31.319	33.112	30.03	28.094	63.306
	误差	0.95%	−2.27%	0.42%	−7.87%	−8.32%	−5.74%	−7.73%	−4.50%	−7.07%	−7.01%	−4.42%	−4.43%	−5.56%	−4.76%	−3.89%	−4.86%
5	计算值	54.88	2.3227	0.5911	0.6459	0.8433	0.8604	1.9403	44.88	13.57	16.72	22.65	22.85	24.21	22.16	20.5	46.76
	预测值	55.123	2.459	0.657	0.814	0.856	0.856	1.98	45.3	13.186	16.408	22.542	22.769	24.212	21.783	20.184	45.957
	误差	0.44%	5.87%	11.15%	26.03%	1.51%	−0.51%	2.05%	0.94%	−2.83%	−1.87%	−0.48%	−0.35%	0.01%	−1.70%	−1.54%	−1.72%

续表

序号		最高温度（℃）	最大应力（MPa）	B1最大应力（MPa）	B2最大应力（MPa）	B3最大应力（MPa）	B4最大应力（MPa）	I4最大应力（MPa）	最大温降（℃）	B1I1内外温差（℃）	B2I2内外温差（℃）	B3I3内外温差（℃）	B4I3内外温差（℃）	B1温度梯度（℃/m）	B2温度梯度（℃/m）	B3温度梯度（℃/m）	B4温度梯度（℃/m）
6	计算值	50.37	3.125	0.7906	1.0451	1.1108	1.0935	2.9275	44.08	18.25	22.2	29.73	29.99	32.98	29.6	27.37	63.4
	预测值	51.004	2.825	0.873	1.095	1.131	1.107	2.831	42.106	17.49	21.465	28.815	29.02	30.872	28.269	26.059	60.138
	误差	1.26%	−9.60%	10.42%	4.77%	1.82%	1.23%	−3.30%	−4.48%	−4.16%	−3.31%	−3.08%	−3.23%	−6.39%	−4.50%	−4.79%	−5.15%
7	计算值	61.61	3.4144	1.449	1.7082	1.8656	1.8187	3.1733	46.83	17.92	23.1	32.22	32.73	30.42	29.36	27.89	58.46
	预测值	63.077	3.072	1.441	1.747	1.897	1.824	3.04	47.881	17.772	22.871	31.842	32.232	28.918	29.086	27.526	57.985
	误差	2.38%	−10.03%	−0.55%	2.27%	1.68%	0.29%	−4.20%	2.24%	−0.83%	−0.99%	−1.17%	−1.52%	−4.94%	−0.93%	−1.31%	−0.81%
8	计算值	45.52	3.0795	0.7234	0.964	0.9223	0.8914	2.6286	39.32	16.19	20.05	26.42	26.78	28.13	25.38	23.73	52.79
	预测值	45.674	3.027	0.818	0.998	0.837	0.828	2.367	36.633	14.72	18.391	25.366	25.669	26.688	24.263	22.662	50.758
	误差	0.34%	−1.70%	13.08%	3.53%	−9.25%	−7.11%	−9.95%	−6.83%	−9.08%	−8.27%	−3.99%	−4.15%	−5.13%	−4.40%	−4.50%	−3.85%
9	计算值	46.5	2.1986	0.4697	0.6254	0.659	0.6707	1.6111	38.63	8.18	10.91	14.51	14.69	12.98	13.14	12.24	25.88
	预测值	47.177	2.282	0.563	0.656	0.631	0.651	1.511	38.849	8.217	10.373	13.791	13.918	12.969	12.736	12.14	24.962
	误差	1.46%	3.79%	19.86%	4.89%	−4.25%	−2.94%	−6.21%	0.57%	0.45%	−4.92%	−4.96%	−5.26%	−0.08%	−3.07%	−0.82%	−3.55%
10	计算值	25.64	1.6385	0.4386	0.4663	0.6003	0.6179	0.9679	18.55	6.75	8.67	11.75	11.93	11.12	10.8	10.14	21.34
	预测值	24.527	1.47	0.456	0.503	0.539	0.573	0.967	15.412	6.163	7.791	10.638	10.764	11.284	9.888	9.446	19.636
	误差	−4.34%	−10.28%	3.97%	7.87%	−10.21%	−7.27%	−0.09%	−16.92%	−8.70%	−10.14%	−9.46%	−9.77%	1.47%	−8.44%	−6.84%	−7.99%
平均误差		1.58%	4.84%	6.59%	7.78%	4.48%	3.29%	4.68%	4.08%	4.41%	4.56%	3.67%	3.81%	4.33%	4.17%	3.75%	4.71%

由表 10-8 可以看出，所构建的 4 个神经网络预测模型的预测值与各结果参数的平均预测误差中，仅 B1 最大应力和 B2 最大应力预测的平均误差大于 5%，预测其余结果参数的平均误差均小于 5%，最小的平均误差仅 1.58%，将各结果参数的平均误差进行平均计算得出整体的平均误差为 4.42%，满足工程要求。其中最高温度和最大温降值 BP 神经网络预测模型的平均误差为 2.83%；最大应力和 I4 最大应力 BP 神经网络预测模型的平均误差为 4.76%；各表面部位最大应力 BP 神经网络预测模型的平均误差为 5.53%；各部位最大内外温差和温度梯度 BP 神经网络预测模型的平均误差为 4.18%，均满足要求。

10.4 八边形筏板基础温度应力预测模型

10.4.1 数据样本的构建和处理

1. 设置计算方案

八边形筏板风机基础选取混凝土最高温度、最大应力和各表面部位最大应力、内部最大温降值、各部位内外温差共 12 个输出结果作为神经网络训练数据样本的结果数据。与 10.2 节小实心圆盘类型风机基础的处理方法和过程相同，用于构建数据样本的输入参数包括混凝土的弹性模量、线胀系数、导热系数、绝热温升、水泥种类、施工开始时间，年平均气温、气温年较差和风速，各输入参数取值也与 10.2 节相同，如表 10-9 所示。共构建了 864 个计算方案。

表 10-9 八边形筏板用于构建数据样本的各输入参数取值

弹性模量 E_0 (GPa)	线膨胀系数 α (1/℃)	导热系数 λ [kJ/(m·h·℃)]	绝热温升曲线		施工开始日期 τ_0	气温		风速 v (m/s)
			绝热温升 θ (℃)	水泥种类 k		年平均气温 T_{am} (℃)	气温年较差 A_a (℃)	
47.125	7×10^{-6}	5.067	30	425 水泥	3 月 15 日	15	20	1
55.1	11×10^{-6}	7.838	80	525 水泥	5 月 15 日		25	2
		10.6			8 月 15 日			4

2. 数据样本的构建

八边形筏板基础数据样本构建的步骤和自动化程序与小实心圆盘风机基础类似，见图 10-2。最终扩展成为包含 13824 组数据的结果数据样本，如表 10-10 所示，扩展方法与小实心圆盘风机基础类似。在神经网络训练前将输入、输出参数进行归一化和反归一化操作的方法也与 10.2 节相同。

表 10-10　　用于训练的八边形筏板数据样本

序号	施工开始日期	自生体积变形	年平均气温（℃）	气温年较差（℃）	弹性模量（GPa）	泊松比	密度（kg/m³）	线膨胀系数（1/℃）	导热系数[kJ/(m·h·℃)]	导温系数（℃·m²/h）	比热容[kJ/(kg·℃)]	风速（m/s）	绝热温升（℃）	水泥种类	最高温度（℃）	最大应力（MPa）	B1最大应力（MPa）	B2最大应力（MPa）	B3最大应力（MPa）	B4最大应力（MPa）	I4最大应力（MPa）	最大温降（℃）	B1I1内外温差（℃）	B2I2内外温差（℃）	B3I3内外温差（℃）	B4I3内外温差（℃）
1	227	1	20	25	55.1	0.18	2400	11	7.838	0.0034	0.96	4	45	425	64.6	3.6678	0.6776	1.3613	2.5645	1.9015	3.4135	50.26	15.05	14.35	13.69	27.45
2	135	1	20	20	55.1	0.18	2400	7	5.076	0.0022	0.96	1	30	425	51.43	1.8323	0.4658	0.9005	1.6753	0.8077	1.3292	35.15	10.38	9.71	9.39	16.24
3	15	1	15	25	55.1	0.18	2400	11	7.838	0.0034	0.96	1	65	425	52.14	4.3699	0.9474	1.677	3.0022	2.7532	3.9651	42.38	19.92	18.36	17.95	34.86
4	166	1	15	25	47.125	0.18	2400	11	5.076	0.0022	0.96	2	30	525	51.2	2.9394	0.5291	1.6022	2.9478	1.7037	1.9396	41.04	8.69	8.29	7.94	18.21
5	15	1	15	25	55.1	0.18	2400	11	5.076	0.0022	0.96	2	65	525	52.6	4.5193	1.1837	1.606	3.1752	3.9845	4.009	42.14	20.4	19.46	18.62	39.47
6	227	1	15	25	47.125	0.18	2400	7	5.076	0.0022	0.96	4	65	425	78.32	2.8078	0.659	0.5384	1.3311	1.6735	2.7384	66.88	27.13	26.16	24.88	44.88
7	166	1	15	25	47.125	0.18	2400	7	7.838	0.0034	0.96	4	45	425	62.51	1.952	0.4293	0.7836	1.4999	0.9792	1.6388	53.47	14.83	14.14	13.48	26.45
8	319	1	20	25	55.1	0.18	2400	7	7.838	0.0034	0.96	1	45	525	42.4	2.0356	0.5112	0.7902	1.5264	1.6776	1.5702	25.76	10.57	9.76	9.65	23.82
9	105	1	15	25	47.125	0.18	2400	11	10.6	0.0046	0.96	4	30	425	40.52	2.6198	0.4747	1.5807	2.6602	0.8654	1.5721	33.82	7.81	7.39	7.07	14.86
10	319	1	20	25	55.1	0.18	2400	11	10.6	0.0046	0.96	4	80	425	68.05	5.0235	0.8521	1.2955	2.4616	3.1155	5.0235	52.08	23.93	22.58	21.67	45.86
11	105	1	15	20	55.1	0.18	2400	11	5.076	0.0022	0.96	1	45	525	53.29	3.4396	0.8345	1.5138	2.741	2.6625	2.6609	42.7	13.15	12.37	11.95	25.29
12	288	1	15	20	47.125	0.18	2400	11	7.838	0.0034	0.96	1	45	525	44.35	2.5374	0.602	0.9759	1.8279	2.263	2.2571	31.49	10.63	9.83	9.71	24.2
13	45	1	20	25	55.1	0.18	2400	7	7.838	0.0034	0.96	2	65	425	60.69	2.7582	0.6652	0.9676	1.8122	1.7223	2.4826	47.08	21	19.66	18.95	36.61
14	288	1	20	20	47.125	0.18	2400	11	5.076	0.0022	0.96	4	65	525	67.19	3.9197	0.9962	0.8163	1.9443	3.6404	3.8084	48.52	21.4	20.69	19.65	43.51
15	105	1	15	25	47.125	0.18	2400	11	7.838	0.0034	0.96	1	45	525	51.28	3.029	0.6776	1.6385	2.789	1.833	2.0531	43.27	10.14	9.38	9.23	21.11
16	105	1	20	20	55.1	0.18	2400	11	7.838	0.0034	0.96	2	65	525	69.87	3.7273	0.9201	1.396	2.4344	3.3035	3.4474	55.13	15.94	15	14.49	34.05
17	258	1	15	25	47.125	0.18	2400	7	5.076	0.0022	0.96	4	30	425	41.89	1.6746	0.4019	0.5916	1.3406	0.8669	1.4316	29.27	11.73	11.3	10.78	21.38
18	349	1	15	20	47.125	0.18	2400	7	7.838	0.0034	0.96	1	30	525	26.24	1.3031	0.3481	0.5699	1.0758	0.9332	0.8192	14.6	6.63	6.12	6.05	15.21
19	227	1	20	25	47.125	0.18	2400	7	7.838	0.0034	0.96	2	30	425	53.11	1.4254	0.3588	0.6475	1.2498	0.6913	1.1736	38.98	9.1	8.53	8.25	16.98
20	288	1	20	20	55.1	0.18	2400	11	10.6	0.0046	0.96	2	80	425	75.57	4.8307	0.9296	1.0383	2.0763	3.1908	4.8307	58.19	22.62	20.98	20.43	43.19
21	227	1	15	25	55.1	0.18	2400	11	10.6	0.0046	0.96	1	80	525	79.56	4.1097	0.9397	1.4916	2.6014	3.8167	4.1097	69.93	16.18	14.76	14.79	37.64
22	349	1	15	25	47.125	0.18	2400	11	10.6	0.0046	0.96	2	30	425	23.38	2.4708	0.4375	1.3072	2.1679	0.9668	1.603	13.29	7.62	7.06	6.89	14.73
23	74	1	20	25	55.1	0.18	2400	7	5.076	0.0022	0.96	1	65	525	67.43	2.7921	0.7942	1.0323	1.978	2.4569	2.2905	52.26	19.72	18.58	17.89	37.19
24	288	1	15	20	55.1	0.18	2400	7	7.838	0.0034	0.96	1	80	425	73.71	3.0842	0.7943	0.465	1.2609	2.2646	3.0842	60.59	25.12	23.16	22.66	44.62

续表

序号	施工开始日期	自生体积变形	年平均气温（℃）	气温年较差（℃）	弹性模量（GPa）	泊松比	密度（kg/m³）	线膨胀系数（1/℃）	导热系数[kJ/(m·h·℃)]	导温系数（℃·m²/h）	比热容[kJ/(kg·℃)]	风速（m/s）	绝热温升（℃）	水泥种类	最高温度（℃）	最大应力（MPa）	B1最大应力（MPa）	B2最大应力（MPa）	B3最大应力（MPa）	B4最大应力（MPa）	I4最大应力（MPa）	最大温降（℃）	B1I1内外温差（℃）	B2I2内外温差（℃）	B3I3内外温差（℃）	B4I3内外温差（℃）
…	…	…	…	…	…	…	…	…	…	…	…	…	…	…	…	…	…	…	…	…	…	…	…	…	…	…
13801	349	1	20	25	47.125	0.18	2400	11	10.6	0.0046	0.96	1	30	525	27.29	2.4194	0.463	1.322	2.1677	1.1962	1.341	12.03	5.43	4.94	5	13.13
13802	319	1	15	25	47.125	0.18	2400	7	7.838	0.0034	0.96	1	45	425	39.37	1.8734	0.4537	0.6366	1.2802	1.0667	1.532	27.72	13.56	12.47	12.22	24.5
13803	74	1	20	25	47.125	0.18	2400	11	5.076	0.0022	0.96	1	30	425	40.89	3.0563	0.5221	1.6438	3.0181	1.0794	1.723	26.48	10.37	9.74	9.35	16.23
13804	288	1	20	20	55.1	0.18	2400	11	7.838	0.0034	0.96	4	65	425	66.53	4.5787	0.8787	0.8841	2.0156	2.7616	4.5089	48.76	22.36	21.32	20.33	40.25
13805	349	1	20	25	47.125	0.18	2400	11	7.838	0.0034	0.96	2	30	425	29.37	2.7251	0.4693	1.3613	2.3831	1.063	1.7851	13.89	8.94	8.37	8.09	16.21
13806	45	1	20	20	47.125	0.18	2400	11	7.838	0.0034	0.96	4	45	425	47.03	2.9452	0.5666	1.1731	2.1153	1.524	2.4612	32.28	14.73	14.05	13.38	25.99
13807	319	1	20	25	55.1	0.18	2400	7	10.6	0.0046	0.96	1	45	425	42.88	1.9349	0.4795	0.7476	1.3582	1.1253	1.6031	26.79	11.41	10.35	10.3	21.85
13808	319	1	15	25	55.1	0.18	2400	11	5.076	0.0022	0.96	4	80	425	69.99	6.1266	1.2921	0.9536	2.666	3.7197	6.1266	57.35	33.67	32.47	30.88	54.75
13809	15	1	15	20	55.1	0.18	2400	11	10.6	0.0046	0.96	2	30	525	25.15	2.3143	0.4952	1.2887	2.1328	1.3632	1.463	14.82	5.6	5.22	5.11	13.29
13810	349	1	20	20	55.1	0.18	2400	7	5.076	0.0022	0.96	4	80	425	74.69	3.5776	0.9015	0.573	1.2235	2.3482	3.5776	57.41	33.52	32.33	30.74	54.17
13811	227	1	20	25	55.1	0.18	2400	11	7.838	0.0034	0.96	4	30	425	53.01	2.8135	0.5279	1.4289	2.5562	1.2646	2.4502	39.01	9.56	9.11	8.7	17.81
13812	196	1	20	20	55.1	0.18	2400	11	10.6	0.0046	0.96	1	45	525	60.96	2.6367	0.6246	1.2385	2.0737	2.0882	2.3272	45.01	8.67	7.91	7.95	20.56
13813	105	1	20	20	55.1	0.18	2400	7	5.076	0.0022	0.96	2	80	425	88.8	3.3895	0.9315	0.6112	1.4213	2.3594	3.3895	72.68	32.21	30.6	29.29	51.02
13814	74	1	15	25	55.1	0.18	2400	11	5.076	0.0022	0.96	2	30	425	35.81	3.6072	0.6161	1.9129	3.5461	1.2526	2.0714	26.49	10.78	10.25	9.8	16.97
13815	258	1	20	25	47.125	0.18	2400	11	5.076	0.0022	0.96	2	80	525	85.01	4.6963	1.2399	1.0192	2.5415	4.364	4.6963	66.16	26.01	24.82	23.76	51.97
13816	15	1	20	20	47.125	0.18	2400	7	10.6	0.0046	0.96	1	30	425	31.73	1.2817	0.3267	0.5974	1.0431	0.5824	0.8063	16.44	7.09	6.44	6.4	13.42
13817	74	1	15	20	55.1	0.18	2400	7	7.838	0.0034	0.96	1	65	425	62.7	2.5273	0.6775	0.7558	1.4292	1.7459	2.3753	52.37	19.92	18.4	17.94	34.81
13818	135	1	20	20	47.125	0.18	2400	11	7.838	0.0034	0.96	1	45	525	59.5	2.6679	0.5867	1.3294	2.2172	1.8824	2.1029	43.78	10.17	9.39	9.28	21.49
13819	349	1	15	20	47.125	0.18	2400	7	10.6	0.0046	0.96	1	80	525	59.12	2.2255	0.5719	0.5444	1.052	2.073	1.9483	47.85	16.04	14.65	14.66	36.91
13820	135	1	15	25	55.1	0.18	2400	7	5.076	0.0022	0.96	1	65	525	74.36	2.7847	0.7875	1.0881	2.0563	2.4462	2.4838	63.37	19.6	18.41	17.84	36.85
13821	227	1	20	20	55.1	0.18	2400	11	7.838	0.0034	0.96	2	80	425	90.05	5.3559	1.0943	0.9732	2.2013	3.475	5.3559	73.45	26.57	24.87	23.99	47.3
13822	349	1	20	20	55.1	0.18	2400	7	7.838	0.0034	0.96	1	45	525	42.11	1.8319	0.5089	0.6627	1.2902	1.5914	1.4447	25.44	10.46	9.67	9.54	23.06
13823	135	1	15	20	47.125	0.18	2400	11	5.076	0.0022	0.96	1	80	525	84.63	4.1747	1.2331	1.2244	2.3403	4.0529	4.1747	72.13	24.64	23.17	22.41	46.44
13824	45	1	20	25	55.1	0.18	2400	7	7.838	0.0034	0.96	2	45	525	43.11	2.2281	0.5175	1.0443	1.8826	1.449	1.4438	29.58	10.56	9.94	9.61	22.46

10.4.2 BP 神经网络结构设计

BP 神经网络参数设计、BP 神经网络的搭建与训练的方法与过程均与 10.2 节基本相同，唯一的区别是由于结构的关系，表面温度梯度输出不稳定，所以输出参数不包括 4 个表面部位的温度梯度结果，故输出层神经元数量共需 12 个。

八边形筏板基础也建立了与 10.2 节相同的 4 个适用不同部位的模型，即最高温度和最大温降值 BP 神经网络预测模型、最大应力和 I4 最大应力 BP 神经网络预测模型、各表面部位最大应力 BP 神经网络预测模型、各部位最大内外温差和温度梯度 BP 神经网络预测模型，经过多次实验，选出了 4 个 BP 神经网络预测模型的最优结构参数，见表 10-11，八边形筏板基础各分区示意图如图 10-12 所示。

表 10-11　　八边形筏板基础各 BP 神经网络预测模型结构参数

名　称	神经元个数			
	输入层	隐含层 1	隐含层 2	输出层
最高温度和最大温降值 BP 神经网络预测模型	14	10	8	2
最大应力和 I4 最大应力 BP 神经网络预测模型	14	10	8	2
各表面部位最大应力 BP 神经网络预测模型	14	14	8	4
各部位最大内外温差 BP 神经网络预测模型	14	11	8	4

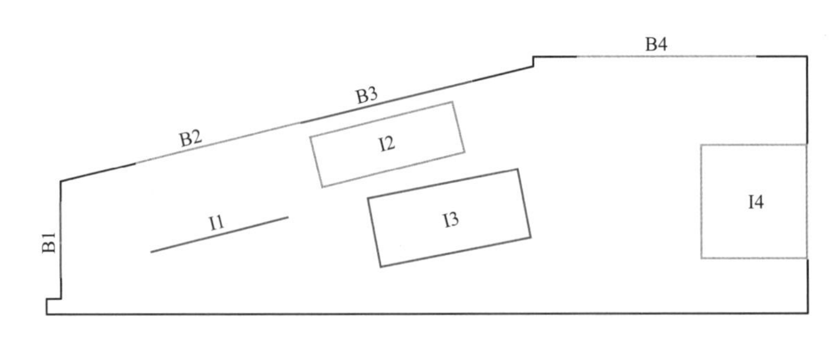

图 10-12　八边形筏板风机基础分区示意图

将数据样本导入所搭建的 4 个 BP 神经网络中进行训练，经过多次试验选出了 4 个 BP 神经网络预测模型的最优训练参数，其中最高温度和最大温降值 BP 神经网络预测模型每次喂入神经网络的数据量 batch 为 12，迭代次数 epoch 为 80，数据集中测试集的划分比例为 0.2；最大应力和 I4 最大应力 BP 神经网络预测模型每次喂入神经网络的数据量 batch 为 12，迭代次数 epoch 为 100，数据集中测试集的划分比例为 0.2；各表面部位

最大应力 BP 神经网络预测模型每次喂入神经网络的数据量 batch 为 12，迭代次数 epoch 为 200，数据集中测试集的划分比例为 0.2；各部位最大内外温差 BP 神经网络预测模型每次喂入神经网络的数据量 batch 为 12，迭代次数 epoch 为 200，数据集中测试集的划分比例为 0.2。

经过对 4 个 BP 神经网络预测模型的训练，得到了误差随迭代次数的变化曲线，如图 10-13～图 10-16 所示。

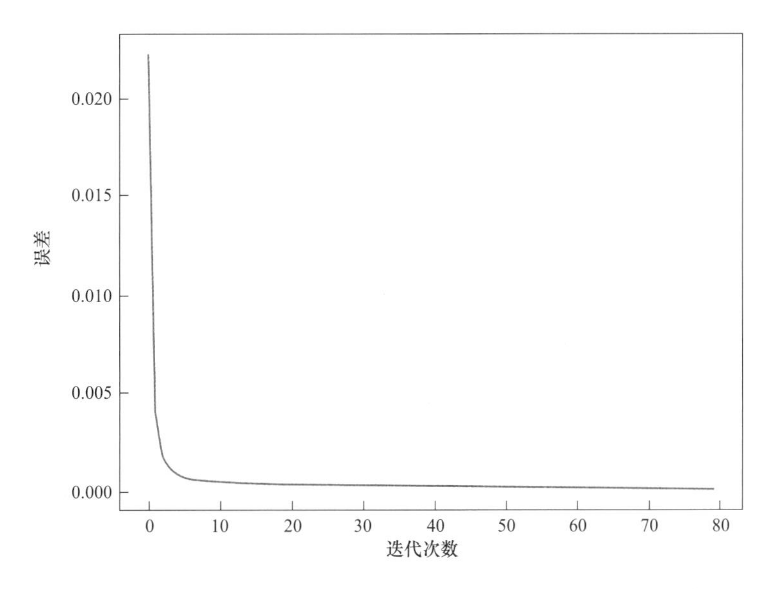

图 10-13　最高温度和最大温降值 BP 神经网络预测模型误差随迭代次数变化曲线

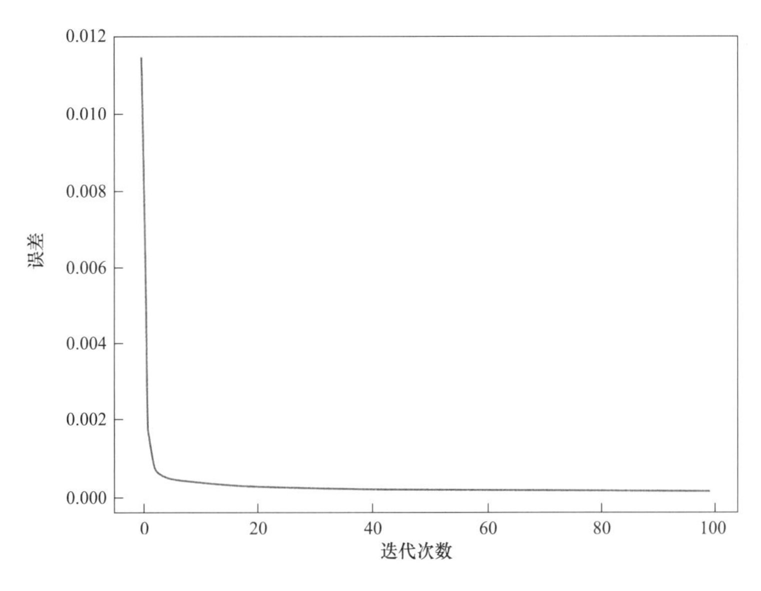

图 10-14　最大应力和 I4 最大应力 BP 神经网络预测模型误差随迭代次数变化曲线

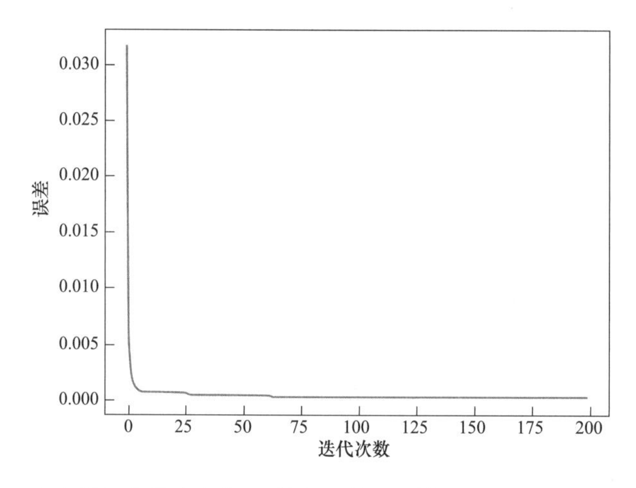

图 10-15　各表面部位最大应力 BP 神经网络预测模型误差随迭代次数变化曲线

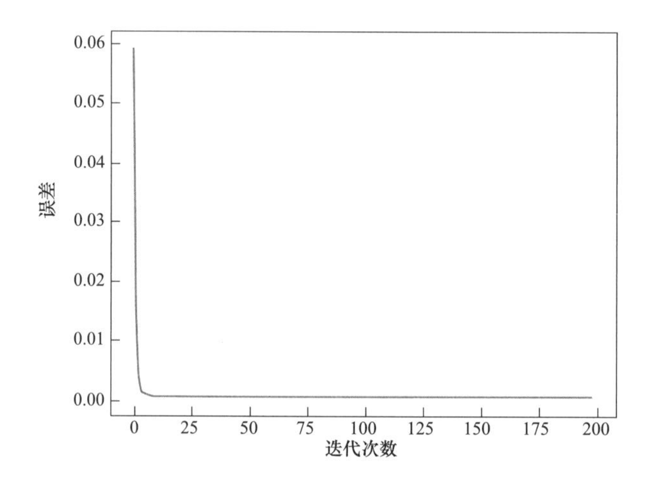

图 10-16　各部位最大内外温差 BP 神经网络预测模型误差随迭代次数变化曲线

由图 10-13～图 10-16 可以发现，4 个 BP 神经网络随着训练迭代进程误差迅速下降，在结束训练时误差均小于 0.001，说明此时 BP 神经网络的预测值与训练样本中测试集的结果十分接近。

10.4.3　八边形筏板基础 BP 神经网络预测模型检验

为验证已经训练完成的 4 个八边形筏板基础 BP 神经网络预测模型预测的准确性，随机生成了 10 组参数，并对每组参数进行有限元温度应力仿真模拟计算，其中各参数均在合理范围内随机获得，且这 10 组参数均未参与神经网络的训练。将 BP 神经网络预测值与有限元仿真模拟计算值进行比较，得出所训练出的 BP 神经网络的误差，误差分析见表 10-12。

表 10-12　八边形筏板基础 BP 神经网络预测模型误差分析

序号		最高温度（℃）	最大应力（MPa）	B1 最大应力（MPa）	B2 最大应力（MPa）	B3 最大应力（MPa）	B4 最大应力（MPa）	I4 最大应力（MPa）	最大温降（℃）	B1I1 内外温差（℃）	B2I2 内外温差（℃）	B3I3 内外温差（℃）	B4I3 内外温差（℃）
1	计算值	36.06	1.4956	0.4543	0.7221	1.3933	1.1812	1.1259	23.43	9.44	9.12	8.6	19.93
	预测值	36.282	1.557	0.506	0.699	1.35	1.194	1.135	23.131	8.213	7.757	7.52	19.312
	误差	0.62%	4.11%	11.38%	−3.20%	−3.11%	1.08%	0.81%	−1.28%	−13.00%	−14.95%	−12.56%	−3.10%
2	计算值	56.6	3.0333	0.739	1.049	1.9805	1.9266	3.0333	47.49	15.27	14.27	13.8	26
	预测值	56.486	3.113	0.667	1.014	1.959	1.993	3.009	46.908	14.997	14.15	13.582	27.126
	误差	−0.20%	2.63%	−9.74%	−3.34%	−1.09%	3.45%	−0.80%	−1.23%	−1.79%	−0.84%	−1.58%	4.33%
3	计算值	42.78	1.7	0.5099	0.8241	1.3784	1.5403	1.7	33.87	7.09	6.68	6.47	16.68
	预测值	43.003	1.92	0.42	0.898	1.39	1.607	1.71	33.109	7.411	7.014	6.796	17.073
	误差	0.52%	12.94%	−17.63%	8.97%	0.84%	4.33%	0.59%	−2.25%	4.53%	5.00%	5.04%	2.36%
4	计算值	48.4	3.7399	0.7633	2.2523	3.7232	1.2383	2.2309	43.73	9.44	8.63	8.54	16.31
	预测值	45.573	3.591	0.603	2.045	3.49	1.256	2.232	41.241	9.329	8.836	8.478	17.16
	误差	−5.84%	−3.98%	−21.00%	−9.20%	−6.26%	1.43%	0.05%	−5.69%	−1.18%	2.39%	−0.73%	5.21%
5	计算值	64.36	3.8939	0.9361	0.6113	1.5407	2.6331	3.8939	52.05	21.85	20.46	19.7	37.35
	预测值	62.291	3.898	0.816	0.913	1.927	2.533	3.837	47.865	20.41	19.264	18.532	35.428
	误差	−3.21%	0.11%	−12.83%	49.35%	25.07%	−3.80%	−1.46%	−8.04%	−6.59%	−5.85%	−5.93%	−5.15%
6	计算值	56.71	1.4411	0.5045	0.3838	0.6512	1.4203	1.3711	38.62	11.54	11.01	10.52	24.38
	预测值	58.529	1.419	0.472	0.435	0.849	1.394	1.317	40.939	10.448	9.827	9.541	25.125
	误差	3.21%	−1.53%	−6.44%	13.34%	30.37%	−1.85%	−3.95%	6.00%	−9.46%	−10.74%	−9.31%	3.06%

续表

序号		最高温度（℃）	最大应力（MPa）	B1 最大应力（MPa）	B2 最大应力（MPa）	B3 最大应力（MPa）	B4 最大应力（MPa）	I4 最大应力（MPa）	最大温降（℃）	B1I1 内外温差（℃）	B2I2 内外温差（℃）	B3I3 内外温差（℃）	B4I3 内外温差（℃）
7	计算值	78. 64	3. 63	0. 8046	0. 9253	1. 7052	2. 4634	3. 63	72. 6	24. 54	22. 84	22. 14	44. 14
	预测值	81. 86	3. 476	0. 687	0. 911	1. 725	2. 332	3. 516	72. 734	23. 263	22. 031	21. 117	44. 716
	误差	4. 09%	−4. 24%	−14. 62%	−1. 55%	1. 16%	−5. 33%	−3. 14%	0. 18%	−5. 20%	−3. 54%	−4. 62%	1. 30%
8	计算值	55. 2	1. 9406	0. 5615	0. 4494	0. 9348	1. 878	1. 9406	44. 62	11. 97	11. 35	10. 9	27. 36
	预测值	54. 713	1. 962	0. 521	0. 55	0. 965	1. 866	1. 86	43. 048	11. 728	11. 016	10. 703	28. 147
	误差	−0. 88%	1. 10%	−7. 21%	22. 39%	3. 23%	−0. 64%	−4. 15%	−3. 52%	−2. 02%	−2. 94%	−1. 81%	2. 88%
9	计算值	48. 35	2. 4134	0. 6806	0. 7128	1. 3081	2. 3855	2. 4134	37. 95	12. 43	11. 84	11. 29	28. 38
	预测值	49. 443	2. 613	0. 622	0. 937	1. 544	2. 295	2. 322	38. 723	12. 103	11. 364	11. 043	28. 987
	误差	2. 26%	8. 27%	−8. 61%	31. 45%	18. 03%	−3. 79%	−3. 79%	2. 04%	−2. 63%	−4. 02%	−2. 19%	2. 14%
10	计算值	39. 16	1. 5345	0. 4121	0. 8343	1. 4641	0. 84	1. 1821	26. 45	8. 8	8. 1	7. 94	16. 17
	预测值	40. 967	1. 615	0. 396	0. 826	1. 492	0. 775	1. 203	27. 931	8. 237	7. 817	7. 499	14. 885
	误差	4. 61%	5. 25%	−3. 91%	−0. 99%	1. 91%	−7. 74%	1. 77%	5. 60%	−6. 40%	−3. 49%	−5. 55%	−7. 95%
平均误差		2. 55%	4. 42%	11. 34%	14. 38%	9. 11%	3. 34%	2. 05%	3. 58%	5. 28%	5. 38%	4. 93%	3. 75%

由表 10-12 可以看出，所构建的 4 个神经网络预测模型的预测值与各结果参数的平均预测误差中，各部位表面最大应力预测的平均误差较大，预测其余结果参数的平均误差均较小，最小的平均误差仅 2.55%，将各结果参数的平均误差进行平均计算得出整体的平均误差为 5.84%，满足工程要求。其中最高温度和最大温降值 BP 神经网络预测模型的平均误差为 3.06%；最大应力和 I4 最大应力 BP 神经网络预测模型的平均误差为 3.23%；各表面部位最大应力 BP 神经网络预测模型的平均误差为 9.54%；各部位最大内外温差 BP 神经网络预测模型的平均误差为 5.84%，均满足要求。

10.5 大实心圆盘基础温度应力预测模型

10.5.1 数据样本的构建和处理

1. 设置计算方案

大实心圆盘方案根据混凝土材料构成情况在 10.2 节小实心圆盘类型的基础上进行了简化，主要为：C35 和 C50 两种混凝土的标号维持不变，因此弹性模量、泊松比、比热容、密度等影响因素按照参考工程的实际参数取固定值，由于在实际工程中不同标号混凝土的骨料种类一般不会改变，故 C35 和 C50 混凝土取同一种线膨胀系数。结合参照工程的实际情况，最终确定输入参数为混凝土的线膨胀系数、导热系数、导温系数、年平均气温、气温年较差、风速和施工开始日期，绝热温升、水泥种类和弹性模量均作为固定参数纳入。各输入参数取值如表 10-13 所示，简化后需要构建 324 个计算方案。

表 10-13 大实心圆盘用于构建数据样本的各输入参数取值

线膨胀系数 α（1/℃）	导热系数 λ [kJ/(m·h·℃)]		施工开始日期 τ_c	气温		风速 v（m/s）
	C35 混凝土	C50 混凝土		年平均气温 T_{am}(℃)	气温年较差 A_a(℃)	
7×10^{-6}	5.067	5.067	3 月 15 日	15	20	1
11×10^{-6}	7.838	7.838	5 月 15 日		25	2
	10.6	10.6	8 月 15 日			4

2. 数据样本的构建

大实心圆盘基础数据样本构建的步骤和自动化程序与小实心圆盘风机基础类似，见图 10-2。最终扩展成为包含 2592 组数据的结果数据样本，如表 10-14 所示，扩展方法与小实心圆盘风机基础类似（仅对施工开始日期和年平均气温进行扩展）。在神经网络训练前将输入、输出参数进行归一化和反归一化操作的方法也与 10.2 节相同。

表 10-14　　用于训练的大实心圆盘数据样本

序号	施工开始日期	年平均气温(℃)	气温年较差(℃)	C35弹性模量(GPa)	C50弹性模量(GPa)	线膨胀系数(1/℃)	C35导热系数[kJ/(m·h·℃)]	C50导热系数[kJ/(m·h·℃)]	C35导温系数(℃·m²/h)	C50导温系数(℃·m²/h)	风速(m/s)	C35绝热温升(℃)	C50绝热温升(℃)	最高温度(℃)	最大应力(MPa)	B1最大应力(MPa)	B2最大应力(MPa)	B3最大应力(MPa)	B4最大应力(MPa)	I4最大应力(MPa)	最大温降(℃)	B1I1内外温差(℃)	B2I2内外温差(℃)	B3I3内外温差(℃)	B4I3内外温差(℃)	B1温度梯度(℃/m)	B2温度梯度(℃/m)	B3温度梯度(℃/m)	B4温度梯度(℃/m)
1	166	15	20	45.675	50.025	11	10.6	0.0046	7.838	0.0034	2	64.38	75.75	80.77	3.0569	1.4153	2.2654	2.5406	2.386	3.0036	63.75	16.5	26.5	41.08	39.95	23.18	21.63	25.66	52.25
2	74	15	25	45.675	50.025	11	7.838	0.0034	10.6	0.0046	1	64.38	75.75	65.3	2.8887	1.5167	2.4566	2.4051	2.0949	2.7871	52.29	17.13	26.81	35.54	33.22	23.94	21.88	22.65	39.64
3	288	20	20	45.675	50.025	11	5.076	0.0022	7.838	0.0034	4	64.38	75.75	72.36	3.5632	1.7398	2.7458	2.5978	2.3469	3.5632	50.36	26.82	37.33	45.48	44.16	34.4	29.9	29.49	57.96
4	166	20	25	45.675	50.025	7	7.838	0.0034	5.076	0.0022	2	64.38	75.75	90.78	2.2434	1.0422	1.5735	1.7946	1.7154	2.1408	68.57	19.44	29.59	45.91	45.09	26.59	24.29	30.3	64.3
5	135	20	25	45.675	50.025	7	7.838	0.0034	10.6	0.0046	1	64.38	75.75	82.69	2.0572	0.9993	1.5828	1.5402	1.3413	1.8567	63	16.66	26.38	35.81	33.47	24.01	22.01	22.78	39.87
6	166	20	25	45.675	50.025	7	7.838	0.0034	7.838	0.0034	2	64.38	75.75	89.27	2.1459	1.037	1.6099	1.6625	1.5162	2.0281	67.98	19.44	29.59	41.68	40.26	26.36	24	26.54	52.18
7	166	20	20	45.675	50.025	7	10.6	0.0046	5.076	0.0022	2	64.38	75.75	87.39	2.1789	0.9636	1.4557	1.7636	1.7249	2.0261	64.58	16.5	26.5	45.14	44.59	23.42	21.92	29.43	64.4
8	74	15	20	45.675	50.025	11	5.076	0.0022	7.838	0.0034	4	64.38	75.75	68.07	3.1893	1.6701	2.5762	2.4741	2.2424	3.1893	53.43	25.57	35.22	42.71	41.42	32.4	28.07	27.89	55.02
9	166	15	25	45.675	50.025	7	10.6	0.0046	5.076	0.0022	4	64.38	75.75	84.61	2.2669	0.9358	1.4309	1.6683	1.6635	1.9432	67.76	18.67	28.7	46.46	46.05	24.56	22.73	30.41	67.85
10	45	15	20	45.675	50.025	7	10.6	0.0046	5.076	0.0022	2	64.38	75.75	62.76	2.1088	0.9536	1.4372	1.7447	1.7064	1.8809	48.92	16.23	25.95	44	43.46	22.92	21.42	28.84	63.15
11	349	20	25	45.675	50.025	11	7.838	0.0034	7.838	0.0034	4	64.38	75.75	59.95	3.2537	1.5293	2.4425	2.5112	2.341	3.2474	41.23	21.75	32.03	43.64	42.6	28.05	25.26	27.7	56.64
12	45	15	25	45.675	50.025	7	10.6	0.0046	10.6	0.0046	1	64.38	75.75	58.08	2.0679	0.9295	1.468	1.5253	1.3505	1.6508	46.03	14.02	23.41	35.05	33.12	21.06	19.67	21.79	39.75
13	15	20	20	45.675	50.025	7	5.076	0.0022	7.838	0.0034	1	64.38	75.75	65.22	2.1121	1.1845	1.8699	1.7325	1.5216	1.9032	46.21	21.97	32.07	40.62	38.34	29.92	26.52	26.82	48.13
14	105	15	25	45.675	50.025	11	10.6	0.0046	10.6	0.0046	2	64.38	75.75	71.96	2.8098	1.3661	2.2131	2.3173	2.1028	2.8098	59.04	16.02	25.57	36.59	35.03	22.18	20.61	22.59	43.24
15	45	20	25	45.675	50.025	7	5.076	0.0022	5.076	0.0022	2	64.38	75.75	67.53	2.1436	1.1465	1.7135	1.8047	1.6773	2.0964	49.55	23.42	33.15	45.36	44.23	30.97	27.23	30.81	62.76
16	227	15	20	45.675	50.025	7	7.838	0.0034	5.076	0.0022	2	64.38	75.75	81.45	2.265	1.0767	1.6453	1.851	1.7674	2.1776	62.82	20.07	30.68	47.67	46.85	27.5	25.16	31.24	66.2
17	135	15	25	45.675	50.025	11	5.076	0.0022	10.6	0.0046	2	64.38	75.75	78.8	3.3518	1.679	2.731	2.4062	2.0854	3.3518	63.79	23.2	32.96	38.09	35.79	30.59	26.83	24.88	43.6
18	349	15	20	45.675	50.025	11	7.838	0.0034	7.838	0.0034	4	64.38	75.75	58.25	3.1627	1.5313	2.4431	2.5089	2.3372	3.1563	43.74	21.79	32.08	43.63	42.59	28.06	25.26	27.69	56.63
19	15	15	25	45.675	50.025	7	10.6	0.0046	5.076	0.0022	4	64.38	75.75	55.94	2.1523	0.9377	1.4343	1.672	1.6674	1.7455	43.21	18.5	28.41	45.89	45.49	24.29	22.48	30.11	67.2
20	258	15	25	45.675	50.025	11	5.076	0.0022	7.838	0.0034	1	64.38	75.75	74.27	3.6058	1.8512	3.0477	2.8297	2.491	3.6297	56.48	22.88	33.8	43.02	40.67	31.56	28.08	28.14	50.42
21	349	20	20	45.675	50.025	7	5.076	0.0022	10.6	0.0046	4	64.38	75.75	63.75	2.1831	1.1315	1.8432	1.5368	1.3411	2.0597	43.82	26.21	36.34	40.97	39.24	33.4	28.96	26.35	48.92
22	227	20	25	45.675	50.025	7	7.838	0.0034	10.6	0.0046	1	64.38	75.75	86.06	2.13	1.0753	1.7488	1.6346	1.4186	2.0078	64.63	17.87	28.5	38.3	35.88	25.67	23.59	24.18	42.22
23	45	15	25	45.675	50.025	7	5.076	0.0022	10.6	0.0046	4	64.38	75.75	59.98	2.1462	1.096	1.7535	1.492	1.3039	2.0056	47.56	25.28	34.86	39.41	37.73	32.11	27.8	25.41	47.27
24	105	15	25	45.675	50.025	11	5.076	0.0022	7.838	0.0034	1	64.38	75.75	75.51	3.2743	1.7165	2.7122	2.6199	2.3142	3.1782	61.58	21.42	31.12	39.45	37.21	29.1	25.75	26.16	47.01

续表

序号	施工开始日期	年平均气温(℃)	气温年较差(℃)	C35弹性模量(GPa)	C50弹性模量(GPa)	线膨胀系数(1/℃)	C35导热系数[kJ/(m·h·℃)]	C50导热系数[kJ/(m·h·℃)]	C35导温系数(℃·m²/h)	C50导温系数(℃·m²/h)	风速(m/s)	C35绝热温升(℃)	C50绝热温升(℃)	最高温度(℃)	最大应力(MPa)	B1最大应力(MPa)	B2最大应力(MPa)	B3最大应力(MPa)	B4最大应力(MPa)	I4最大应力(MPa)	最大温降(℃)	B1I1内外温差(℃)	B2I2内外温差(℃)	B3I3内外温差(℃)	B4I3内外温差(℃)	B1温度梯度(℃/m)	B2温度梯度(℃/m)	B3温度梯度(℃/m)	B4温度梯度(℃/m)
…	…	…	…	…	…	…	…	…	…	…	…	…	…	…	…	…	…	…	…	…	…	…	…	…	…	…	…	…	…
2569	135	20	25	45.675	50.025	11	10.6	0.0046	10.6	0.0046	2	64.38	75.75	81.41	2.9316	1.3554	2.2039	2.3226	2.1144	2.9316	61.96	15.85	25.46	36.9	35.33	22.31	20.76	22.75	43.54
2570	15	20	25	45.675	50.025	11	7.838	0.0034	7.838	0.0034	1	64.38	75.75	60.99	2.9848	1.5453	2.4962	2.6401	2.3957	2.9749	42.93	17.15	27.09	39.58	37.81	24.69	22.68	25.29	47.92
2571	15	15	20	45.675	50.025	11	5.076	0.0022	7.838	0.0034	4	64.38	75.75	59.62	3.2691	1.6856	2.6254	2.5148	2.2791	3.2691	45.89	25.81	35.69	43.47	42.17	32.93	28.57	28.33	55.82
2572	15	15	25	45.675	50.025	11	7.838	0.0034	7.838	0.0034	2	64.38	75.75	55.67	3.0584	1.5473	2.4634	2.5889	2.3785	3.0583	42.71	19.27	29.27	41.18	39.77	26.07	23.72	26.28	51.68
2573	349	15	20	45.675	50.025	11	7.838	0.0034	5.076	0.0022	4	64.38	75.75	59.9	3.4884	1.5408	2.375	2.7024	2.6378	3.3616	44.94	21.79	32.08	47.79	47.21	28.21	25.46	31.64	68.5
2574	349	20	25	45.675	50.025	7	10.6	0.0046	7.838	0.0034	2	64.38	75.75	59.34	2.1297	0.9723	1.5216	1.6656	1.5529	1.8505	40.47	16.56	26.64	41.46	40.33	23.37	21.82	25.86	52.64
2575	196	15	25	45.675	50.025	7	5.076	0.0022	5.076	0.0022	2	64.38	75.75	86.81	2.4097	1.1833	1.7926	1.8627	1.7304	2.3593	68.21	24.43	34.88	47.97	46.81	32.55	28.69	32.21	65.51
2576	135	15	20	45.675	50.025	11	10.6	0.0046	5.076	0.0022	2	64.38	75.75	77.82	3.3442	1.3871	2.1451	2.6949	2.6608	3.1818	61.3	16.04	25.76	44.12	43.58	22.93	21.45	28.89	63.26
2577	349	15	25	45.675	50.025	7	10.6	0.0046	7.838	0.0034	2	64.38	75.75	54.34	2.1297	0.9723	1.5216	1.6656	1.5529	1.8505	40.47	16.56	26.64	41.46	40.33	23.37	21.82	25.86	52.64
2578	166	15	25	45.675	50.025	11	7.838	0.0034	7.838	0.0034	2	64.38	75.75	84.27	3.2747	1.5437	2.4556	2.5828	2.3729	3.2705	67.98	19.44	29.59	41.68	40.26	26.36	24	26.54	52.18
2579	227	15	20	45.675	50.025	11	10.6	0.0046	7.838	0.0034	1	64.38	75.75	79.22	3.086	1.45	2.3615	2.6623	2.4682	3.0313	61.56	14.75	24.9	40.74	39.32	22.69	21.32	25.3	49.8
2580	196	20	20	45.675	50.025	7	7.838	0.0034	7.838	0.0034	4	64.38	75.75	86.27	2.2027	1.0267	1.6054	1.6122	1.4904	2.063	63.17	21.94	32.34	44.01	42.97	28.3	25.48	27.9	57.04
2581	105	15	20	45.675	50.025	11	7.838	0.0034	5.076	0.0022	1	64.38	75.75	75.36	3.1895	1.5255	2.3869	2.823	2.6855	3.0771	59.7	17.05	26.81	43.15	42.13	24.7	22.74	28.6	59.18
2582	74	20	25	45.675	50.025	11	10.6	0.0046	10.6	0.0046	4	64.38	75.75	68.63	2.844	1.3546	2.227	2.2469	2.0698	2.844	50.96	18.37	28.05	38.26	37.1	23.54	21.66	23.51	47.06
2583	166	20	25	45.675	50.025	7	10.6	0.0046	10.6	0.0046	2	64.38	75.75	87.07	2.1457	0.9487	1.5039	1.5315	1.3776	1.856	66.52	16.43	26.38	37.88	36.28	22.93	21.34	23.3	44.53
2584	349	20	20	45.675	50.025	11	10.6	0.0046	7.838	0.0034	1	64.38	75.75	62.95	2.8633	1.4296	2.3218	2.6301	2.4391	2.8201	43.06	14.47	24.33	39.74	38.34	22.18	20.82	24.78	48.81
2585	288	15	20	45.675	50.025	11	10.6	0.0046	7.838	0.0034	2	64.38	75.75	65.64	3.1568	1.4675	2.3658	2.6317	2.4715	3.1001	48.53	16.94	27.36	42.61	41.48	23.98	22.41	26.47	53.87
2586	45	15	25	45.675	50.025	11	7.838	0.0034	10.6	0.0046	1	64.38	75.75	58.92	2.8919	1.5101	2.458	2.4166	2.1111	2.8189	47.02	16.94	26.65	35.7	33.37	24	21.96	22.73	39.78
2587	105	15	25	45.675	50.025	7	10.6	0.0046	10.6	0.0046	1	64.38	75.75	72.35	2.0746	0.9187	1.4463	1.5093	1.3357	1.6792	59.24	13.97	23.29	34.85	32.93	20.95	19.55	21.68	39.56
2588	74	15	25	45.675	50.025	11	5.076	0.0022	5.076	0.0022	4	64.38	75.75	68.75	3.4764	1.6677	2.487	2.6578	2.5045	3.4035	54.61	25.36	34.9	46.32	45.52	32.25	27.99	31.63	66.02
2589	258	20	20	45.675	50.025	11	7.838	0.0034	10.6	0.0046	4	64.38	75.75	76.04	3.3368	1.5495	2.5264	2.3979	2.1626	3.3368	53.86	22.33	32.98	41.63	40.16	28.75	25.85	25.94	50.15
2590	258	15	20	45.675	50.025	7	7.838	0.0034	10.6	0.0046	1	64.38	75.75	71.77	2.1196	1.0804	1.7603	1.6405	1.4233	1.9197	54.26	17.87	28.51	38.31	35.88	25.67	23.59	24.18	42.22
2591	105	15	20	45.675	50.025	7	7.838	0.0034	5.076	0.0022	4	64.38	75.75	74.99	2.1692	1.0029	1.5075	1.6781	1.627	2.022	59.49	21.16	30.99	45.93	45.36	27.22	24.55	30.65	66.43
2592	45	15	25	45.675	50.025	7	7.838	0.0034	10.6	0.0046	1	64.38	75.75	58.92	2.0681	1.0199	1.6186	1.5538	1.3488	1.7406	47.02	16.94	26.65	35.7	33.37	24	21.96	22.73	39.78

10.5.2 BP 神经网络结构设计

BP 神经网络参数设计、BP 神经网络的搭建与训练的方法与过程均与 10.2 节基本相同，区别在于输入层神经元数量为 13 个，即：施工开始日期、年平均气温、气温年较差、C35 弹性模量、C50 弹性模量、线胀系数、C35 导热系数、C50 导热系数、C35 导温系数、C50 导温系数、C35 绝热温升、C50 绝热温升和风速。

大实心圆盘基础也建立了与 10.2 节相同的 4 个适用不同部位的模型，即最高温度和最大温降值 BP 神经网络预测模型、最大应力和 I4 最大应力 BP 神经网络预测模型、各表面部位最大应力 BP 神经网络预测模型、各部位最大内外温差和温度梯度 BP 神经网络预测模型，经过多次实验，选出了 4 个 BP 神经网络预测模型的最优结构参数，见表 10-15，大实心圆盘基础各分区示意图如图 10-17 所示。

表 10-15　　大实心圆盘各 BP 神经网络预测模型结构参数

名　称	神经元个数			
	输入层	隐含层 1	隐含层 2	输出层
最高温度和最大温降值 BP 神经网络预测模型	13	10	8	2
最大应力和 I4 最大应力 BP 神经网络预测模型	13	10	8	2
各表面部位最大应力 BP 神经网络预测模型	13	11	8	4
各部位最大内外温差和温度梯度 BP 神经网络预测模型	13	12	10	8

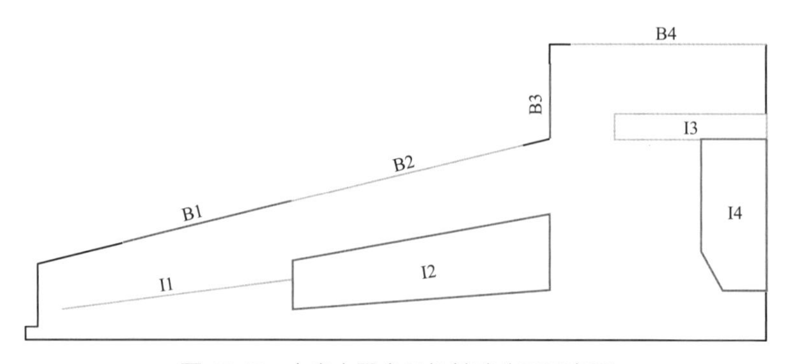

图 10-17　大实心圆盘风机基础分区示意图

将数据样本导入所搭建的 4 个 BP 神经网络中进行训练，经过多次试验选出了 4 个 BP 神经网络预测模型的最优训练参数，其中最高温度和最大温降值 BP 神经网络预测模型每次喂入神经网络的数据量 batch 为 12，迭代次数 epoch 为 80，数据集中测试集的划分比例为 0.2；最大应力和 I4 最大应力 BP 神经网络预测模型每次喂入神经网络的数据量 batch 为 12，迭代次数 epoch 为 100，数据集中测试集的划分比例为 0.2；各表面部位

最大应力 BP 神经网络预测模型每次喂入神经网络的数据量 batch 为 12，迭代次数 epoch 为 200，数据集中测试集的划分比例为 0.2；各部位最大内外温差和温度梯度 BP 神经网络预测模型每次喂入神经网络的数据量 batch 为 12，迭代次数 epoch 为 200，数据集中测试集的划分比例为 0.2。

经过对 4 个 BP 神经网络预测模型的训练，得到了误差随迭代次数的变化曲线，如图 10-18～图 10-21 所示。

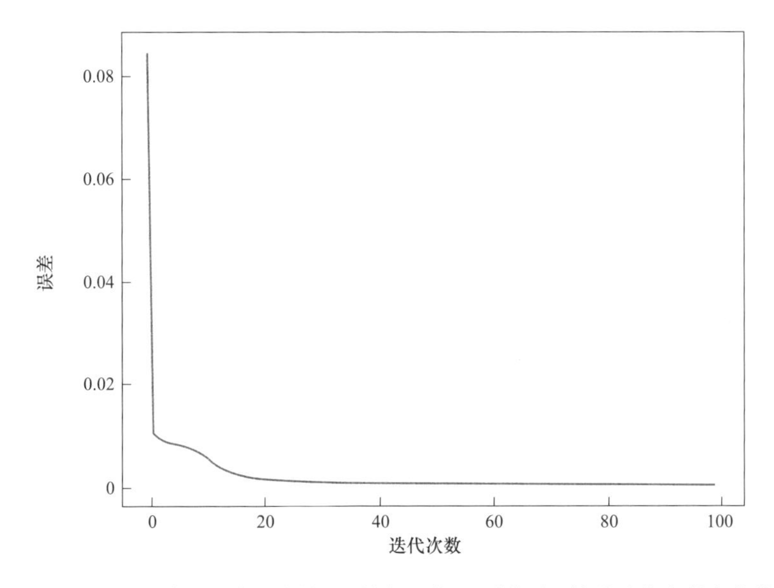

图 10-18　最高温度和最大温降值 BP 神经网络预测模型误差随迭代次数变化曲线

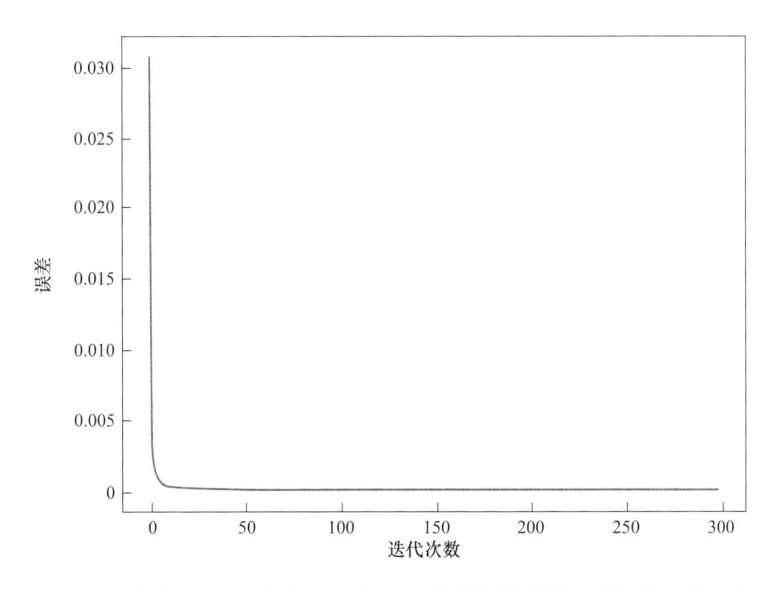

图 10-19　最大应力和 I4 最大应力 BP 神经网络预测模型误差随迭代次数变化曲线

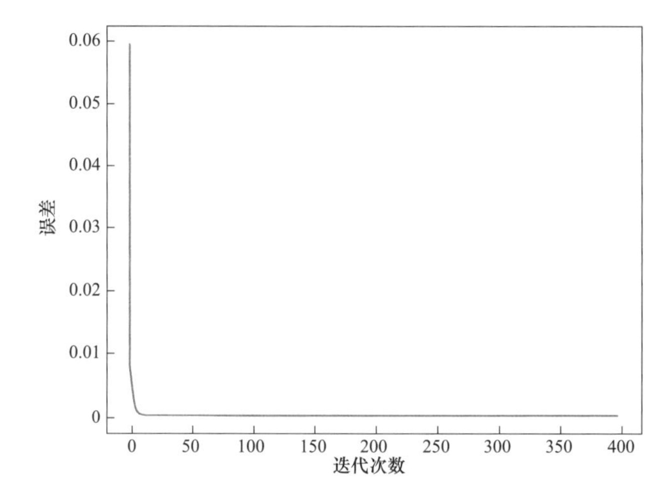

图 10-20　各表面部位最大应力 BP 神经网络预测模型误差随迭代次数变化曲线

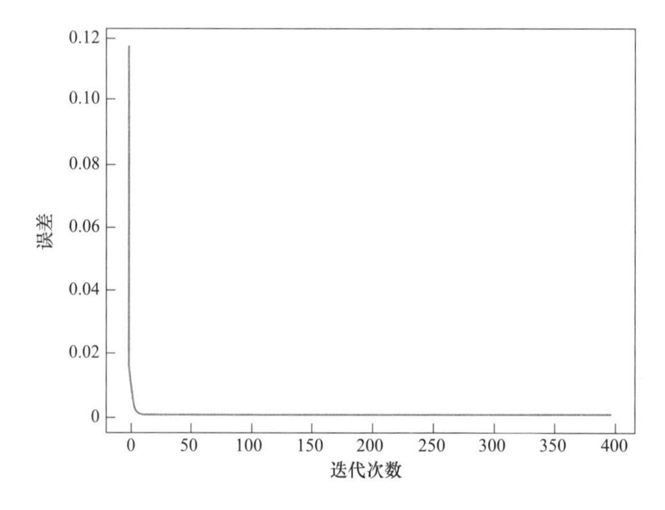

图 10-21　各部位最大内外温差和温度梯度 BP 神经网络预测模型误差随迭代次数变化曲线

由图 10-18～图 10-21 可以发现，4 个 BP 神经网络随着训练迭代进程误差迅速下降，在结束训练时误差均小于 0.001，说明此时 BP 神经网络的预测值与训练样本中测试集的结果十分接近。

10.5.3　大实心圆盘基础 BP 神经网络预测模型检验

为验证已经训练完成的 4 个大实心圆盘基础 BP 神经网络预测模型预测的准确性，随机生成了 10 组参数，并对每组参数进行有限元温度应力仿真模拟计算，其中各参数均在合理范围内随机获得，且这 10 组参数均未参与神经网络的训练。将 BP 神经网络预测值与有限元仿真模拟计算值进行比较，得出所训练出的 BP 神经网络的误差，误差分析见表 10-16。

表 10-16　大实心圆盘基础 BP 神经网络预测模型误差分析

序号		最高温度（℃）	最大应力（MPa）	B1 最大应力（MPa）	B2 最大应力（MPa）	B3 最大应力（MPa）	B4 最大应力（MPa）	I4 最大应力（MPa）	最大温降（℃）	B1I1 内外温差（℃）	B2I2 内外温差（℃）	B3I3 内外温差（℃）	B4I3 内外温差（℃）	B1 温度梯度（℃/m）	B2 温度梯度（℃/m）	B3 温度梯度（℃/m）	B4 温度梯度（℃/m）
1	计算值	79.79	2.2508	1.1411	1.7785	1.8477	1.6994	2.2447	61.68	19.88	29.81	41.48	40.19	26.55	24.07	26.5	52.85
	预测值	80.901	2.341	1.166	1.817	1.899	1.75	2.245	62.748	20.475	30.557	41.649	40.25	27.483	24.674	26.76	53.154
	误差	1.39%	4.01%	2.18%	2.16%	2.78%	2.98%	0.01%	1.73%	2.99%	2.51%	0.41%	0.15%	3.51%	2.51%	0.98%	0.58%
2	计算值	67.91	2.3809	1.2344	1.9545	2.0173	1.8628	2.2793	48.81	19.09	29.11	40.82	39.67	24.8	22.76	25.53	51.79
	预测值	66.259	2.467	1.194	1.897	2.018	1.865	2.29	49.303	18.544	28.526	40.419	39.349	24.76	22.587	25.389	51.749
	误差	−2.43%	3.62%	−3.27%	−2.94%	0.03%	0.12%	0.47%	1.01%	−2.86%	−2.01%	−0.98%	−0.81%	−0.16%	−0.76%	−0.55%	−0.08%
3	计算值	71.33	2.3307	1.1324	1.7361	2.0293	1.9335	2.2487	60.37	17.22	26.99	43.39	42.45	24.65	22.73	28.58	59.73
	预测值	74.653	2.31	1.162	1.762	2.082	1.985	2.206	58.83	17.821	27.787	44.098	43.054	25.531	23.314	28.874	60.085
	误差	4.66%	−0.89%	2.61%	1.49%	2.60%	2.66%	−1.90%	−2.55%	3.49%	2.95%	1.63%	1.42%	3.57%	2.57%	1.03%	0.59%
4	计算值	78.28	2.1619	0.9613	1.4614	1.6686	1.6421	1.994	58.76	19.53	29.43	45.82	45.32	25.48	23.35	30.23	66.48
	预测值	79.778	2.147	0.984	1.483	1.742	1.699	1.945	61.039	20.025	30.261	46.788	46.285	26.266	23.88	30.554	67.459
	误差	1.91%	−0.69%	2.36%	1.48%	4.40%	3.47%	−2.46%	3.88%	2.53%	2.82%	2.11%	2.13%	3.08%	2.27%	1.07%	1.47%
5	计算值	62.31	2.2766	1.0714	1.7172	1.7317	1.5879	1.9543	49.82	18.37	28.36	39.58	38.39	23.94	22.1	24.41	48.88
	预测值	62.331	2.238	1.05	1.696	1.706	1.52	1.888	50.854	18.036	28.137	39.428	38.342	23.964	21.934	24.223	48.764
	误差	0.03%	−1.70%	−2.00%	−1.23%	−1.48%	−4.28%	−3.39%	2.08%	−1.82%	−0.79%	−0.38%	−0.13%	0.10%	−0.75%	−0.77%	−0.24%

续表

序号		最高温度（℃）	最大应力（MPa）	B1最大应力（MPa）	B2最大应力（MPa）	B3最大应力（MPa）	B4最大应力（MPa）	I4最大应力（MPa）	最大温降（℃）	B1I1内外温差（℃）	B2I2内外温差（℃）	B3I3内外温差（℃）	B4I3内外温差（℃）	B1温度梯度（℃/m）	B2温度梯度（℃/m）	B3温度梯度（℃/m）	B4温度梯度（℃/m）
6	计算值	66.39	2.2884	1.0678	1.7251	1.6991	1.5504	1.9587	49.36	18.93	29	39.45	38.22	24.37	22.41	24.21	48.2
	预测值	63.627	2.225	1.042	1.702	1.646	1.436	1.839	50.726	18.839	28.996	39.164	38.11	24.496	22.271	23.897	47.969
	误差	−4.16%	−2.77%	−2.42%	−1.34%	−3.13%	−7.38%	−6.11%	2.77%	−0.48%	−0.01%	−0.72%	−0.29%	0.52%	−0.62%	−1.29%	−0.48%
7	计算值	77.44	2.143	0.9982	1.576	1.6205	1.4618	1.8484	60.73	17.31	27.52	39.72	38.08	24.34	22.52	24.74	47.32
	预测值	81.68	2.091	1.008	1.601	1.619	1.425	1.818	64.228	17.036	27.151	39.166	37.522	24.07	22.202	24.48	47.212
	误差	5.48%	−2.43%	0.98%	1.59%	−0.09%	−2.52%	−1.64%	5.76%	−1.58%	−1.34%	−1.39%	−1.47%	−1.11%	−1.41%	−1.05%	−0.23%
8	计算值	80.63	2.6391	1.3753	2.2103	1.9842	1.7385	2.6391	62.17	23.38	33.36	39.48	37.52	30.52	26.85	25.44	46.4
	预测值	82.211	2.541	1.403	2.303	2.042	1.76	2.548	64.889	23.387	33.586	39.758	37.61	30.502	26.892	25.556	46.146
	误差	1.96%	−3.72%	2.01%	4.19%	2.91%	1.24%	−3.45%	4.37%	0.03%	0.68%	0.70%	0.24%	−0.06%	0.16%	0.46%	−0.55%
9	计算值	63.81	3.289	1.7413	2.7372	2.7139	2.471	3.0563	52.01	24.7	35.75	47.4	45.93	32.24	28.65	31.19	61.55
	预测值	57.836	3.361	1.634	2.657	2.609	2.426	3.32	46.57	22.716	33.301	46.197	44.9	31.158	27.643	30.51	60.681
	误差	−9.36%	2.19%	−6.16%	−2.93%	−3.87%	−1.82%	8.63%	−10.46%	−8.03%	−6.85%	−2.54%	−2.24%	−3.36%	−3.51%	−2.18%	−1.41%
10	计算值	71.93	2.9292	1.3945	2.2091	2.6126	2.4988	2.8182	56.05	16.2	26.47	44.62	43.71	24.02	22.47	28.69	60.01
	预测值	74.469	2.937	1.354	2.147	2.316	2.048	2.93	59.154	20.724	30.74	40.98	39.829	27.362	24.262	26.47	53.472
	误差	3.53%	0.27%	−2.90%	−2.81%	−11.35%	−18.04%	3.97%	5.54%	27.93%	16.13%	−8.16%	−8.88%	13.91%	7.98%	−7.74%	−10.89%
平均误差		3.49%	2.23%	2.69%	2.22%	3.26%	4.45%	3.20%	4.01%	5.17%	3.61%	1.90%	1.78%	2.94%	2.25%	1.71%	1.65%

由表 10-16 可以看出，所构建的 4 个神经网络预测模型的预测值与各结果参数的平均预测误差中，预测结果参数的平均误差均小于 5%，最小的平均误差仅 1.65%，将各结果参数的平均误差进行平均计算得出整体的平均误差为 2.91%，满足工程要求。其中最高温度和最大温降值 BP 神经网络预测模型的平均误差为 3.75%；最大应力和 I4 最大应力 BP 神经网络预测模型的平均误差为 2.72%；各表面部位最大应力 BP 神经网络预测模型的平均误差为 3.16%；各部位最大内外温差和温度梯度 BP 神经网络预测模型的平均误差为 2.63%，均满足要求。

10.6 风机基础混凝土温度应力预测软件介绍

通过 10.2～10.5 节的构建，四种风机基础混凝土温度应力预测 BP 神经网络模型已构建完毕，但由于其为 python 代码，使用者在使用过程中需有较好的编程能力，为方便使用者进行使用，本研究基于 Python 中的 Tkinter 库编写了一个可用来预测四种风机基础混凝土温度应力场结果数据的软件。用户可根据界面提示输入相关参数对四种风机基础混凝土温度应力场的结果数据进行预测。

10.6.1 登录软件

首先双击“风机基础温度应力预测”文件夹中的“风机基础温度应力预测。exe”打开软件，打开后会弹出登录界面，如图 10-22 所示。

输入用户名和密码。若账号密码输入错误，会弹出警告，提示账号或密码输入错误，弹出的警告界面如图 10-23 所示。在登录页面输入相应的账号密码才能进入风机基础温度应力预测系统，成功进入后的软件初始界面如图 10-24 所示。

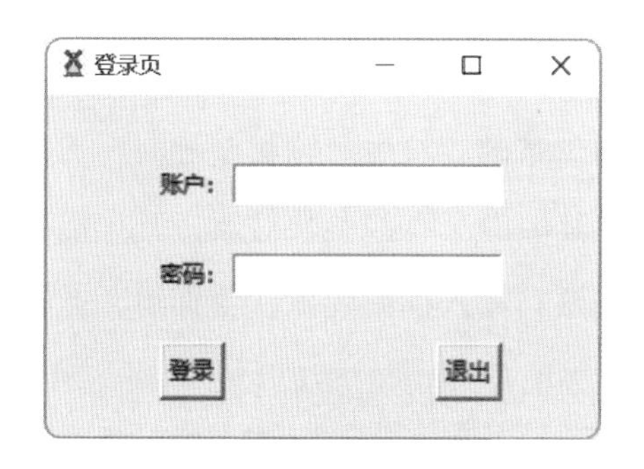

图 10-22　软件登录界面

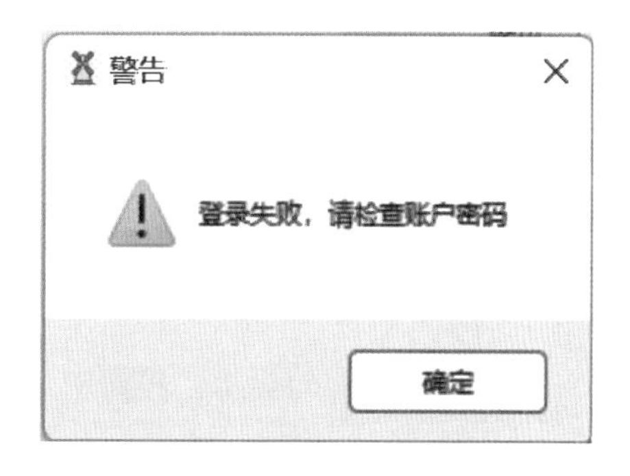

图 10-23　登录失败警告界面

图 10-24　登录后软件初始界面

10.6.2　选择风机基础类型

点击工具栏中的“选择风机”按钮，界面如图 10-25 所示。在该界面下选择用户需进行预测的风机基础形式，选择后界面底部会随用户的选择进行相应的提示，选择后的界面如图 10-26 所示。

10.6.3　输入参数

选择风机基础类型后，点击工具栏中“输入参数”按钮，界面如图 10-27 所示。

当所选风机基础为小实心圆盘基础、空心圆盘基础、八边形筏板基础时，无须点击刷新按钮，可直接在输入框中输入对应的参数，其中由于有些参数对风机基础混凝土温度应力的影响较小或变化范围较小，可不填，按照其输入框中的默认值即可，此类参数名称后有“(不必填)”的提示。界面中无“(不必填)”提示的参数为必填项，用户需填入正确的参数值，各参数的一般取值范围及单位在各参数输入框的下侧，用橙色字符标注。输入完成后，点击“确定”按钮即可。

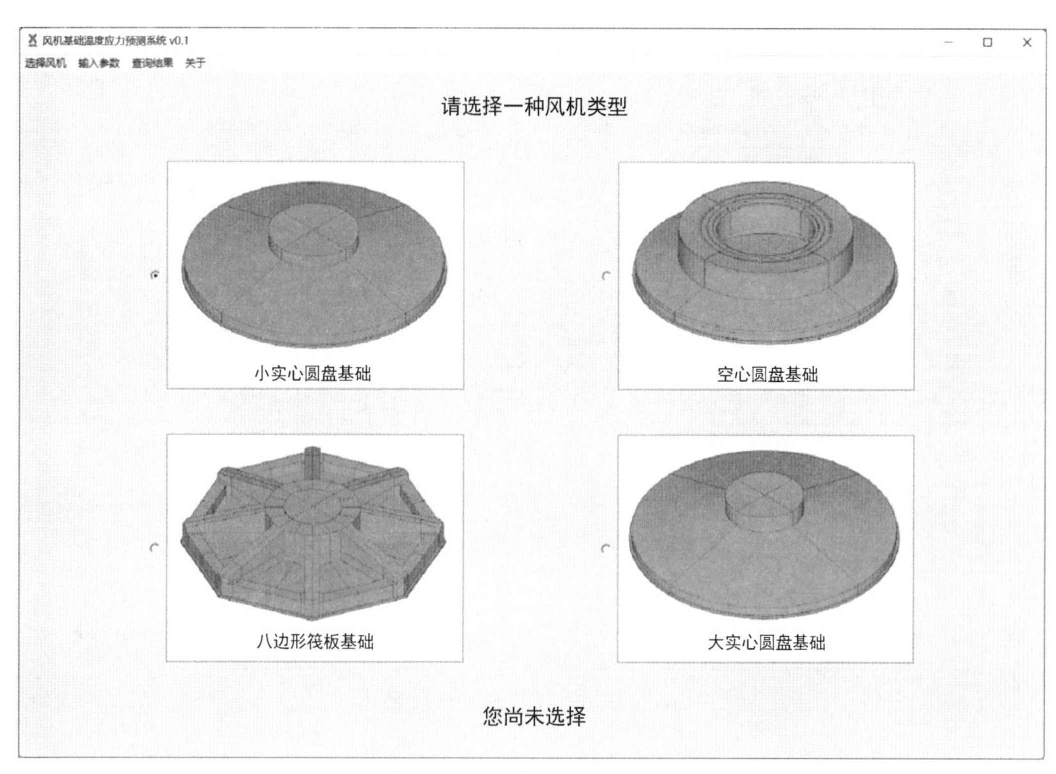

图 10-25 选择风机初始界面

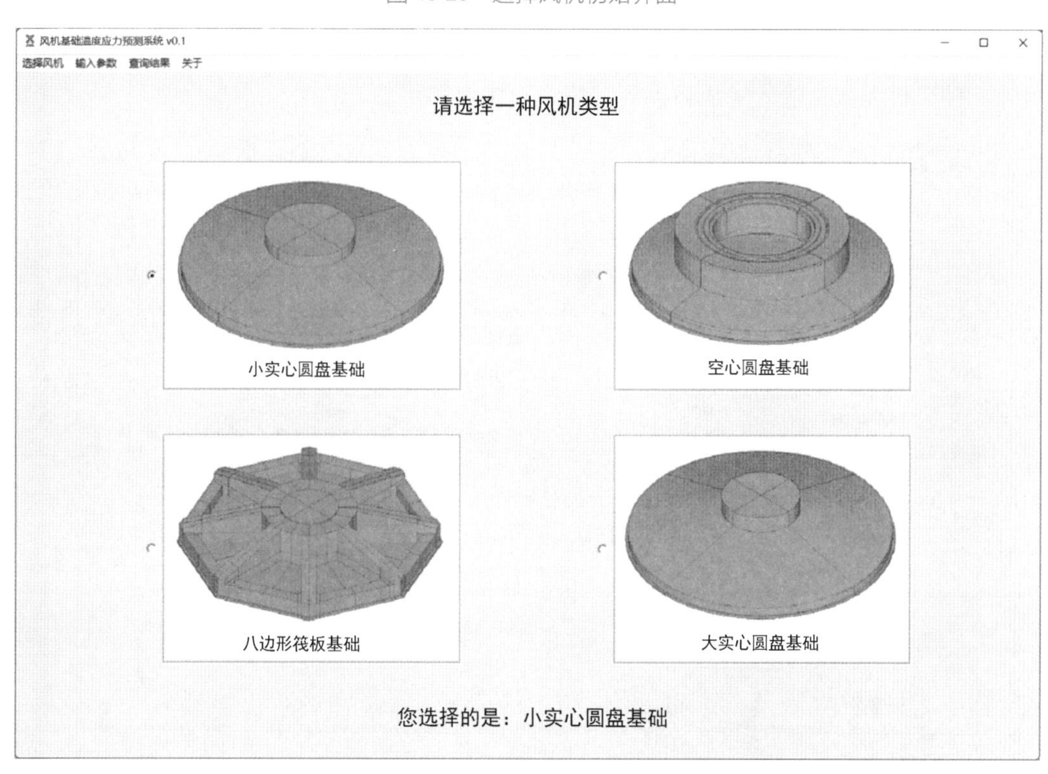

图 10-26 选择后的选择风机界面

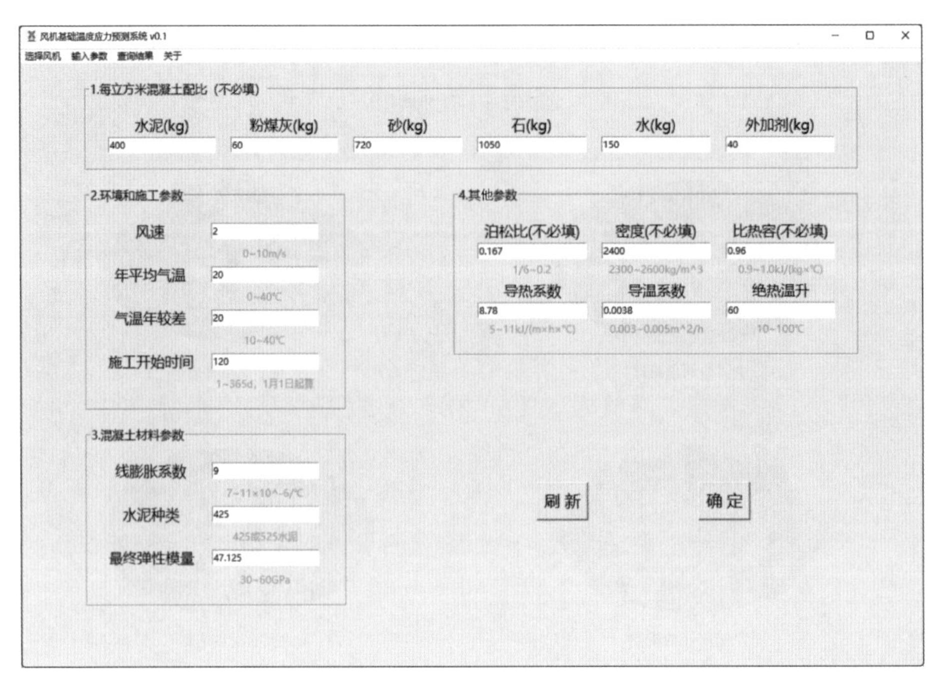

图 10-27　输入参数初始界面

当所选风机基础为大实心圆盘基础时，输入参数前须点击“刷新”按钮，界面会变为大实心圆盘风机的专用输入参数界面，如图 10-28 所示。输入方法及各参数的提示与另外三种风机类似。输入完成后点击“确定”按钮即可。

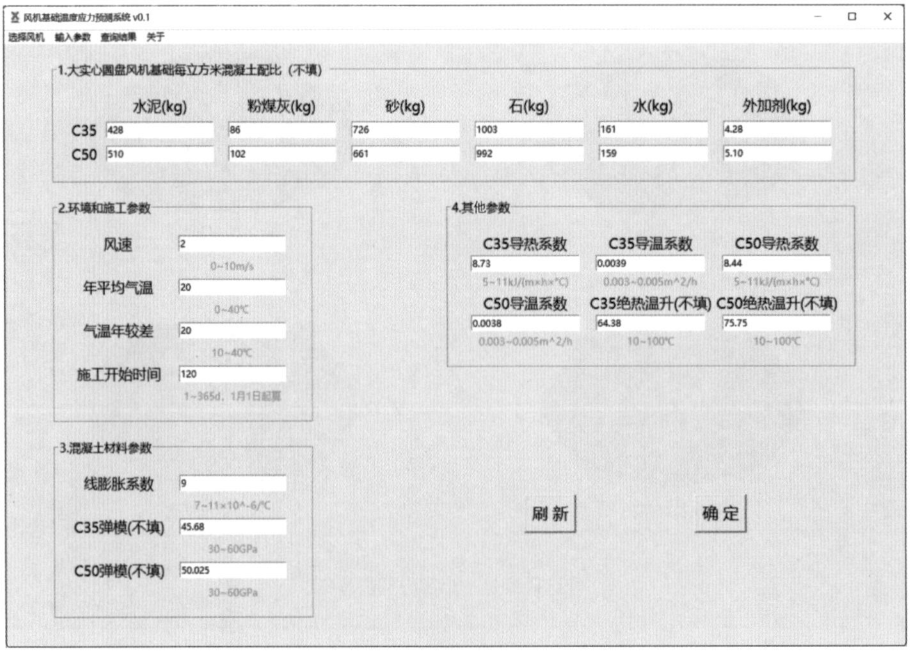

图 10-28　大实心圆盘基础输入参数界面

10.6.4 结果查询

完成选择风机和输入参数后，点击工具栏中“查询结果”按钮，初始界面如图 10-29 所示。

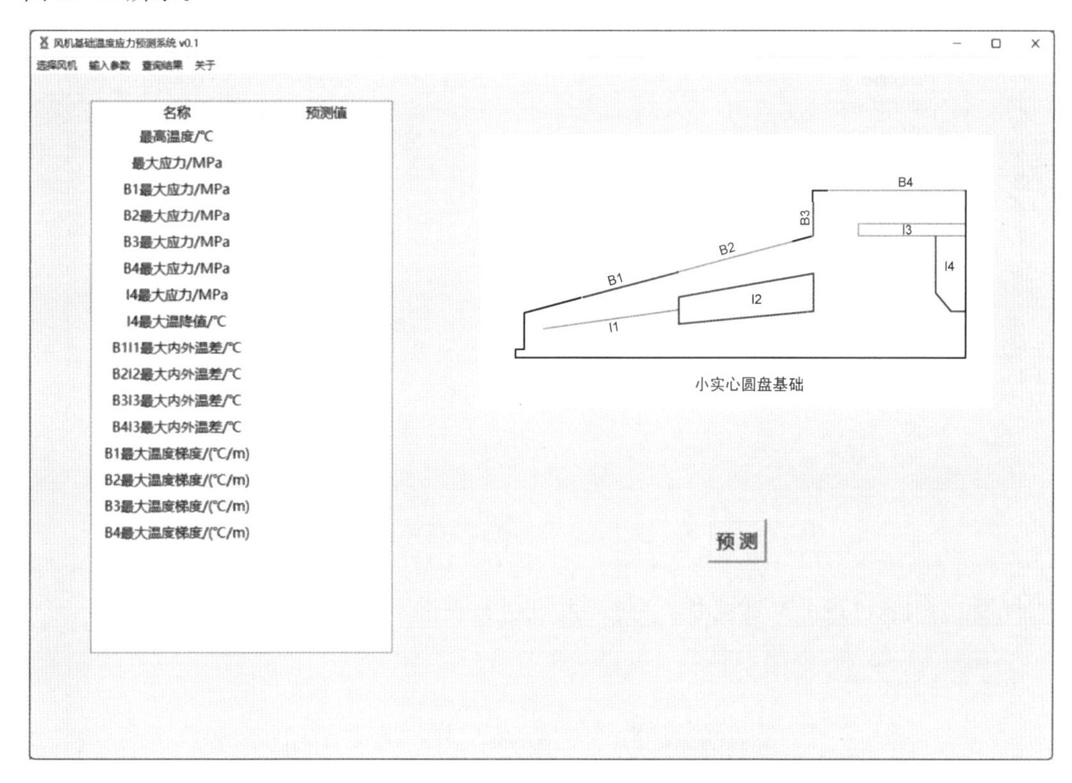

图 10-29 查询结果初始界面

进入“查询结果”界面后，点击“预测”按钮，在界面左侧框内即可得到用户所需的结果数据，右侧图片会变为用户所选择的风机基础对应的竖剖面分区结果示意图。以空心风机基础为例，点击“预测”按钮后的预测界面如图 10-30 所示，其他三个风机基础的最终预测界面与空心类似。至此，一个风机基础的温度应力场结果数据已预测完毕。此外，用户应在完成大实心圆盘风机基础温度应力场预测后退出程序重新进入，以便进行其他风机基础温度应力场结果数据的预测。

10.6.5 关于软件

此风机基础混凝土温度应力预测软件的软件用途、使用条件、注意事项、作品和作者信息、版权和联系方式在软件中已表明，用户在使用本软件时应遵守相关要求。关于

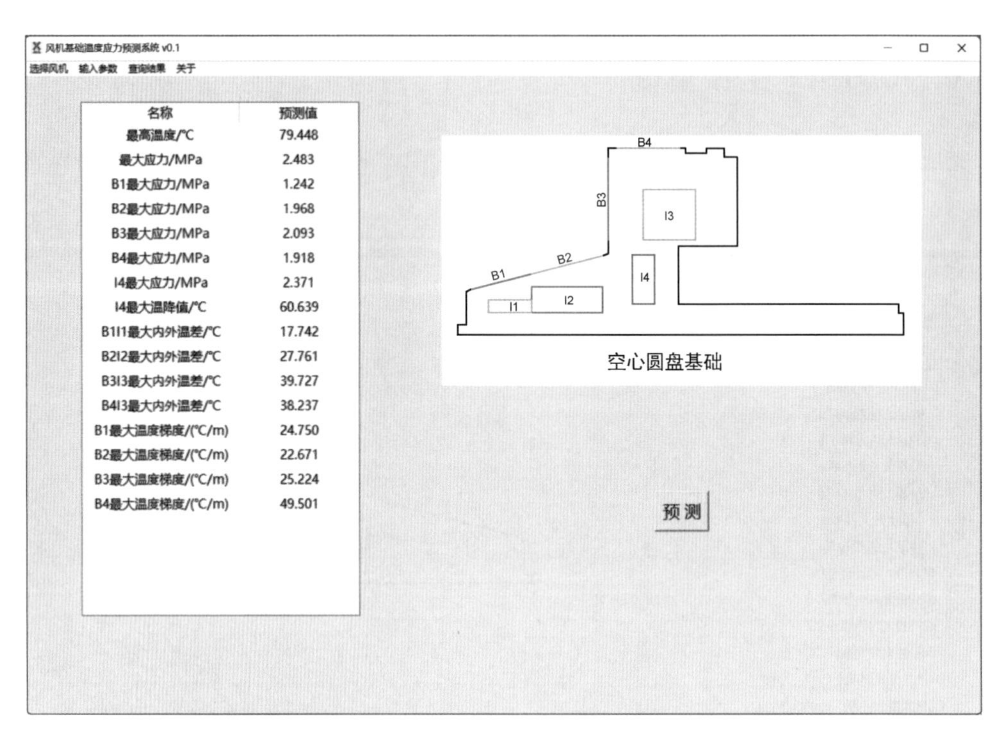

图 10-30 空心圆盘风机基础查询结果界面

软件的相关内容可点击工具栏中“关于”按钮进行查询，“关于”界面如图 10-31 所示。

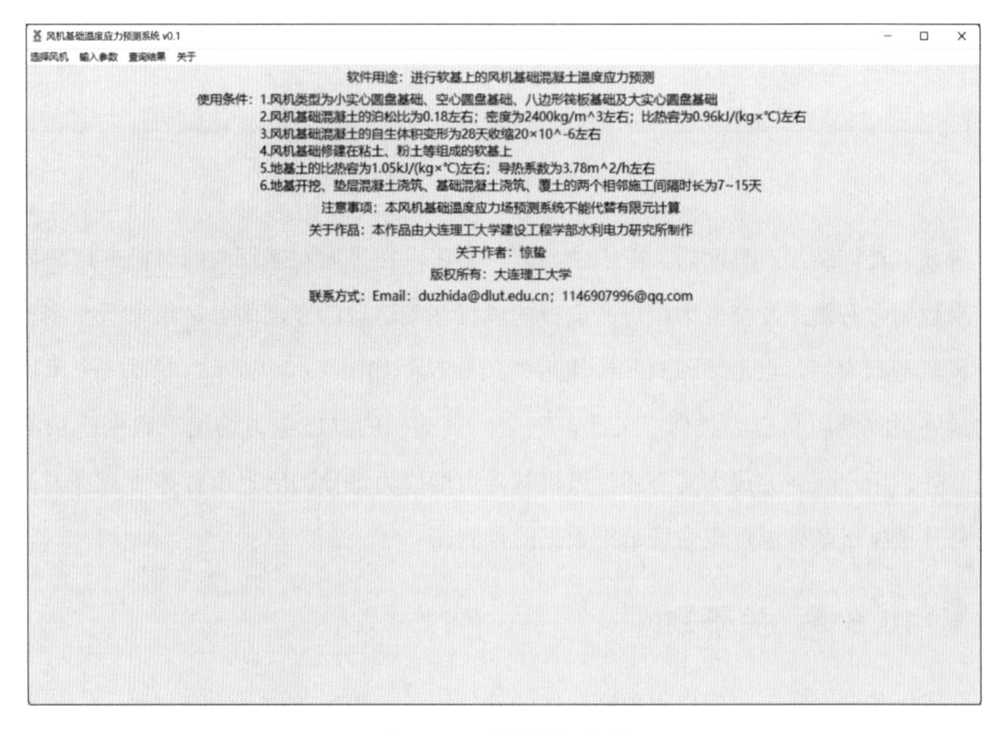

图 10-31 “关于” 界面

第 11 章　风机基础混凝土温度控制分析

11.1　算　例　分　析

本节以小实心圆盘风机基础 839 号方案为例，分析不采取温控措施风机基础混凝土产生的问题。

839 号算例风机基础混凝土绝热温升 80℃，不掺合 MgO，表面不保温，不采用冷却水管。各材料的热学和力学参数及其他参数如表 11-1～表 11-3 所示。

表 11-1　　材料的热学参数

材料	导温系数 [kJ/(m·h·℃)]	导热系数 (m²/h)	比热 [kJ/(kg·℃)]	绝热温升公式
土基	0.00225	3.78	1.05	—
C20 混凝土	0.0038	8.88	0.98	$Q(\tau)=37.6(1-e^{-1.363\tau})$
C40 混凝土	0.0022	5.067	0.96	$Q(\tau)=80/(1-e^{-0.69\tau^{0.56}})$
覆土	0.0019	3.78	1.05	—

表 11-2　　材料的力学参数

材料	密度 ρ (kg/m³)	泊松比 μ	线膨胀系数 (10⁻⁶/℃)	弹性模量表达式 (GPa)
土基	1600	0.3	5	$E(\tau)=0.04$
C20 混凝土	2400	1/6	9	$E(\tau)=36.98(1-e^{-0.40\tau^{0.34}})$

续表

材料	密度 ρ (kg/m³)	泊松比 μ	线膨胀系数 (10^{-6}/℃)	弹性模量表达式 (GPa)
C40 混凝土	2400	1/6	11	$E(\tau)=55.1(1-e^{-0.40\tau^{0.34}})$
覆土	1600	0.3	5	$E(\tau)=0.04$

表 11-3　　其他参数

施工开始日期	开挖与垫层浇筑间隔（d）	垫层浇筑到基础浇筑间隔（d）	基础浇筑到覆土间隔（d）	气温	
				年平均气温（℃）	气温年较差（℃）
8 月 15 日	15	15	15	15	25

混凝土徐变度计算采用朱伯芳院士建议的公式

$$C(t,\tau)=\left(\frac{0.230}{E_0}\right)(1+9.20\tau^{-0.450})[1-e^{-0.30(t-\tau)}]+\left(\frac{0.520}{E_0}\right)(1+1.70\tau^{-0.450})[1-e^{-0.005(t-\tau)}]$$

经过有限元仿真计算，计算方法与流程与 8.1 节小实心圆盘风机算例类似，根据计算结果，绘制了其温度场和应力场包络图及应力变化过程线，如图 11-1～图 11-4 所示。

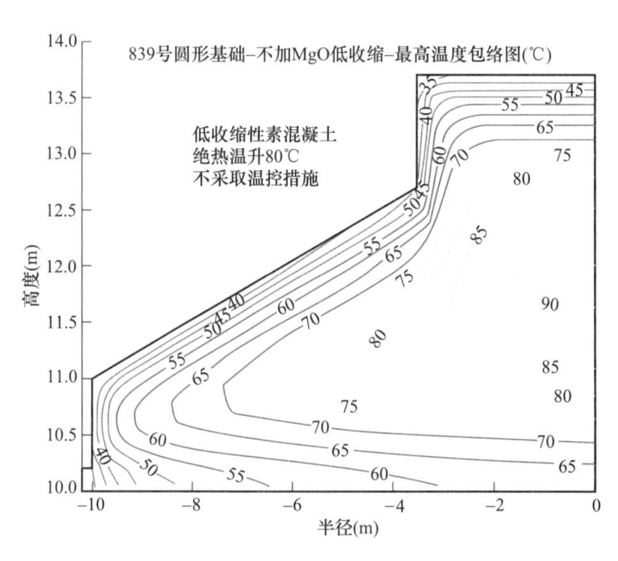

图 11-1　最高温度包络图

由图 11-1 的温度包络线可知，此风机基础最高温度发生在风机基础中轴线上距顶端 2.25m 的中心部位附近，最高约 90℃。由图 11-2 的应力包络线可知，最大应力与最高温度类似，也发生在相同位置附近，最大约 5MPa，表面顶部和拐点应力达到 4.5MPa，远超混凝土允许应力。

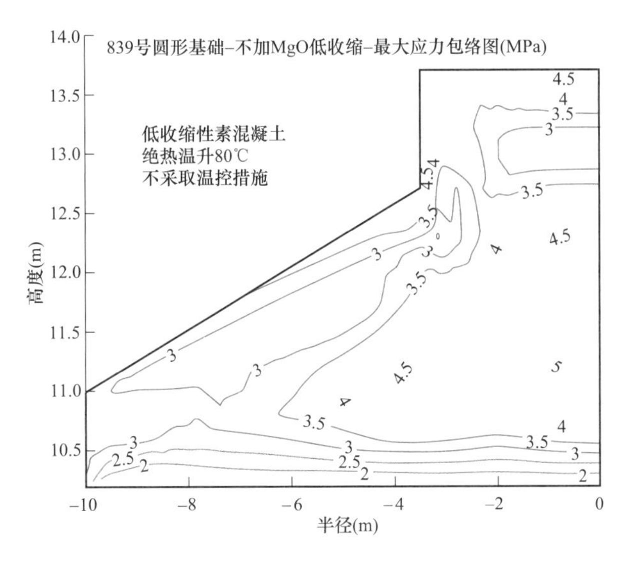

图 11-2　最大应力包络图

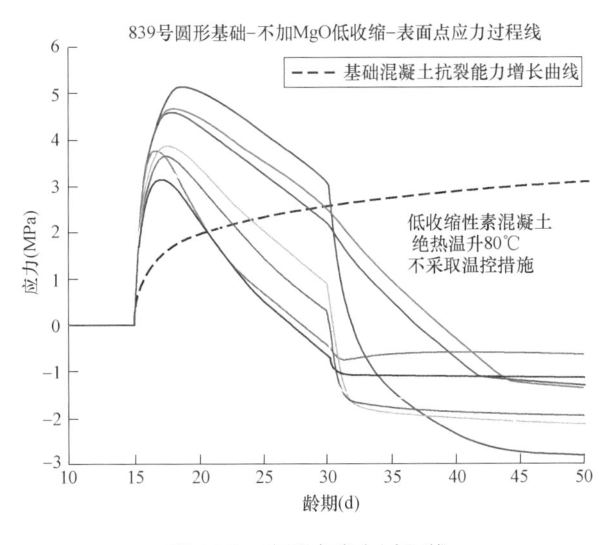

图 11-3　表面点应力过程线

由图 11-3 和图 11-4 的应力过程线可知，在风机基础浇筑阶段，风机基础表面节点在浇筑后 3 天左右拉应力达到最大值 5MPa，此时混凝土的抗裂能力较低，拉应力超过了混凝土的允许应力，表面会产生温度裂缝，之后应力开始下降；内部节点在此阶段会出现压应力，此阶段内部没有开裂的风险。在覆土及以后的阶段，表面节点应力从拉应力转化为压应力，之后随气温以年为周期进行变化，但始终维持为压应力，有利于限制温度裂缝的发展；内部节点在此阶段由于温降压应力快速变为拉应力，在浇筑后 290 天

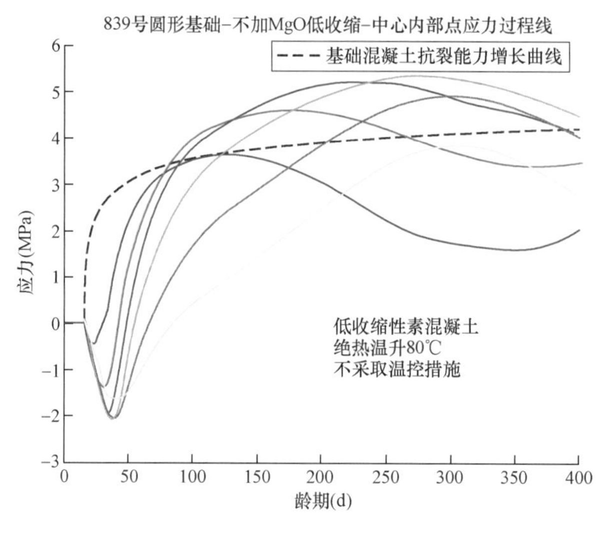

图 11-4　内部点应力过程线

左右（冬季）达到最大值 5.5MPa，之后随气温以年为周期进行变化。

计算分析表明，此案例条件下，风机基础混凝土表面以及内部均会产生极大的拉应力，存在开裂的风险，尤其是风机混凝土内部在覆土后拉应力超过允许应力，产生裂缝。因此有必要采取一定的温控措施，降低表面及内部拉应力，降低开裂的风险。

11.2 表 面 保 温

11.2.1　分析方案

本小节采用的表面保温材料的导热系数为 0.148kJ/(m·h·℃)。为了演算表面覆盖保温层的效果，设置了如表 11-4 所示的多种保温层厚度，即：保温层厚度 0（不保温）、0.5、1、3、5、7、9、11cm，对应的混凝土表面等效放热系数 β 分别为：0、21.4、12.42、4.64、2.85、2.06、1.61、1.32kJ/(m·h·℃)。先后进行验算的保温方案是：①风机基础混凝土浇筑立即按设定的厚度后全面保温，从垫层混凝土开始浇筑算起，第 30 天风机基础混凝土斜面、直立面拆除保温层回填覆土，顶面保温层第 60 天时撤除；②风机基础混凝土浇筑立即按设定的厚度后全面保温，第 30 天风机基础混凝土斜面、直立面回填覆土时不拆除保温层，顶面保温层在 60～235 天之间的不同时间（间隔 15 天）拆除。

表 11-4　　表面保温层厚度与表面等效放热系数对照表

保温层厚度（cm）	0	0.5	1	3	5	7	9	11
等效放热系数［kJ/(m·h·℃)］	—	21.4	12.42	4.64	2.85	2.06	1.61	1.32

11.2.2　保温效果分析

由图 11-5～图 11-8 温度包络线可以看出，风机基础混凝土浇筑后全面保温，表面温度随保温层厚度的增加（表面等效放热减小）而逐步提高且温度提高明显，从 40℃左右

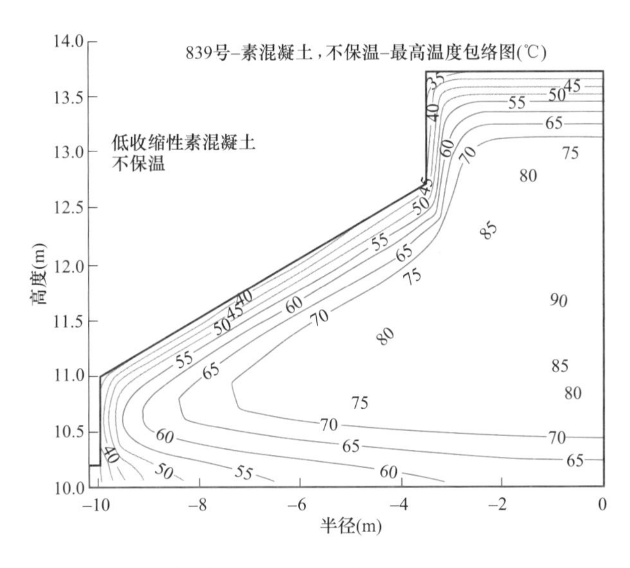

图 11-5　不保温最高温度包络图

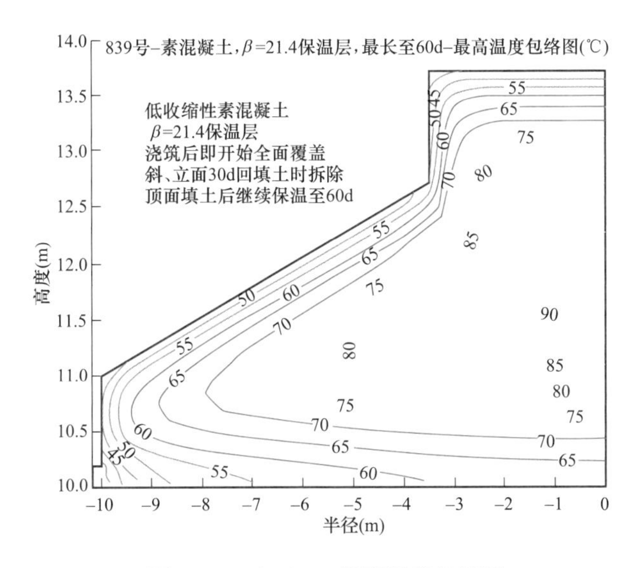

图 11-6　$\beta=21.4$ 最高温度包络图

提高到 80℃左右，风机基础最高温度发生在风机基础中轴线上距顶端 2.25m 的中心部位附近，最高从 90℃左右提高到 95℃左右，中心最高温度有所提升但温度没有显著变化，最高温度的分布趋于平衡。

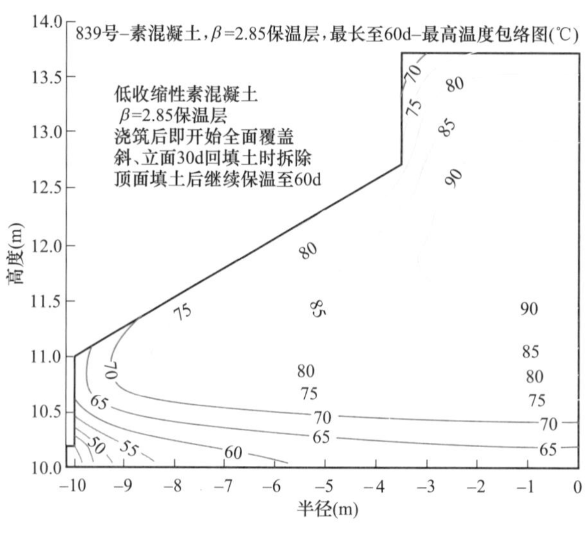

图 11-7　$\beta=2.85$ 最高温度包络图

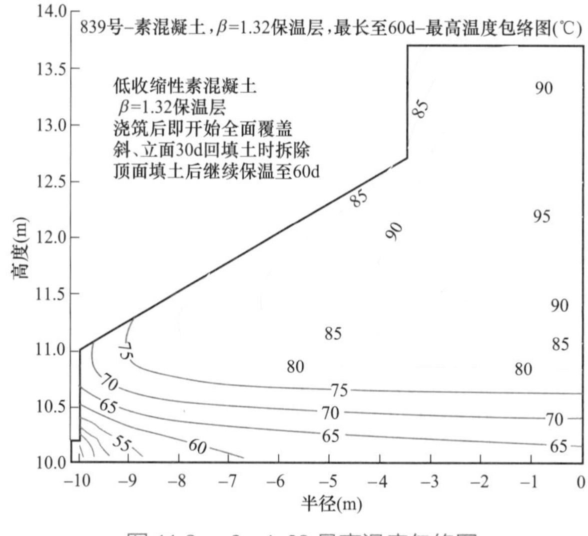

图 11-8　$\beta=1.32$ 最高温度包络图

由图 11-9～图 11-12 最大应力包络线可以看出，风机基础中心最大应力随保温层的表面等效放热减小而逐步降低。另外计算结果表明，在当前保温模式下，保温层厚度大于 3cm[表面等效放热系数 β 小于 4.64kJ/(m·h·℃)] 时，在第 30 天风机基础混凝土斜面、直立面拆除保温层回填覆土时和第 60 天顶面撤除保温层时，表面温度骤降，产生冷击，风机基础混凝土顶面应力达到 12MPa，远超允许应力。

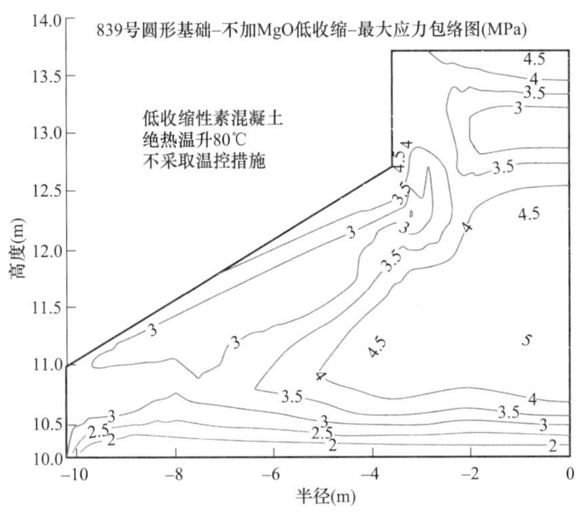

图 11-9　不保温最大应力包络图

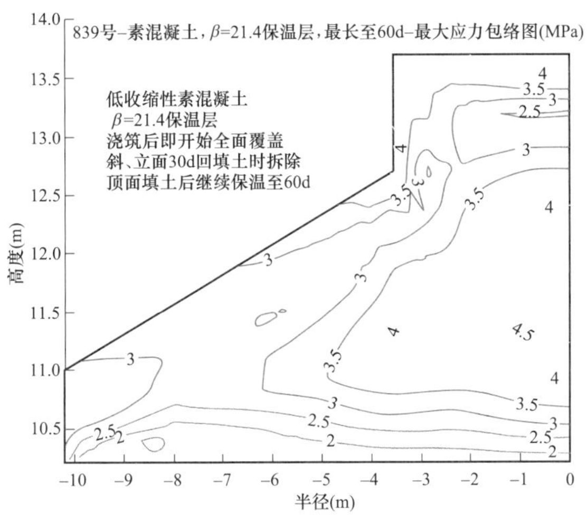

图 11-10　$\beta=21.4$ 最大应力包络图

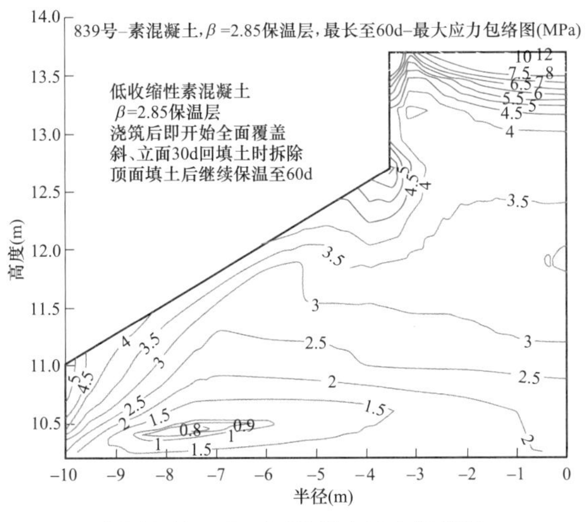

图 11-11　$\beta=2.85$ 最大应力包络图

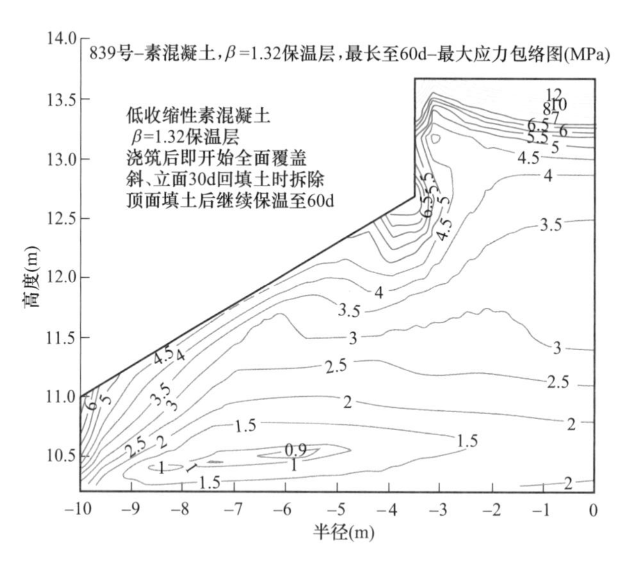

图 11-12　$\beta=1.32$ 最大应力包络图

由图 11-13～图 11-20 应力过程线可以看出，风机基础混凝土浇筑初期表面拉应力随着保温层表面等效放热系数的减小逐渐降低，产生拉应力的范围也逐渐缩小，但是即使保温层厚度达到 11cm[表面等效放热系数 β=1.32kJ/(m·h·℃)]，浇筑初期表面拉应力仍大于允许应力，说明单纯加大保温层厚度的方法并不能消除浇筑初期表面拉应力。混凝土内部拉应力随着保温层厚度增加（表面等效放热系数减小）逐渐降低，当保温层厚度超过 3cm[等效放热系数 β 小于 4.64kJ/(m·h·℃)] 时，后期内部拉应力即可以降低到允许拉应力以下。计算结果表明，随着保温层厚度的加大，蓄热作用明显增加，

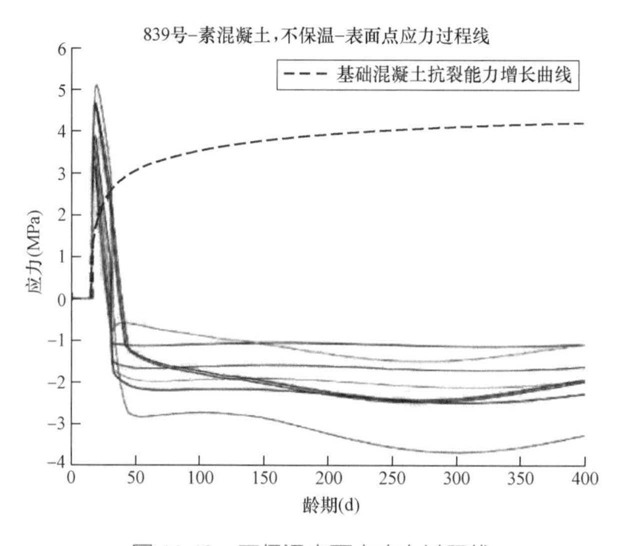

图 11-13　不保温表面点应力过程线

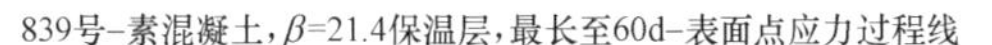

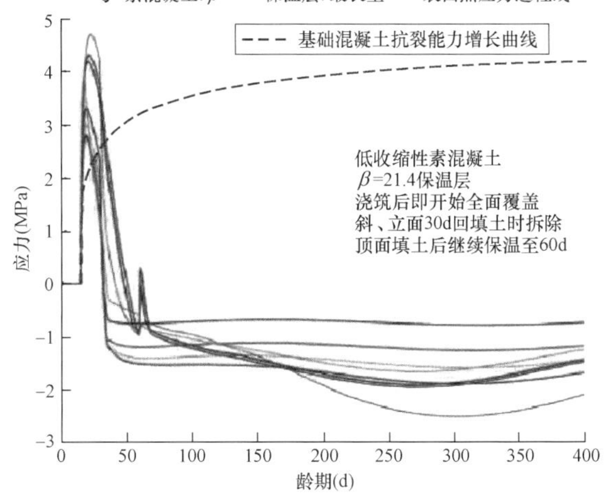

图 11-14　$\beta=21.4$ 表面点应力过程线

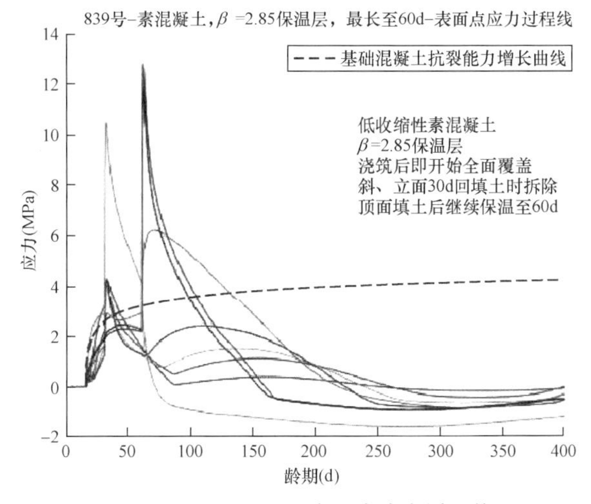

图 11-15　$\beta=2.85$ 表面点应力过程线

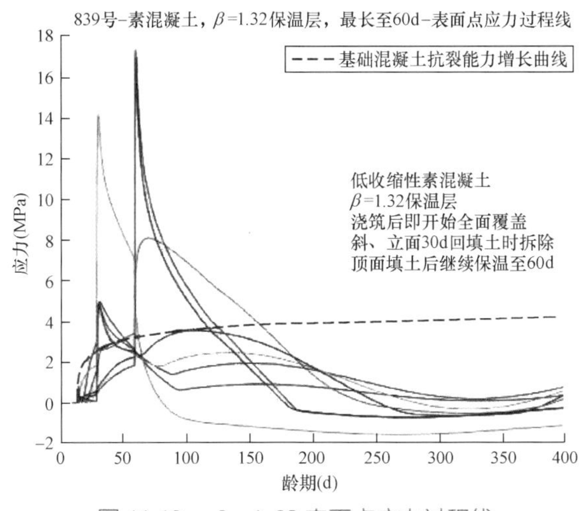

图 11-16　$\beta=1.32$ 表面点应力过程线

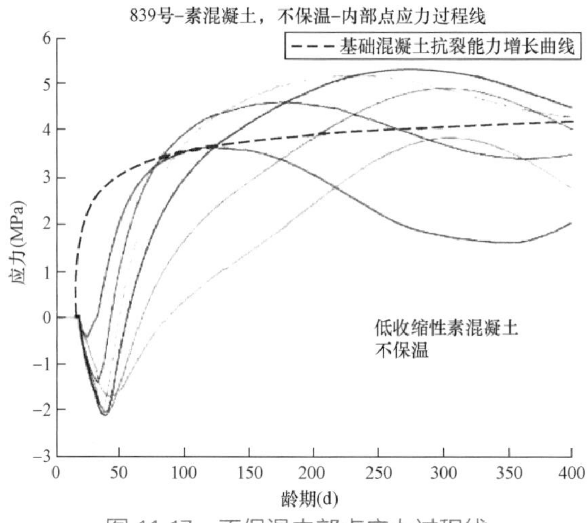

图 11-17　不保温内部点应力过程线

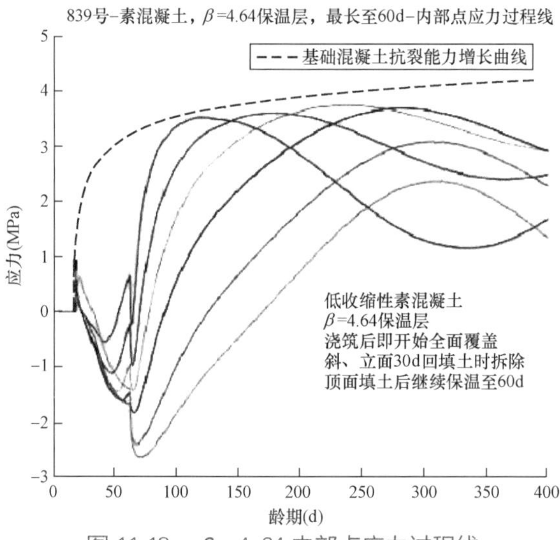

图 11-18　$\beta=4.64$ 内部点应力过程线

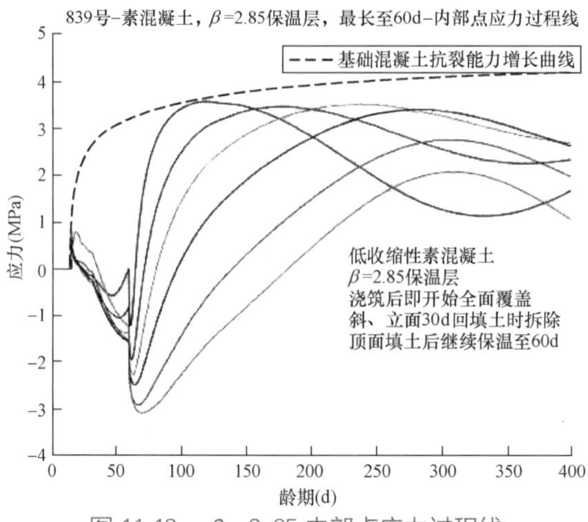

图 11-19　$\beta=2.85$ 内部点应力过程线

第 30 天斜面直立面拆除保温回填覆土时和第 60 天顶面拆除保温层时产生的冷击应力也逐渐增加，并且当保温层厚度大于 3cm[等效放热系数 β 小于 4.64kJ/(m·h·℃)] 时，拆除保温层时，表面温度急剧下降，冷击应力急剧增大远超允许应力，产生裂缝。

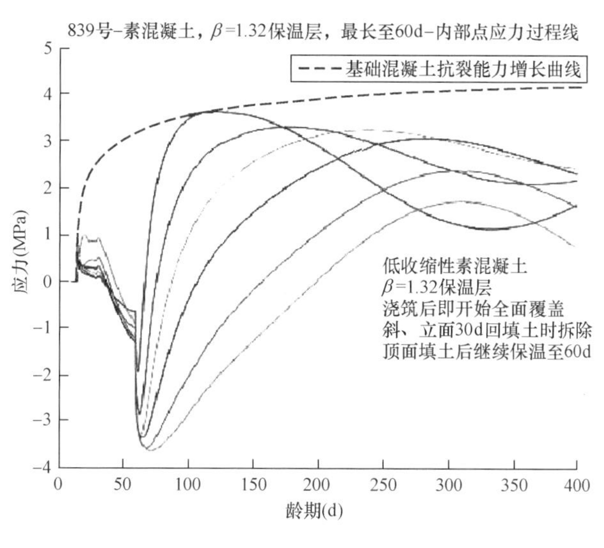

图 11-20　$\beta=1.32$ 内部点应力过程线

由图 11-21～图 11-24 应力过程线可以看出，在第 30 天风机基础混凝土斜面、直立面回填土不拆除保温层，混凝土表面拉应力未明显增大，可有效避免回填土时斜面和直立面温度急剧下降产生的冷击。保温层厚度 7cm[等效放热系数 β 为 2.06kJ/(m·h·℃)] 的情况下，顶面保温层在混凝土浇筑后 185 天拆除，混凝土顶面拉应力仍大于

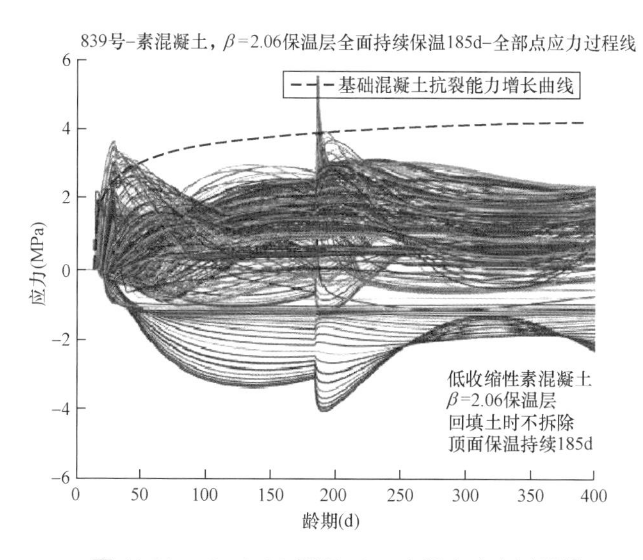

图 11-21　$\beta=2.06$ 保温 185d 全部点应力过程线

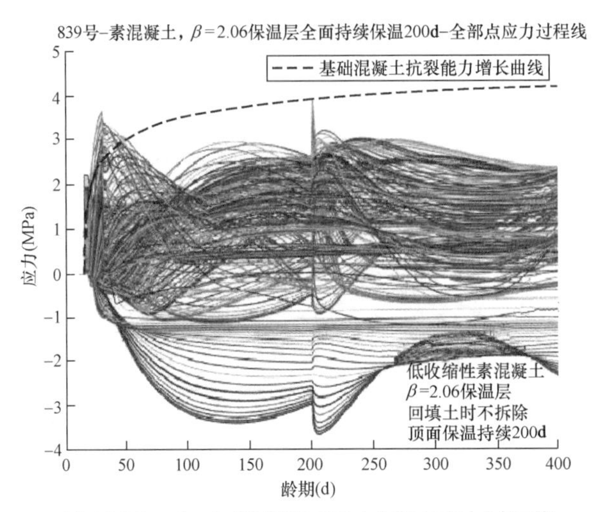

图 11-22　$\beta=2.06$ 保温 200d 全部点应力过程线

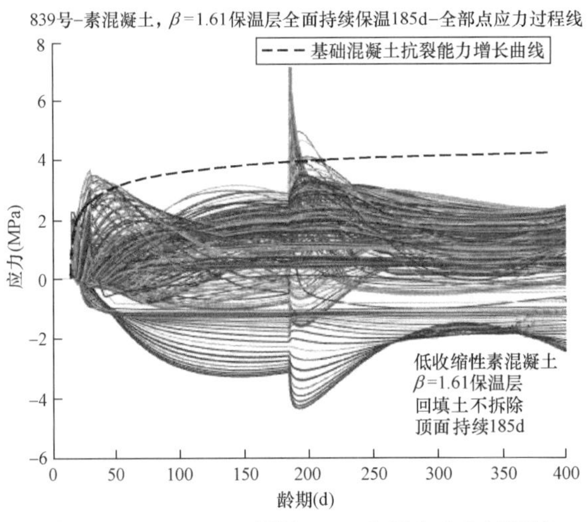

图 11-23　$\beta=1.61$ 保温 185d 全部点应力过程线

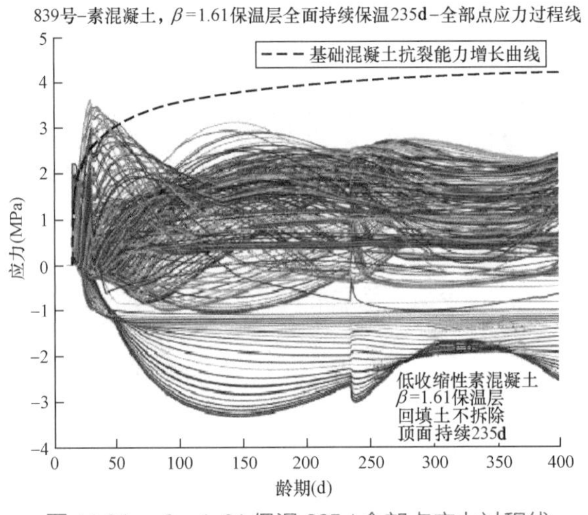

图 11-24　$\beta=1.61$ 保温 235d 全部点应力过程线

允许应力，表面产生冷击裂缝；顶面保温层在混凝土浇筑后235天拆除，混凝土顶面拉应力将小于允许应力，表面不产生冷击裂缝。计算结果表明在200天时拆除，冷机应力与混凝土抗裂能力持平，说明7cm厚保温层在顶面必须持续覆盖6.5个月，才能避免表面产生冷击裂缝。保温层厚度大于7cm的情况类似，持续保温时间必须在200天左右。

由图11-25和图11-26应力过程线可以看出，保温层厚度大于7cm［等效放热系数β小于2.06kJ/(m·h·℃)］的各种方案下，早期应力超标的情况均与保温层厚度为7cm的情况相当。20天以前圆盘边缘与垫层混凝土相邻近的部分拉应力仍大于允许应力，20～50天圆盘边缘上部拉应力仍大于允许应力。而且20天前发生的早期应力以及20～50天之间的早期应力并未随着保温层厚度的增加（等效放热系数减小）而降低。因此长期持续保温的情况下，保温层厚度的增加并不能使20天前发生的早期应力和20～50天之间的早期应力降到允许应力以下，且早期应力值也不随保温层厚度增加而降低。

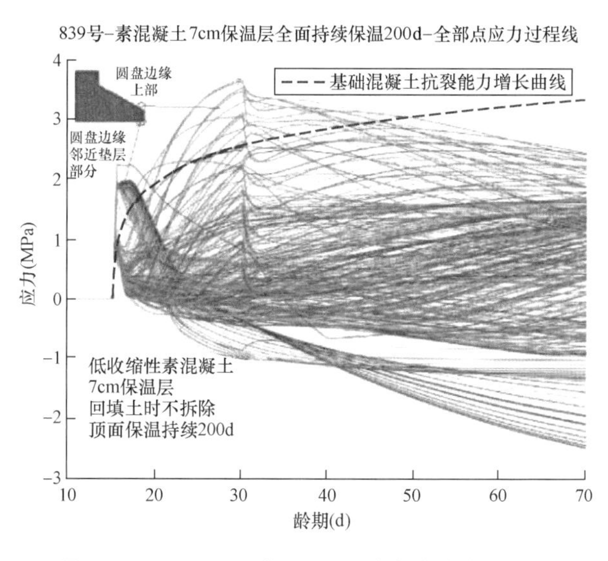

图11-25　$\beta=2.06$保温200d全部点应力过程线

综上所述，风机基础混凝土浇筑后全面保温，表面温度随保温层厚度增加而逐步提高，中心最高温度没有显著变化，但最高温度的分布趋于平衡。混凝土浇筑初期表面拉应力随着保温层厚度增加逐渐降低，但即使保温层厚度达到11cm，浇筑初期表面拉应力仍大于允许应力。混凝土内部拉应力随着保温层厚度增加而逐渐降低，对839算例而言，厚度增加到3cm时，后期内部拉应力即可以降低到允许拉应力以下。因此在绝热温升80℃的条件下，单纯的表面保温，不能解决早期表面拉应力超过允许应力从而产生裂缝的问题，并且随着保温层的加厚，混凝土表面蓄热温度过高，在第30天风机基础混

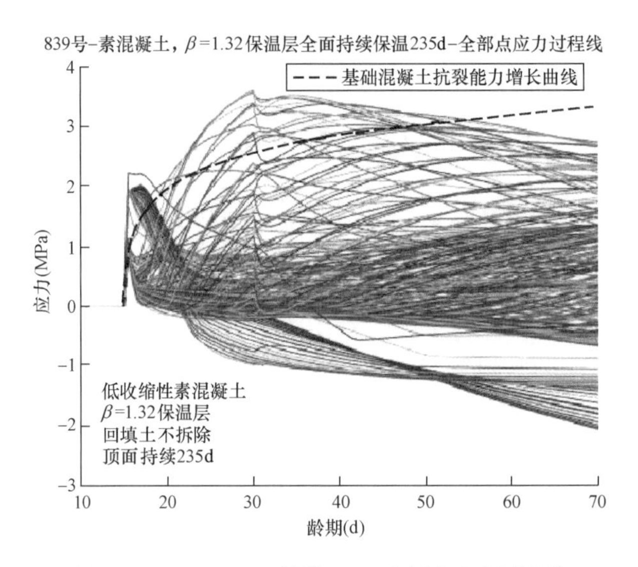

图 11-26 $\beta=1.32$ 保温 235d 全部点应力过程线

凝土斜面、直立面拆除保温层回填土和后期第 60 天顶面拆除保温层时，表面温度急剧下降，产生冷击，表面应力急剧增大远超允许应力。

在第 30 天风机基础混凝土斜面、直立面回填土不拆除保温层，可有效避免回填土时斜面和直立面温度急剧下降产生的冷击。保温层厚度大于 7cm 的情况下，顶面保温层必须维持较长时间，在混凝土浇筑开始后的 200～235 天之间拆除保温层，才能保证表面不产生冷击裂缝。保温层厚度大于 7cm[等效放热系数小于 2.06kJ/(m·h·℃)] 的各种情况下，早期应力超标的情况均与保温层厚度为 7cm 的情况相当。20 天以前的超标部位是圆盘边缘与垫层混凝土相邻近的部分，20～50 天超标部位是圆盘边缘上部。长期持续保温的情况下，保温层厚度增加（等效放热系数减小）并不能使 20 天前发生的早期应力和 20～50 天之间的早期应力降到允许应力以下，且早期应力值也不会随保温层厚度增加而降低。

11.3 冷却水管

11.3.1 分析方案

本小节采用 1m×1m 网格的水管冷却，冷却水温度分别为 12℃ 和 20℃，冷却 14 天，计算方案如表 11-5 所示。

表 11-5　　水管冷却分析计算方案

方案名称	FJ-W1	FJ-W2
冷却水温度（℃）	12	20

11.3.2 效果分析

由图 11-27～图 11-29 温度包路线可以看出，风机基础混凝土浇筑后采用水管冷却，

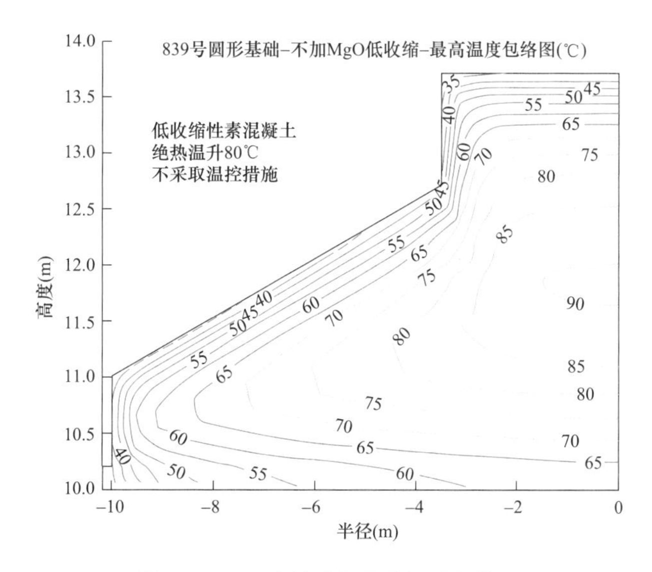

图 11-27　无水管冷却最高温度包络图

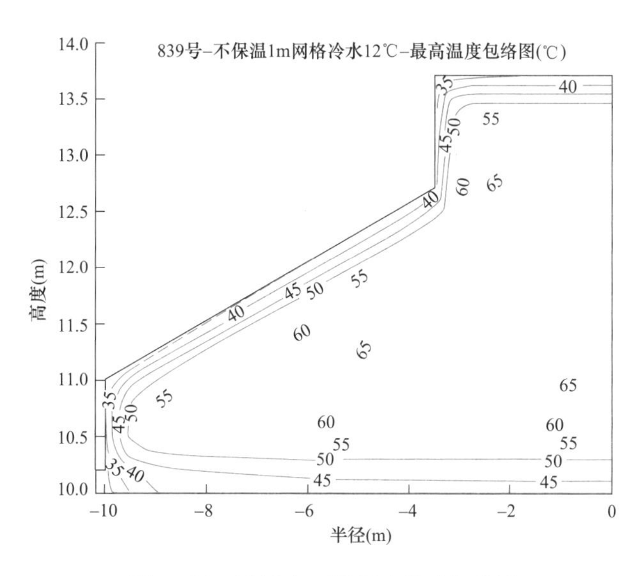

图 11-28　冷却水 12℃最高温度包络图

表面温度没有显著变化，风机基础最高温度发生在风机基础中轴线上距顶端 2.25m 的中心部位附近，最高温度降低明显，从 90℃左右降低到 65℃左右，但 12℃和 20℃冷水中心最高温度没有显著变化。

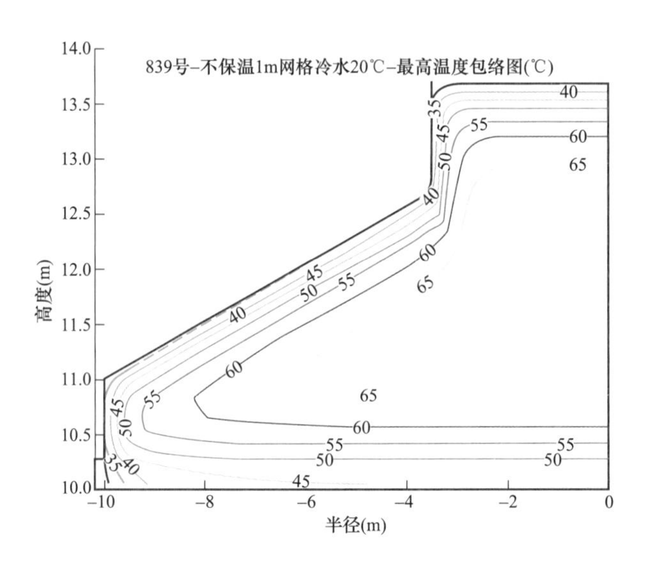

图 11-29　冷却水 20℃最高温度包络图

由图 11-30～图 11-32 最大应力包络线可以看出，风机基础混凝土浇筑后采用水管冷却，表面应力随冷却水温度降低减小而逐步降低。风机基础中心最大应力随冷却水温度降低减小而逐步降低。

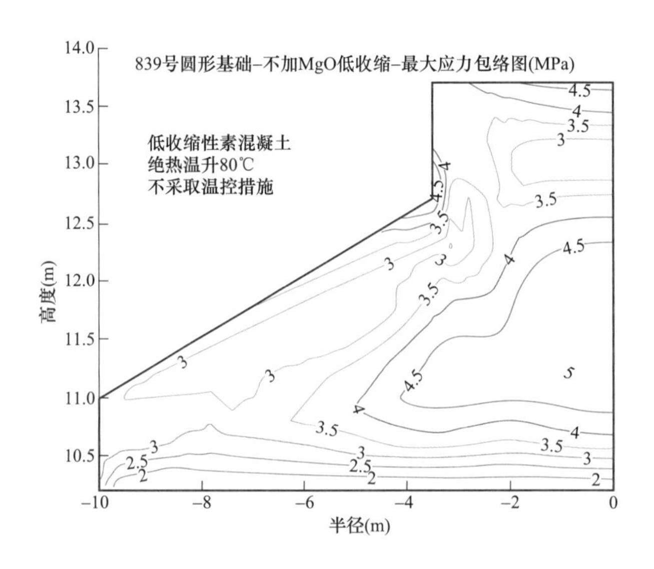

图 11-30　无水管冷却最大应力包络图

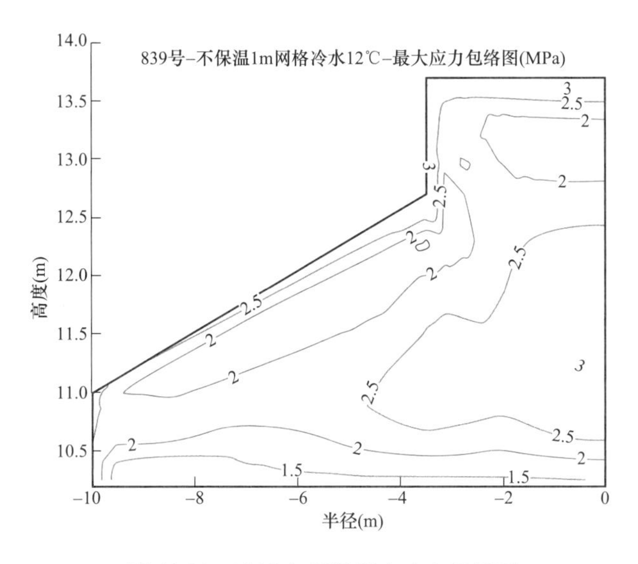

图 11-31 冷却水 12℃最大应力包络图

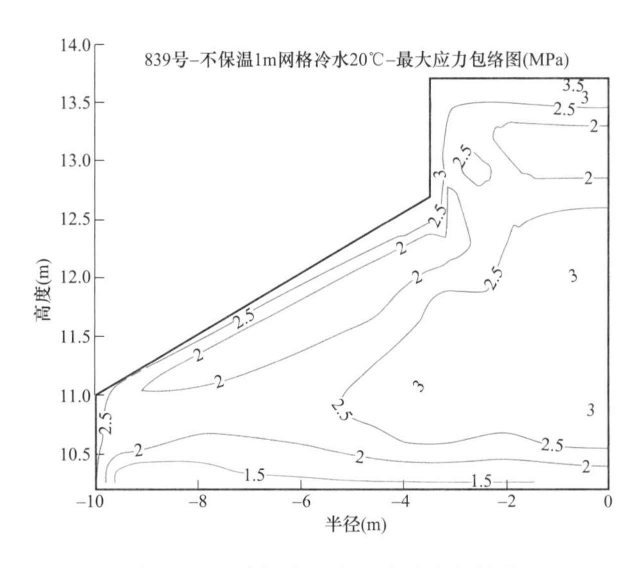

图 11-32 冷却水 20℃最大应力包络图

由图 11-33～图 11-35 应力过程线可以看出，与不采取任何温控措施相比，单纯采用水管冷却，可以使基础混凝土内部后期拉应力降到允许应力以下，效果非常明显。圆盘边缘上部早期表面应力有明显的下降，但是不能完全降到允许应力以下，圆盘边缘邻近垫层部分，应力值有所降低，但仍然远超过允许应力值，只是此区域从拉应力转变为压应力的时间缩短。

综上所述，单纯采用水管冷却，表面温度没有显著变化，最高温度降低明显，从 90℃左右降低到 65℃左右，但 12℃和 20℃冷水中心最高温度没有显著变化。表面应力

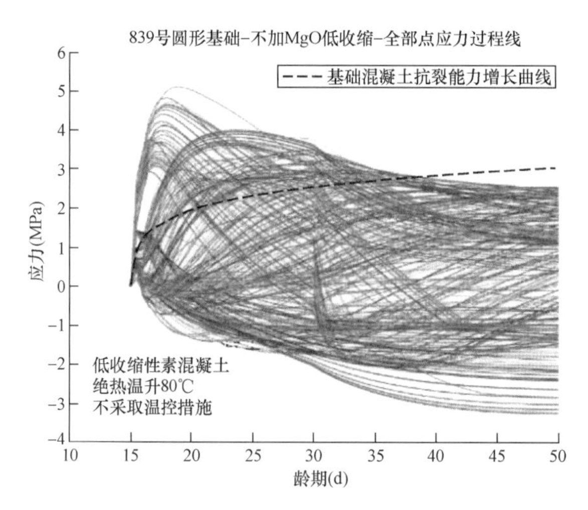

图 11-33　无水管冷却全部点应力过程线

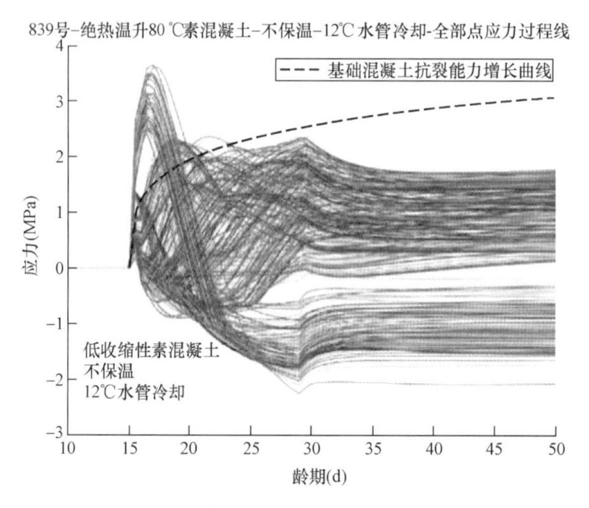

图 11-34　冷却水 12℃全部点应力过程线

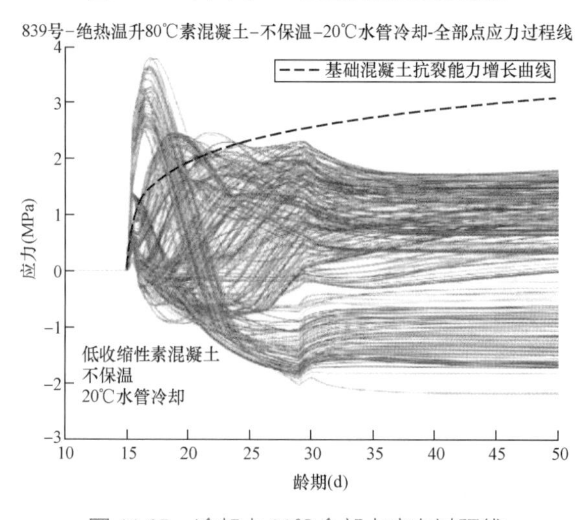

图 11-35　冷却水 20℃全部点应力过程线

及风机基础中心最大应力随冷却水温度降低减小而逐步降低。基础混凝土内部后期拉应力降到允许应力以下，效果非常明显。圆盘边缘上部早期表面应力以及圆盘边缘邻近垫层部分有明显下降，但不能完全降到允许应力以下。因此，单纯采用水管冷却效果比较明显，内部后期拉应力降到允许应力以下，但是单纯采用水管冷却措施，并不能有效控制早期表面拉应力。

11.4　表面保温和冷却水管共同作用

11.4.1　分析方案

通过上文分析，采用水管冷却，已经能够使风机基础混凝土内部拉应力降低到抗裂标准以下；浇筑初期的表面应力也明显下降，但未降到允许应力以下。另外从实施的可能性来讲，20℃的水温，是一般施工地点和季节河道或者地下水温，容易实现。因此采用20℃的水温进行水管冷却的相关分析。同时为避免早期表面裂缝，风机基础混凝土采用表面保温，混凝土表面等效放热系数 β 分别取 21.4、12.42、6.75、4.64、2.85、2.06、1.61、1.32kJ/(m·h·℃)（对应保温层厚度 0.5、1、2、3、5、7、9、11cm），斜面、直立面的保温层在第30天回填土时拆除，顶面在回填土后继续保温到第45天。

综上，具体的分析方案是：采用 1m×1m 网格的水管冷却，冷却水温度为20℃，冷却14天；混凝土表面等效放热系数 β 分别取 21.4、12.42、4.64、2.85、2.06、1.61、1.32kJ/(m·h·℃)。斜面、直立面的保温层在第30天回填土时拆除，顶面在回填土后保温到第45天。

11.4.2　效果分析

由图11-36～图11-39应力过程线可知，圆盘边缘上部表面早期应力，随着混凝土表面等效放热系数降低逐渐降低，当表面等效放热系数为 2.85kJ/(m·h·℃) 时，此部位的早期表面拉应力可全面降低到允许拉应力以下。圆盘边缘邻近垫层部分，在浇筑初期产生的表面应力，随着表面等效放热系数降低而增大，但未有明显变化，此部位应力，在各种计算方案下均会在20天以后由拉引力转为压应力。第30天回填土时，斜面、直立面在各种计算方案下均不会形成冷击。风机基础混凝土顶部在保温层第45天拆除时，当表面等效放热系数小于 4.64kJ/(m・h・℃)，即会产生冷击现象，并且随着表面等效放热系数减小，拆除保温层时产生的冷击应力也逐渐加大。

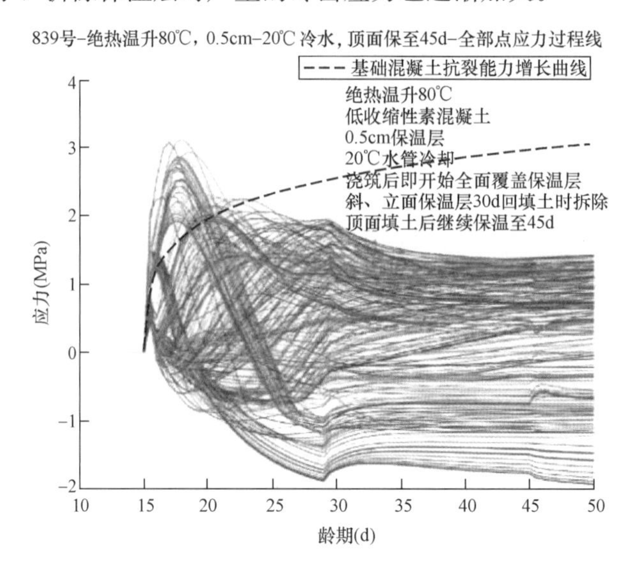

图 11-36　$\beta=21.46$ 全部点应力过程线

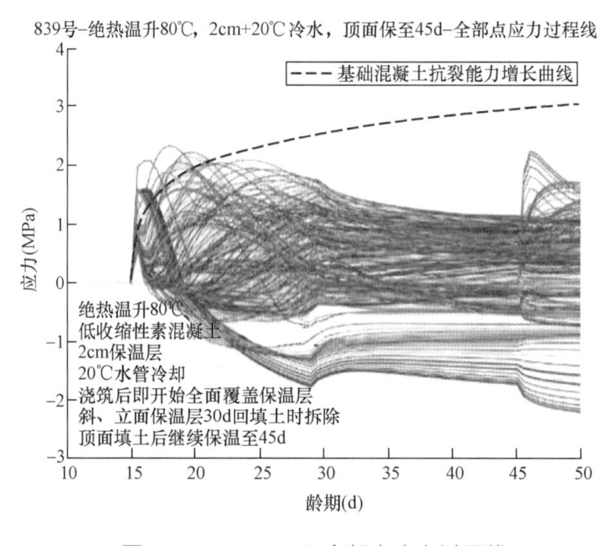

图 11-37　$\beta=6.75$ 全部点应力过程线

在基础混凝土绝热温升 80℃条件下，圆盘边缘邻近垫层部位浇筑初期拉应力超过允许应力，即使采用各种温控措施，也只能改变应力大小和拉应力变为压应力的时间，不能降到允许应力以下。产生原因，此部位的应力，是由于邻近垫层地基部位温度降低比较快，形成了比较大的内外温差或者较大的温度梯度所致，而上文采用的各种温控措施，并不能有效干预此部位的内外温差和温度梯度。解决此处拉应力超标问题，可能有效的办法是在圆盘边缘一定半径范围内，在基础与垫层之间铺设永久保留的保温层。如

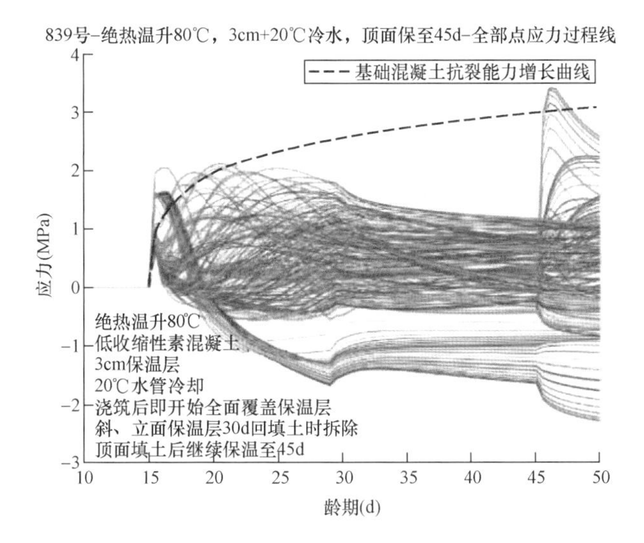

图 11-38　$\beta = 4.64$ 全部点应力过程线

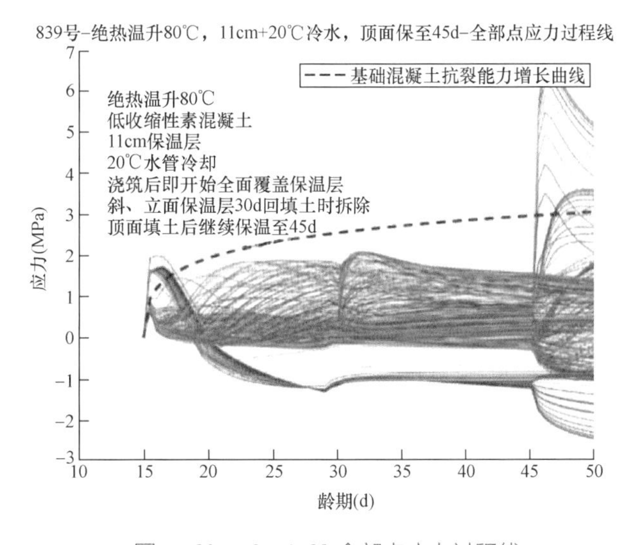

图 11-39　$\beta = 1.32$ 全部点应力过程线

图 11-40 所示。

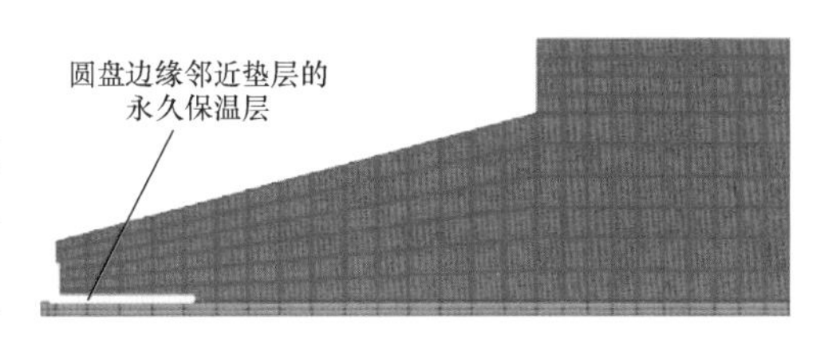

图 11-40　圆盘边缘邻近垫层保温层示意图

由于圆盘边缘部位浇筑初期表面拉应力难以消除，并且在 20 天以后此区域全面转化为压应力区，所以在不考虑此处表面应力的情况下，其中一个可能的温控措施是：浇筑后进行 1m×1m 网格的 20℃ 水管冷却，表面全面覆盖厚度为 5cm[$\beta = 2.85$kJ/(m·h·℃)] 的保温层，回填土时斜面、直立面保温层拆除，顶面继续保温，保温范围为直径 6.5m，即从混凝土边缘延伸到填土内 3m，持续保温直到第 150 天拆

除，即顶面要在基础混凝土浇筑后持续保温 6.5 个月。此种方案下，内部最高温度为 70℃，内外温差为 18℃，如图 11-41 和图 11-42 所示。

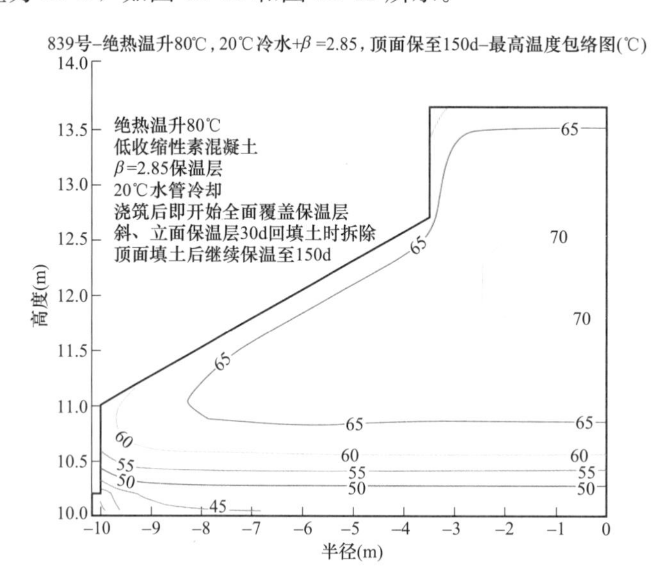

图 11-41　$\beta=2.85$ 最高温度包络图

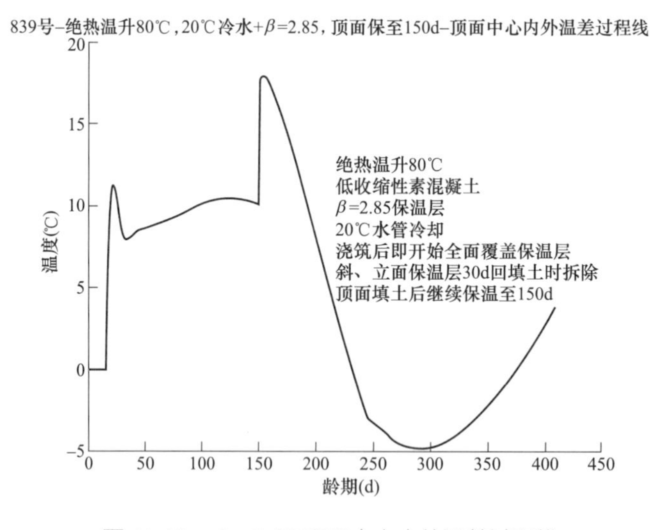

图 11-42　$\beta=2.85$ 顶面中心内外温差过程线

但在实际工程中，顶面持续保温 6.5 个月难以实现，会严重影响后继机组安装施工。

综上所述，风机基础混凝土绝热温升 80℃条件下，如果浇筑后进行 1m×1m 网格的 20℃水管冷却，圆盘边缘上部表面早期应力，随着混凝土表面等效放热系数降低逐渐降低，当表面等效放热系数为 2.85kJ/（m·h·℃）时，此部位的早期表面拉应力即可以全面降低到允许拉应力以下；但上述各种温控措施都难以消除圆盘边缘邻近垫层部分在浇筑初期就会产生的裂缝，圆盘边缘邻近垫层部分，在浇筑 15～20 天后，逐渐从拉应力区转化为压应力区。为了保证后续机组安装施工能够正常进行，在上述各种温控措施中，最为可行的方案是采用 1m×1m 网格的 20℃水管冷却，同时表面覆盖表面等效放热系数为 5.50～6.75kJ/(m・h・℃）的比较薄的保温层（厚度 2～2.5cm)，斜面、直立面的保温层在第 30 天回填土时拆除，顶面在回填土后继续保温到第 45 天，同时保温层扩大覆盖范围，覆盖半径为 6.5m，即延伸到填土中 3m。此种方案下，内部最高温度为 70℃，顶面内外温差不大于 20℃，表面最大应力 2MPa，中心最大应力 2MPa，内部后期拉应力降到允许应力以下，如图 11-43～图 11-46 所示。

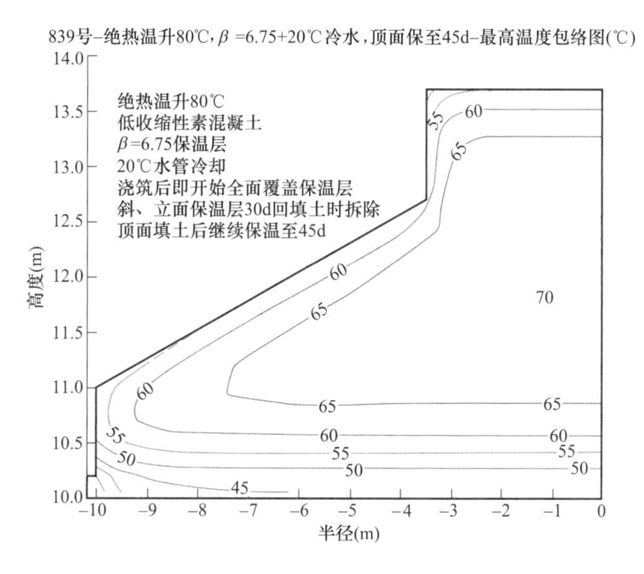

图 11-43　$\beta=6.75$ 最高温度包络图

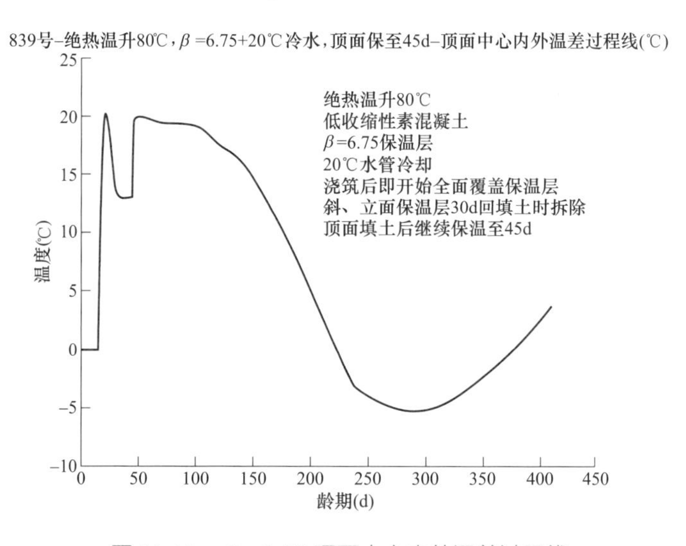

图 11-44　$\beta=6.75$ 顶面中心内外温差过程线

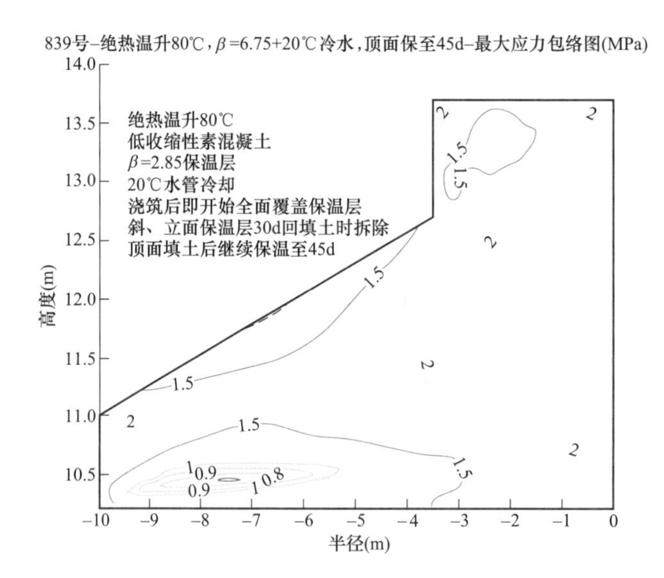

图 11-45　$\beta=6.75$ 最大应力包络图

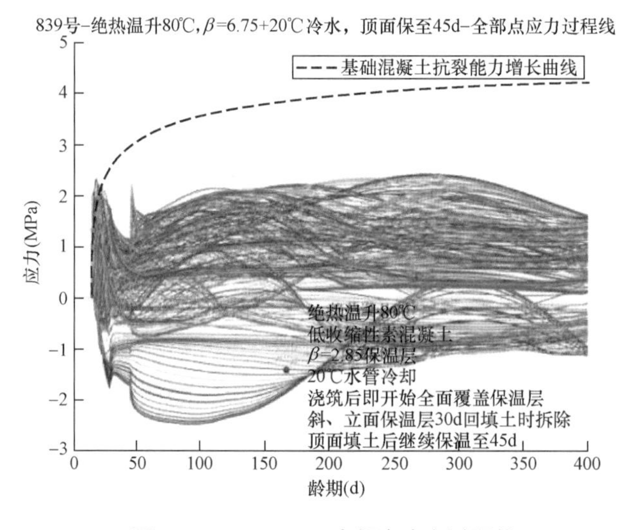

图 11-46　$\beta=6.75$ 全部点应力过程线

11.5　改变绝热温升及其组合温控

11.5.1　改变绝热温升

为了研究绝热温升对基础混凝土温度应力的影响，本小节选择绝热温升为 80、70、60、50、40、30℃六种方案分别对混凝土温度场和应力场进行计算，并绘制出不同方案对应的截面节点应力过程曲线，如图 11-47～图 11-52 所示。

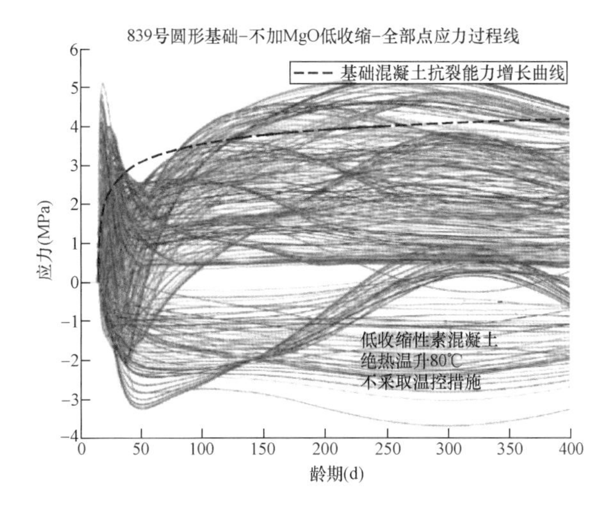

图 11-47　绝热温升 80℃时各点应力过程线

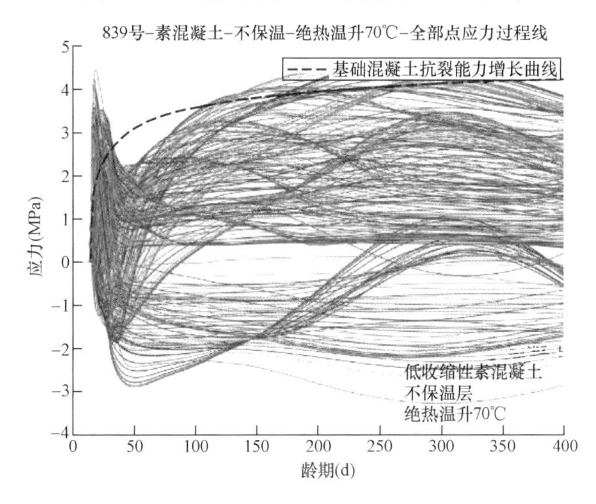

图 11-48　绝热温升 70℃时各点应力过程线

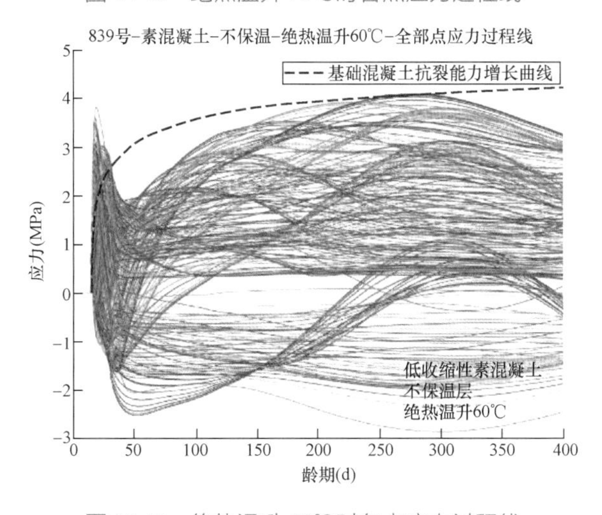

图 11-49　绝热温升 60℃时各点应力过程线

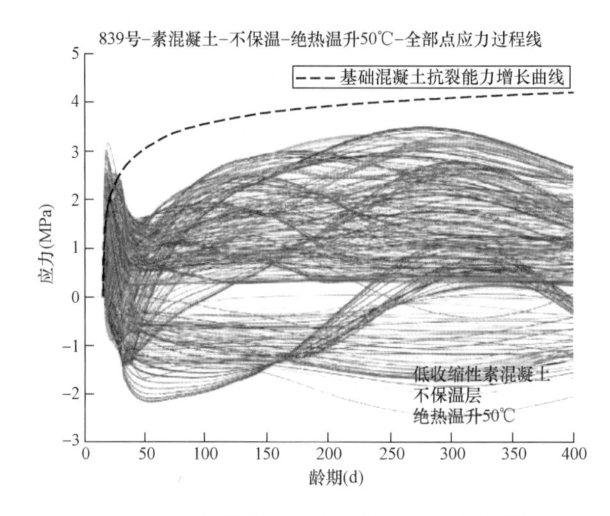

图 11-50　绝热温升 50℃时各点应力过程线

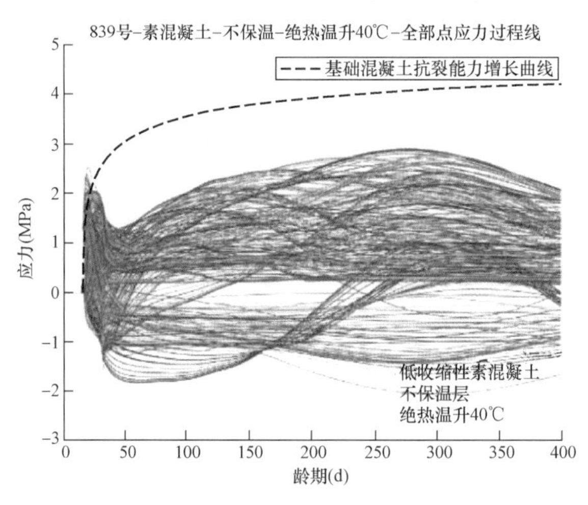

图 11-51　绝热温升 40℃时各点应力过程线

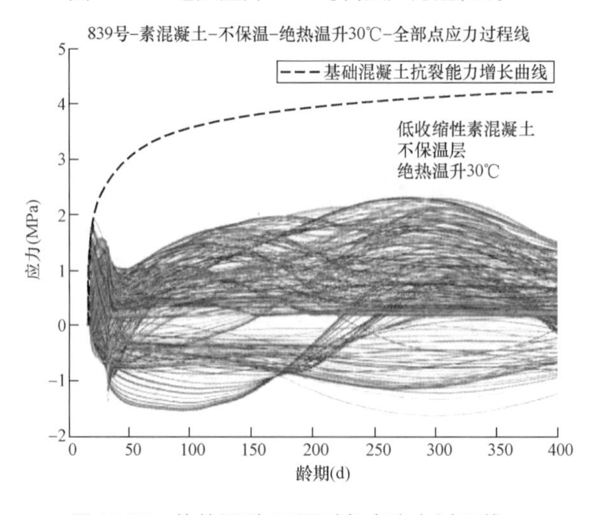

图 11-52　绝热温升 30℃时各点应力过程线

从图 11-53 和图 11-54 可以看出，绝热温升为 80℃时，当基础混凝土浇筑之后，混凝土表面会在短时间内产生较大的拉应力，最高可以达到 5MPa，远远超过混凝土的抗裂能力，因此会在基础表面产生温度裂缝；此时混凝土内部则会产生压应力，在浇筑 30 天之后，内部混凝土应力逐渐增大由压应力转变为拉应力，且超过混凝土的抗裂能力，此时内部混凝土将会出现裂缝。因此当混凝土绝热温升过大时，会在浇筑前期和后期产生不同部位的裂缝。

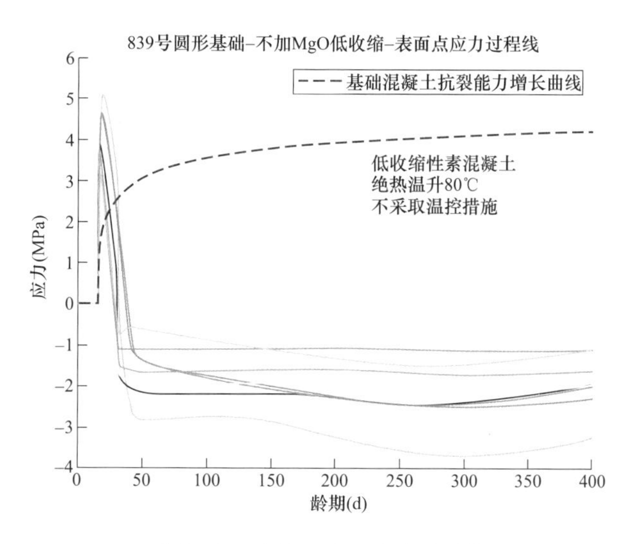

图 11-53　表面点应力变化过程线

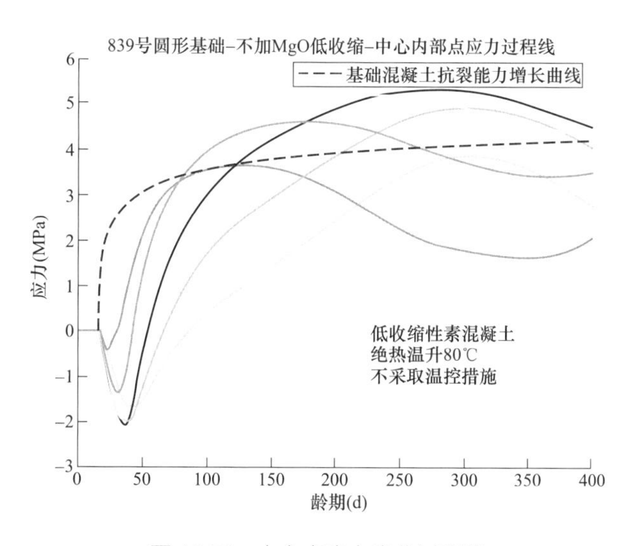

图 11-54　中心点应力变化过程线

为了避免基础混凝土温度裂缝的产生，通过降低混凝土的绝热温升可以很好地解决该问题，如图 11-47～图 11-52 所示。随着混凝土绝热温升逐渐降低，表面节点在浇筑初期产生的拉应力和浇筑后期内部节点产生的拉应力都有明显的减小，当绝热温升由 80℃降低到 30℃时，内部的最高温度可由 90℃降低到 45℃，如图 11-55 和图 11-56 所示。且当绝热温升等于 30℃时，混凝土内部产生的拉应力远远低于基础混凝土抗裂能力，但是在图 11-57 中可以看出，表面节点的拉应力仍略超过基础混凝土的抗裂能力。

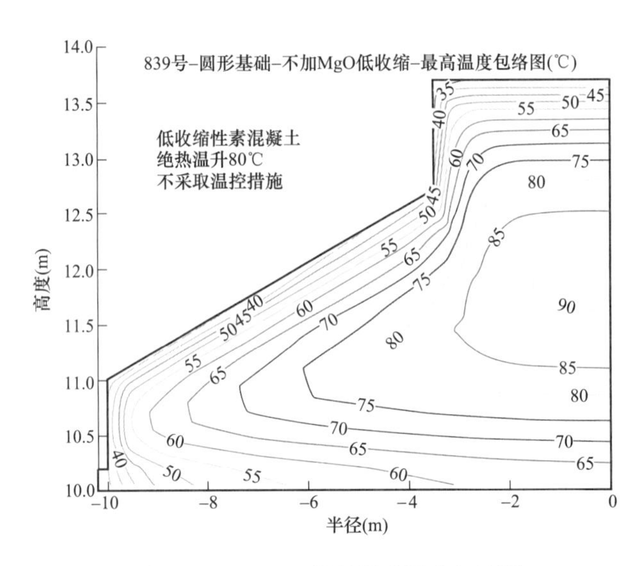

图 11-55　$\theta_0=80$℃的最高温度包络图

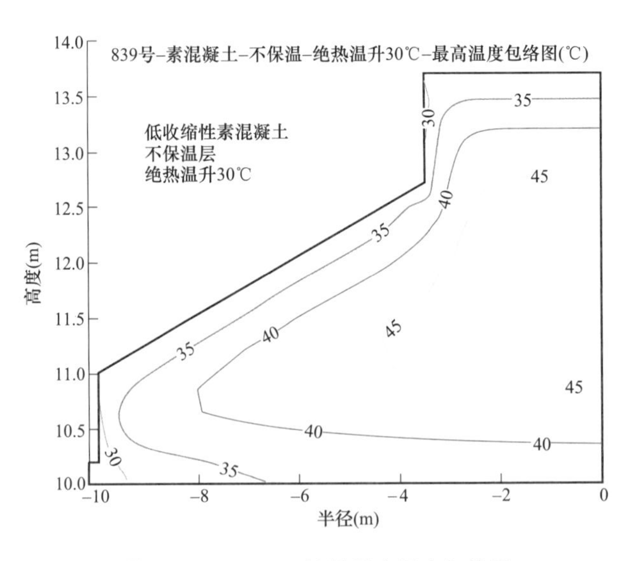

图 11-56　$\theta_0=30$℃的最高温度包络图

综上所述，降低混凝土的绝热温升能够很大程度上减小混凝土产生的温度应力，且对基础混凝土内部的作用较为明显，但若仅仅靠控制绝热温升这一个条件，不能完全保证风机基础混凝土表面不产生温度裂缝。

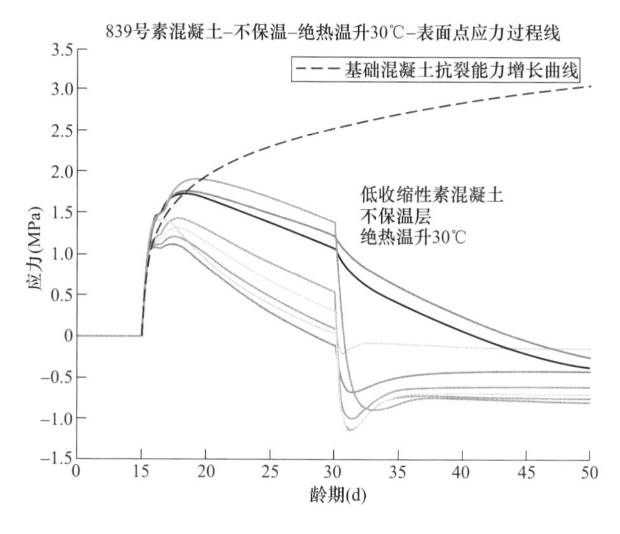

图 11-57　$\theta_0=30$℃的表面点应力过程线

11.5.2　改变绝热温升并加盖保温层

从 11.5.1 节中可以看出，仅通过降低混凝土绝热温升不能使风机基础混凝土表面的应力小于混凝土的抗裂能力，混凝土表面仍存在开裂的可能，因此本小节将研究在降低绝热温升的基础上，在风机基础混凝土表面铺设保温层的措施。具体计算方案如表 11-6 所示，即共需计算 6×7＝42 个计算方案。

表 11-6　　　　加盖保温层计算方案

绝热温升（℃）	30		40		50		60	70		80

保温层厚度（cm）	0.5	1	3	5	7	9	11
等效表面放热系数［kJ/(m·h·℃)］	21.4	12.4	4.64	2.85	2.06	1.61	1.32

对绝热温升为 30～80℃的风机基础表面分别覆盖不同厚度的保温层，且在第 30 天回填土时将风机基础斜面和直立面的保温层进行拆除，顶面的保温层持续保温至第 45 天后进行拆除。对上述不同温控方案的风机基础进行温度和应力计算，并分别绘制出基础混凝土的应力过程线和温度过程线，通过对不同混凝土绝热温升应力过程线的对比，发现不同绝热温升下保温层厚度对温度应力的影响规律相似，因此取绝热温升为 50℃时对应的不同保温层厚度下的应力过程线图，如图 11-58～图 11-64 所示。从图中可以看出当覆盖保温层之后，仍然不能完全避免圆盘边缘部位在浇筑初期

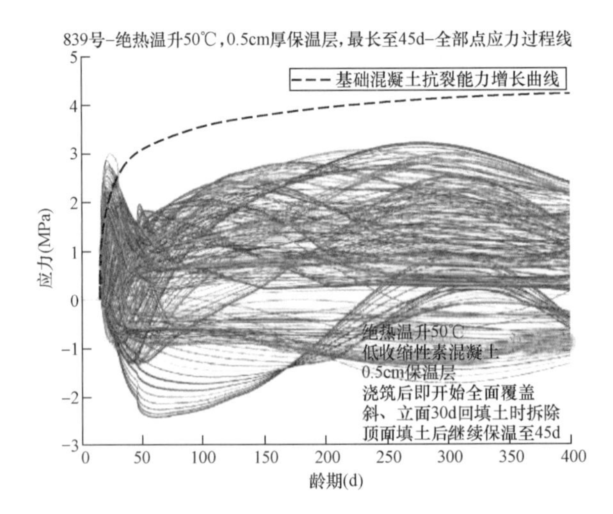

图 11-58　0.5cm 保温层应力过程线

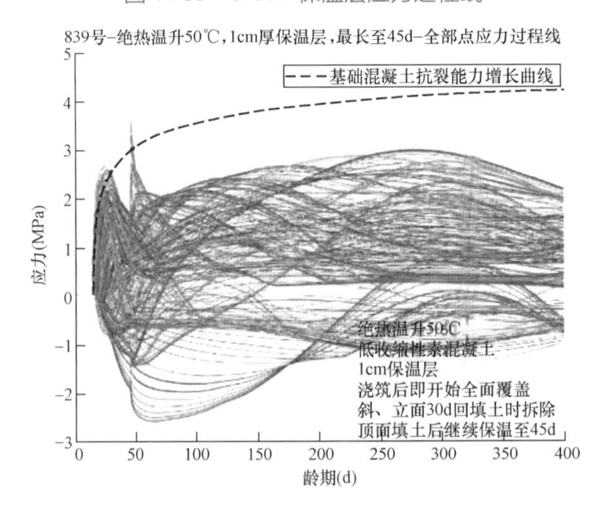

图 11-59　1cm 保温层应力过程线

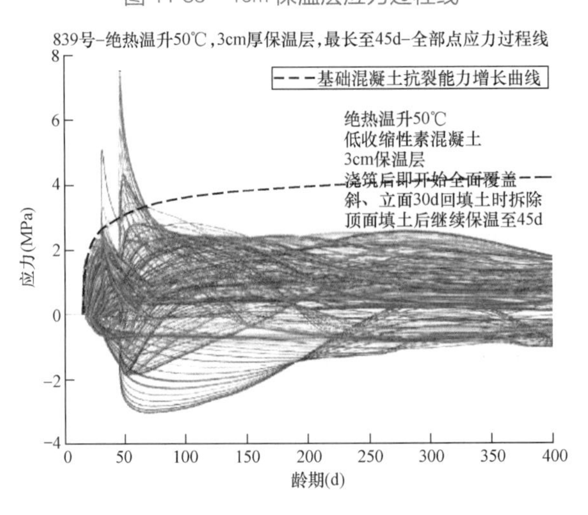

图 11-60　3cm 保温层应力过程线

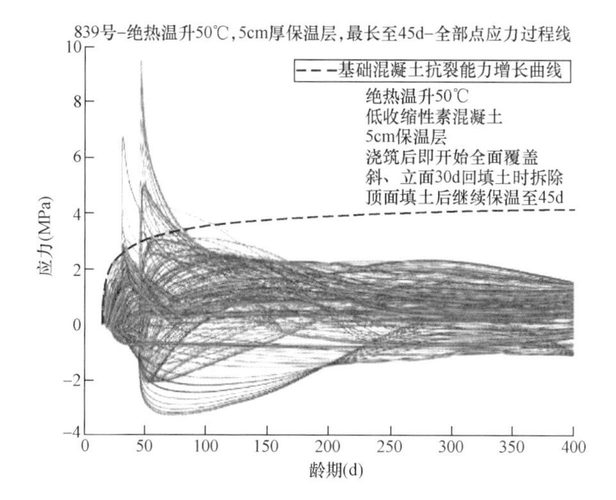

图 11-61　5cm 保温层应力过程线

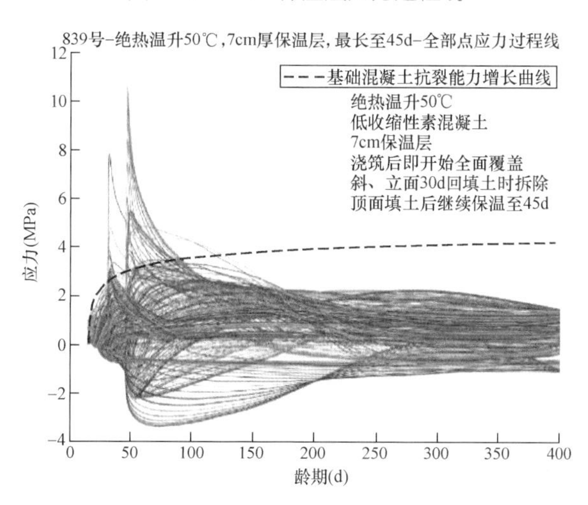

图 11-62　7cm 保温层应力过程线

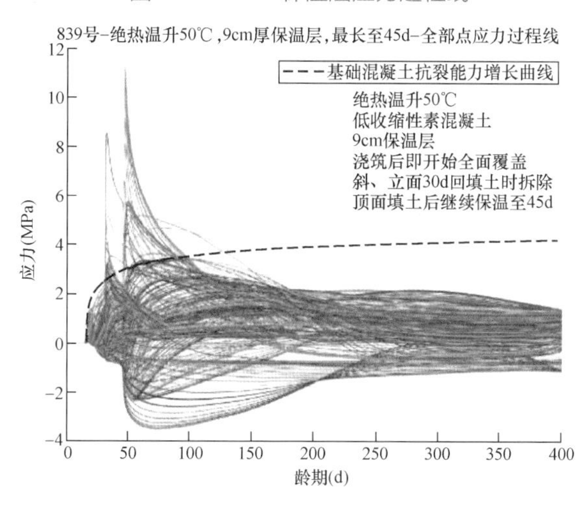

图 11-63　9cm 保温层应力过程线

出现超标的问题，而且随着保温层厚度的加大，其蓄热能力不断增强，表面温度较高，当在第 30 天和 45 天分别拆除风机基础混凝土表面保温层时，由于表面仍然保持较高的温度，导致其和外界气温形成较大的温度差，从而出现冷击现象，使基础表面产生巨大的拉应力，且基础顶面尤为明显。

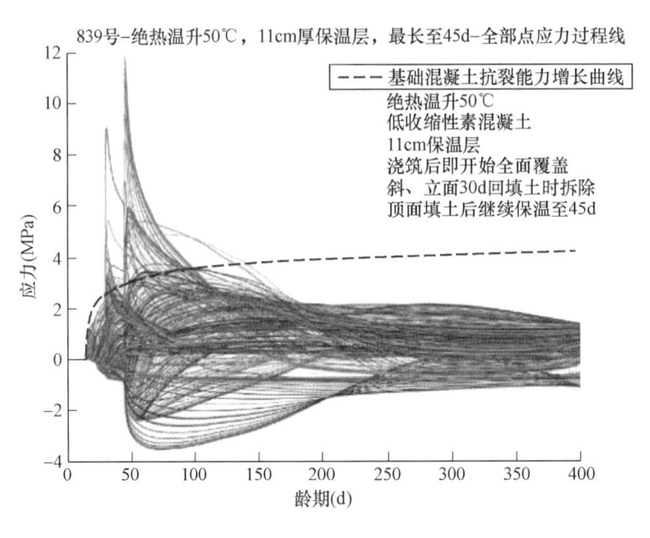

图 11-64　11cm 保温层应力过程线

若要使拆除保温层时因冷击所产生的应力符合混凝土抗裂要求，应通过延长保温层的保温时间，使其在拆除前蓄热降低而减小与外界气温的温度差。本小节分别研究了绝热温升等于 30、40、50℃时不同顶面保温层保温时间对温度应力的影响，当绝热温升为 40℃时，其计算结果如图 11-65～图 11-70 所示。保温层厚度为

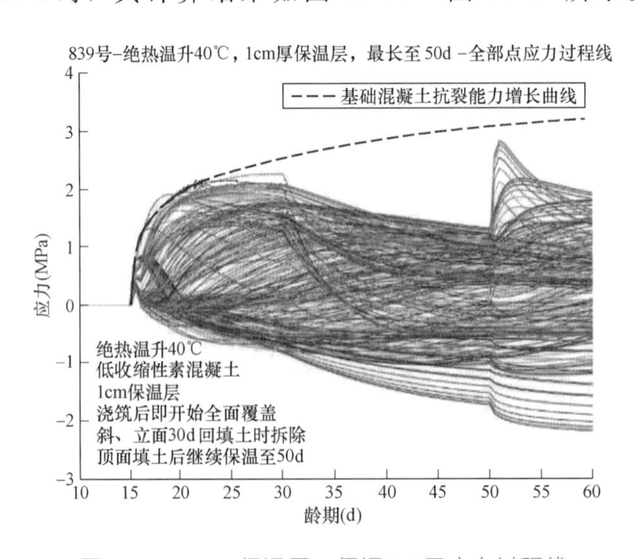

图 11-65　1cm 保温层，保温 50 天应力过程线

1.0cm，须将顶面保温层的保温时间延长至第50天，才能使应力小于抗裂能力，且此时的风机基础表面中心点的内外温差为27℃；当厚度为1.5cm，需要将保温时间延长至第65天，即浇筑后的第50天，此时的内外温差控制在25℃；当厚度变为3cm时，虽然所有节点的应力均能控制在抗裂能力之内，但是顶面保温时间需延长至第130天，即浇筑后第115天，此时内外温差控制在23℃。由此可以看出当保温层厚度越大时，所需要的顶面保温时长越长，因此在风机基础混凝土表面加盖保温层时，应选取合适的层厚。

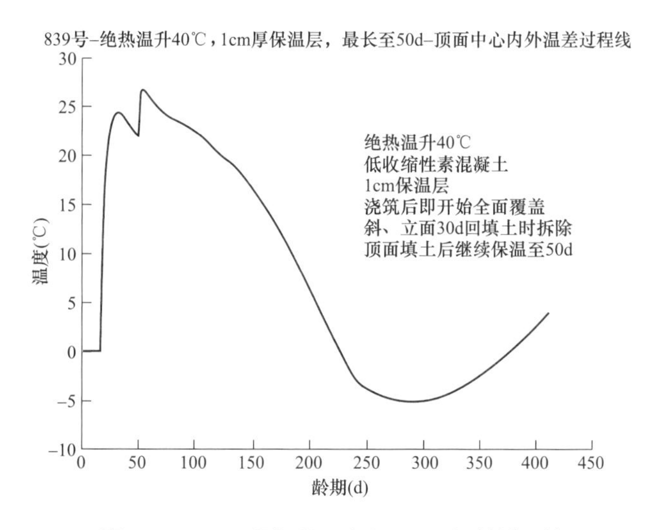

图11-66　1cm保温层，保温50天温差过程线

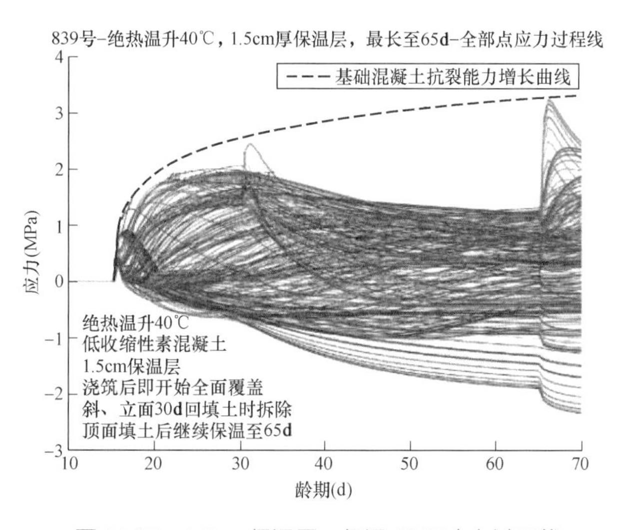

图11-67　1.5cm保温层，保温65天应力过程线

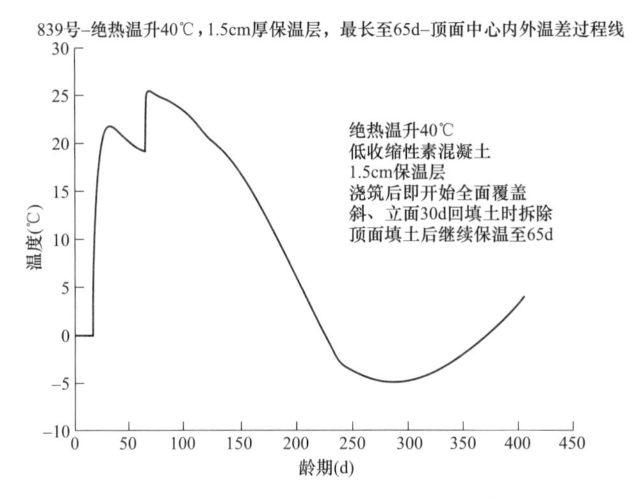

图 11-68　1.5cm 保温层，保温 65 天温差过程线

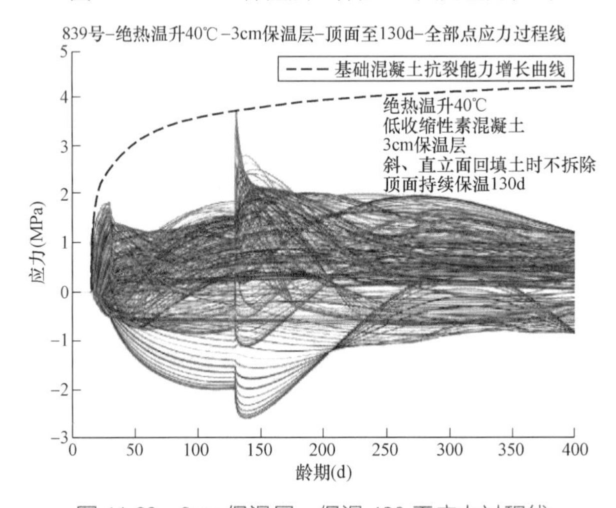

图 11-69　3cm 保温层，保温 130 天应力过程线

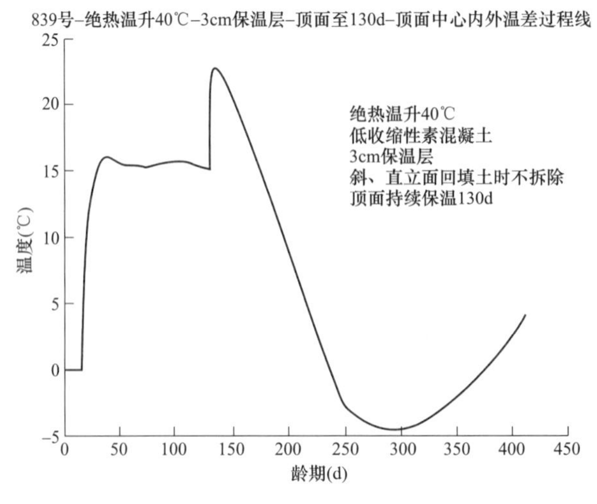

图 11-70　3cm 保温层，保温 130 天温差过程线

11.5.3 改变绝热温升、加盖保温层、加设冷却水管共同作用

本小节计算了绝热温升、加盖保温层和加设冷却水管三种温控措施同时作用下的风机基础温度和温度应力。具体计算方案如表 11-7 所示。

表 11-7　　改变绝热温升、加盖保温层、加设冷却水管计算方案

绝热温升（℃）	70		60			50	
保温层厚度（cm）	0.5	1	3	5	7	9	11
等效表面放热系数[kJ/(m·h·℃)]	21.4	12.4	4.64	2.85	2.06	1.61	1.32
冷却水温度（℃）	20						
冷却水管网格密度	1m×1m						

当绝热温升为 70℃，采用表面保温，且直立面和斜面保温层在第 30 天填土时拆除，顶面保温层直径扩大为 6.5m 继续保温到 45 天，并加设 20℃ 水管冷却的温控措施时。从图 11-71～图 11-74 未加设和加设冷却水管后的应力过程线图中可以看出，加设冷水管

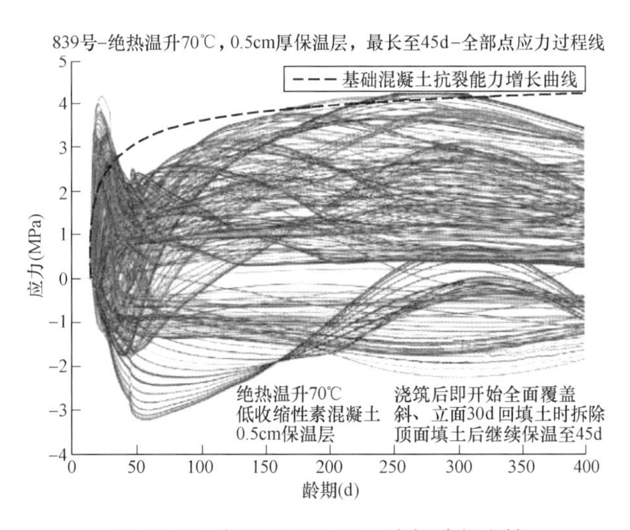

图 11-71　保温层厚 0.5cm 未加冷却水管

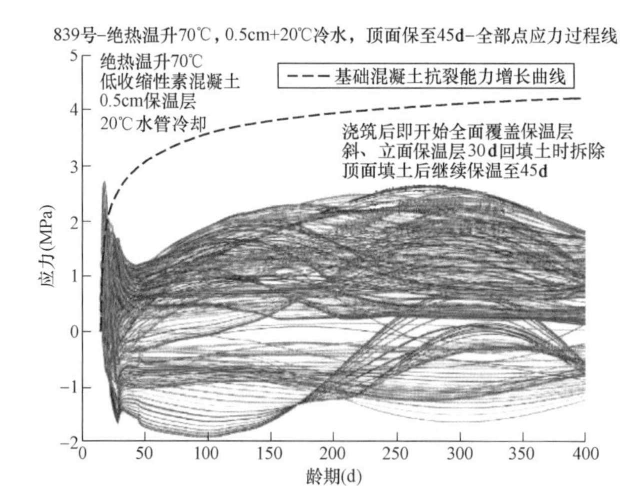

图 11-72　保温层厚 0.5cm 20℃冷水

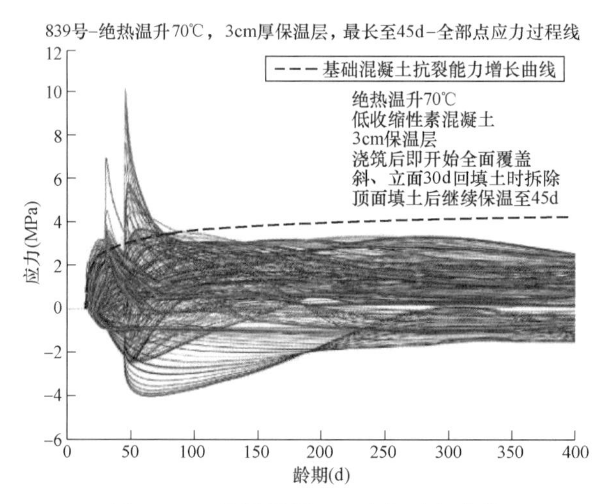

图 11-73　保温层厚 3cm 未加冷却水管

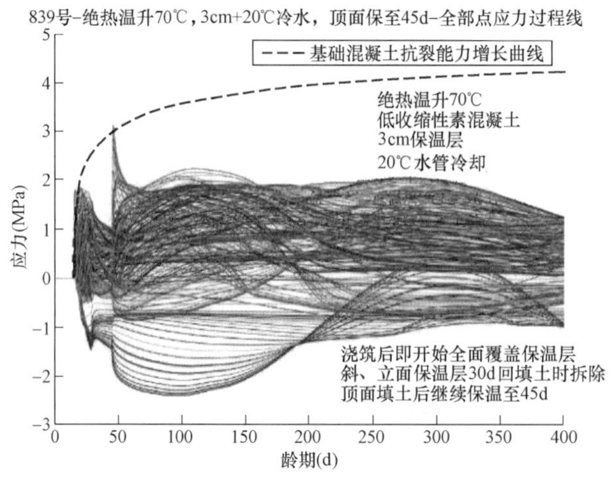

图 11-74　保温层厚 3cm 20℃冷水

之后风机基础边缘上部的应力状况能够迅速好转，虽不能完全消除混凝土早期发生在圆盘边缘临近垫层部位的拉应力，但是能够很好地控制浇筑后期内部产生的拉应力，且效果明显。

从图 11-74 中可以看出，当选择层厚为 3cm 的保温层时，第 45 天冷击所产生的拉应力已经控制在混凝土抗裂能力附近。经过计算，若将顶面保温时间延长至第 55 天，此时的冷击拉应力可以控制在混凝土抗裂能力之内，此时的内外温差为 19℃，内部最高温度为 60℃，如图 11-75～图 11-77 所示。

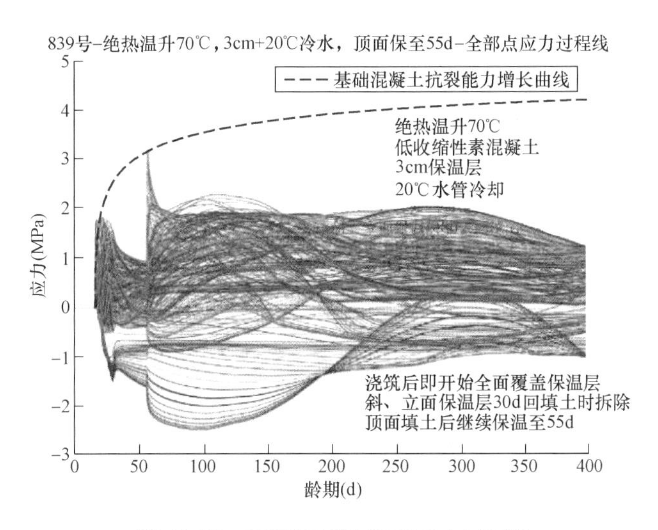

图 11-75　顶面保温至 55 天应力过程线

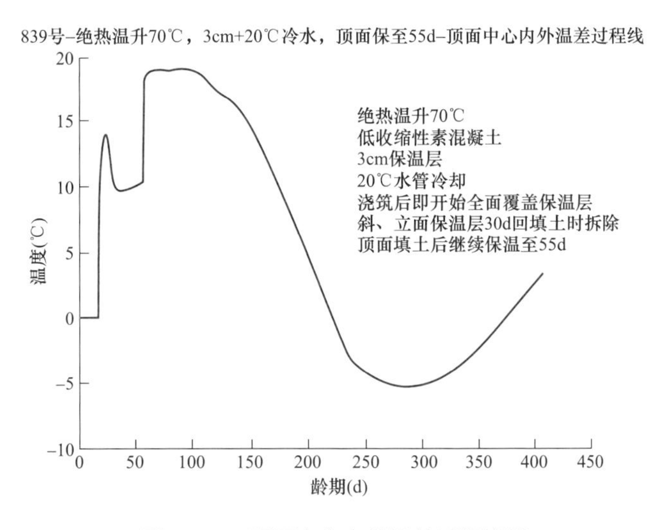

图 11-76　顶面中心内外温差过程线图

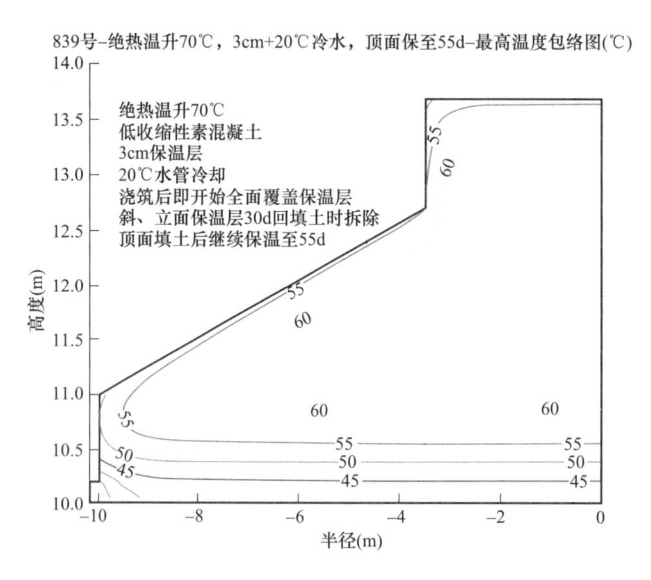

图 11-77　最高温度包络线

计算结果显示，绝热温升为 60℃和 50℃时，加设冷却水管的作用和绝热温升为 70℃的规律相同，保温层采用 2～3cm 的厚度既能最大程度地减小浇筑早期表面混凝土的拉应力，也能保证后期因冷击所产生的拉应力在混凝土抗裂能力之内。

综上所述，控制风机基础混凝土裂缝的最根本途径还是控制绝热温升，同时需要注意，表面应力与保温层厚度密切相关，必须采用合适的保温层厚度，并且需要注意选取合适的拆除时间，避免产生过大冷击应力。具体保温层的厚度和拆除时间，难以分析出确定的规律，需要根据工程具体情况，通过仿真模拟计算分析确定。

11.6　MgO 抗裂剂

MgO 作为一种抗裂剂，其在水化过程中所产生的 $Mg(OH)_2$ 可以使固相体积增大，因此在混凝土中掺入适量的 MgO，可抵消部分因后期降温产生的体积收缩，从而有效地防止混凝土出现开裂。

11.6.1　自生体积变形考虑因素

本小节以圆盘风机基础为例对 MgO 抗裂剂做了研究。分别计算了风机基础不计自生体积变形、全断面加 MgO 只考虑龄期的影响和全断面加 MgO 同时考虑温度和龄期三种情况。

由于缺乏相关试验资料，加 MgO 后混凝土自生体积变形随温度和龄期的变化过程见参考文献［10］的数据。

由图 11-78～图 11-83 应力过程线和最大应力包络图可以看出，不考虑自生体积变形，与全断面加 MgO 只考虑自生体积变形和龄期的影响两种情况应力变化过程和各部位最高应力分布都是非常类似的，但是和全断面加 MgO 同时考虑自生体积变形与温度和龄期的情况相比，有较大的不同，当考虑温度和龄期的共同作用时，顶部、圆盘边缘和斜面与直立面相交的拐点部位，最高应力显著提高，且主要是在浇筑早期有明显的加大，而对内部应力影响不大。

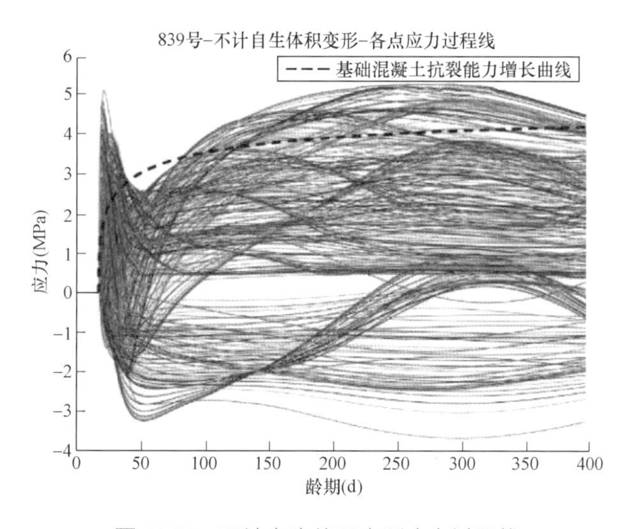

图 11-78　不计自生体积变形应力过程线

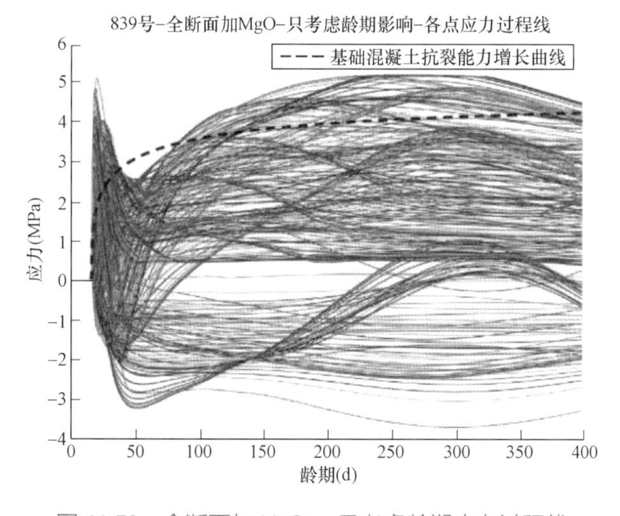

图 11-79　全断面加 MgO，只考虑龄期应力过程线

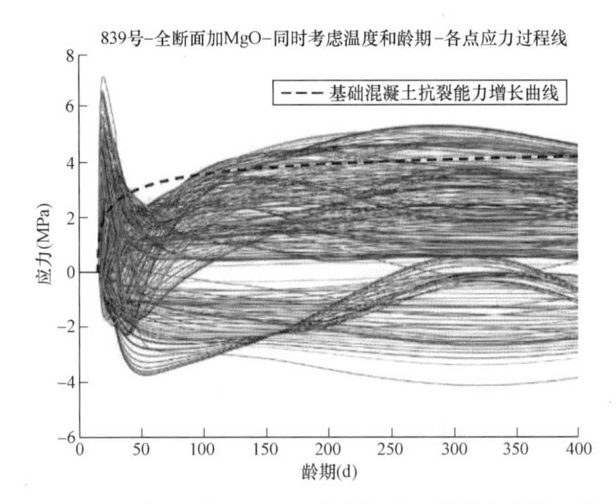

图 11-80 全断面加 MgO，考虑温度和龄期应力过程线

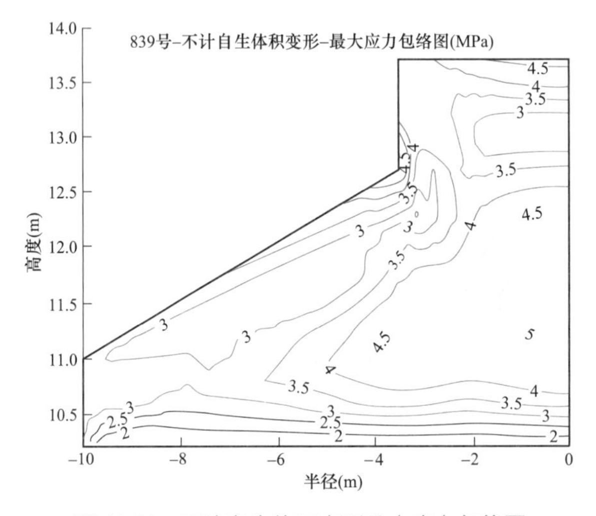

图 11-81 不计自生体积变形最大应力包络图

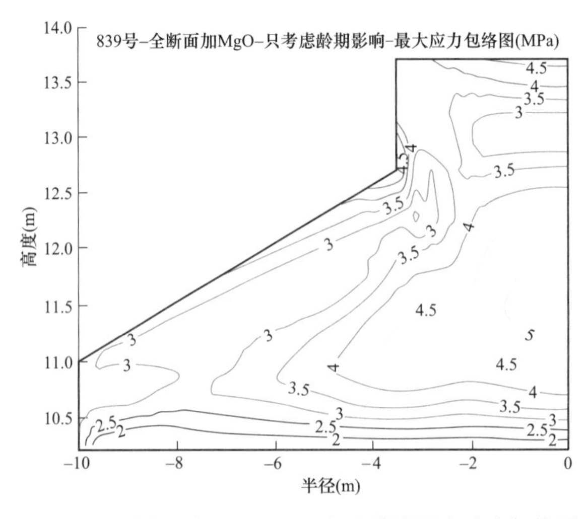

图 11-82 全断面加 MgO，只考虑龄期最大应力包络图

由于风机基础混凝土内部温度比较高，而温度对混凝土的水化程度的影响是非常显著的，所以自生体积变形应该同时考虑混凝土自身温度变化过程和龄期的影响。

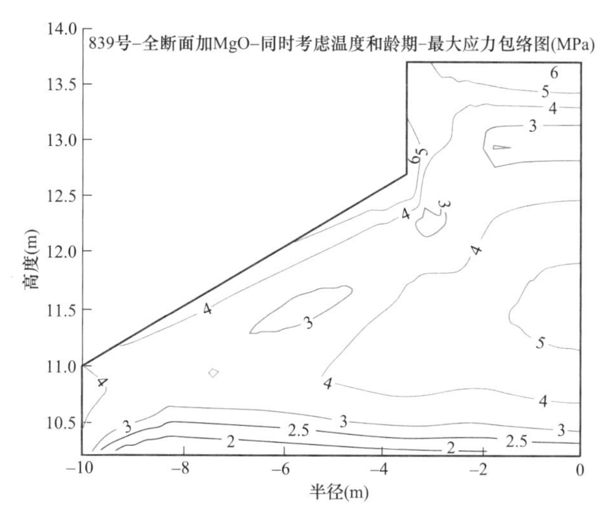

图 11-83　全断面加 MgO，考虑温度和龄期最大应力包络图

11.6.2　抗裂剂添加部位

从 11.6.1 节中可以看出，风机基础混凝土全断面添加 MgO 所产生的应力补偿在不同部位有不同效果，在基础部位可以降低拉应力，但表面混凝土的拉应力明显增大，因此对 MgO 添加部位的研究具有重要的意义。本小节分别对不加 MgO、全断面加 MgO、基础外部添加 MgO 和基础混凝土内部不同范围添加 MgO（添加部位如图 11-84～图 11-93）做了计算和研究，加 MgO 后混凝土自生体积变形同时考虑温度和龄期两个参数。各种计算方案的最大应力包络图如图 11-84～图 11-93 所示。

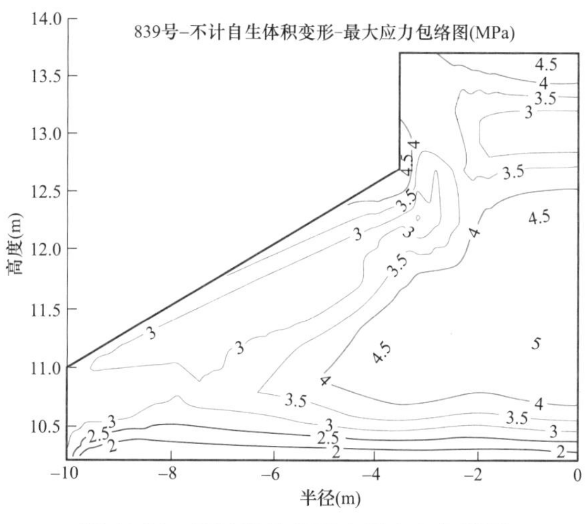

图 11-84　不计自生体积变形应力包络图

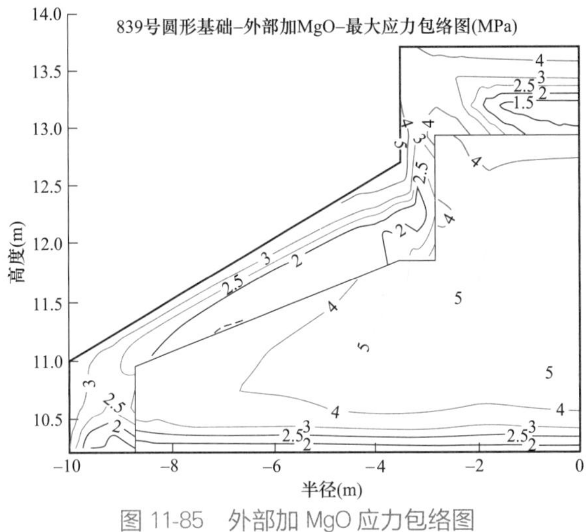

图 11-85　外部加 MgO 应力包络图

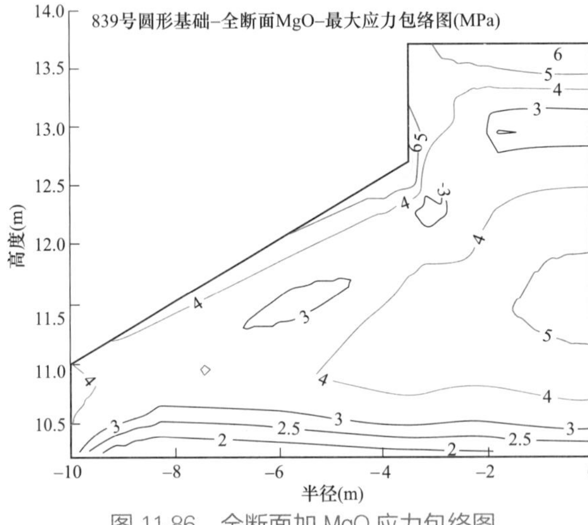

图 11-86　全断面加 MgO 应力包络图

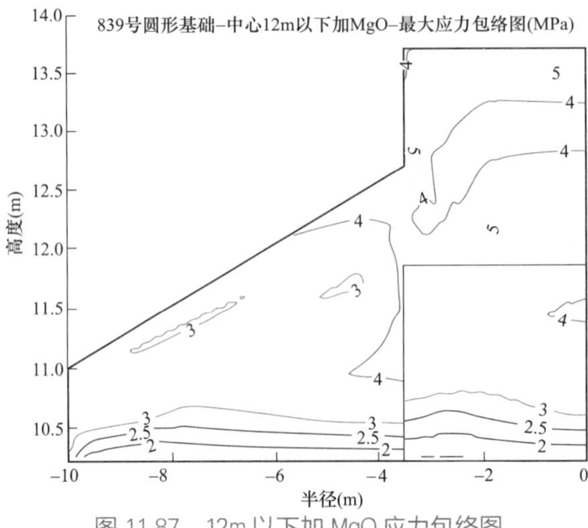

图 11-87　12m 以下加 MgO 应力包络图

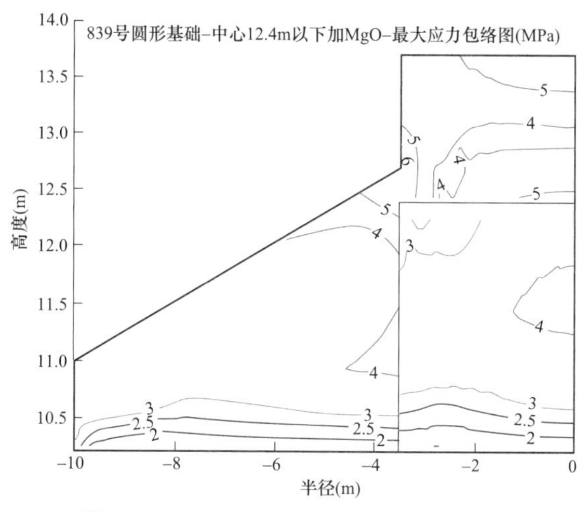

图 11-88　12. 4m 以下加 MgO 应力包络图

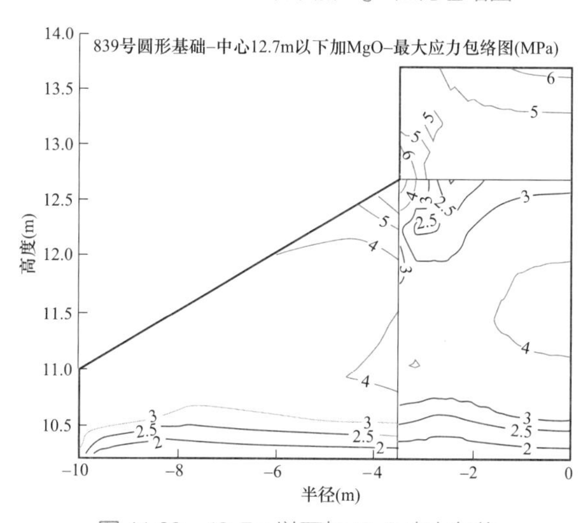

图 11-89　12. 7m 以下加 MgO 应力包络

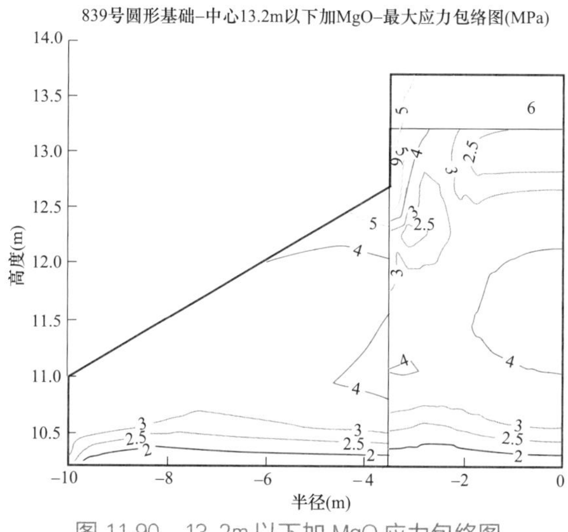

图 11-90　13. 2m 以下加 MgO 应力包络图

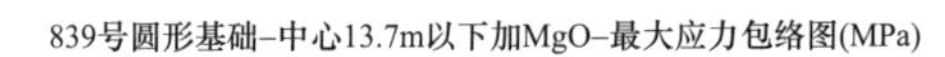

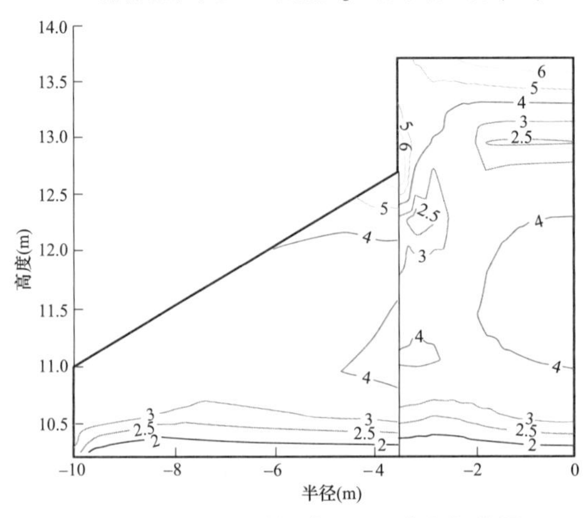

图 11-91　13.7m 以下加 MgO 应力包络图

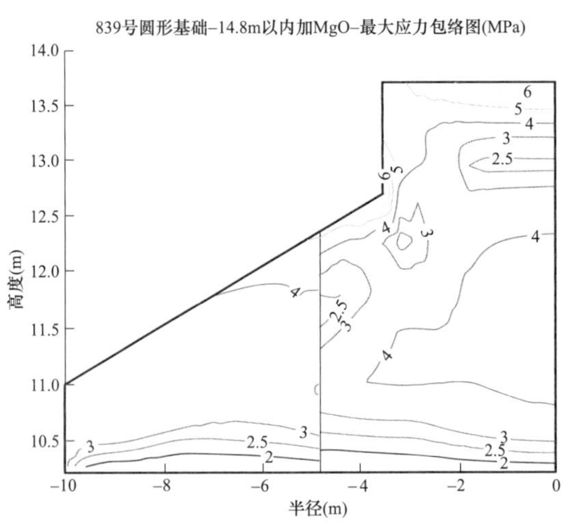

图 11-92　半径 4.8m 以内加 MgO 应力包络图

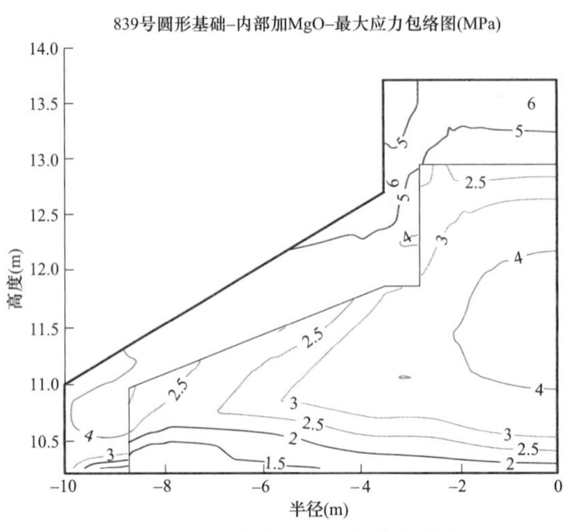

图 11-93　内部加 MgO 应力包络图

从图 11-84～图 11-93 可以看出，全断面加 MgO、在基础混凝土内部不同范围加 MgO，都不同程度地加大了拉应力，只有在外部加 MgO 和不加 MgO 基本持平，但并没有使表面应力显著下降。

为了更清楚地看出添加 MgO 对内外节点应力的影响趋势，选择部分案例的表面点应力过程线和内部点应力过程线进行对比，如图 11-94～图 11-105 所示。

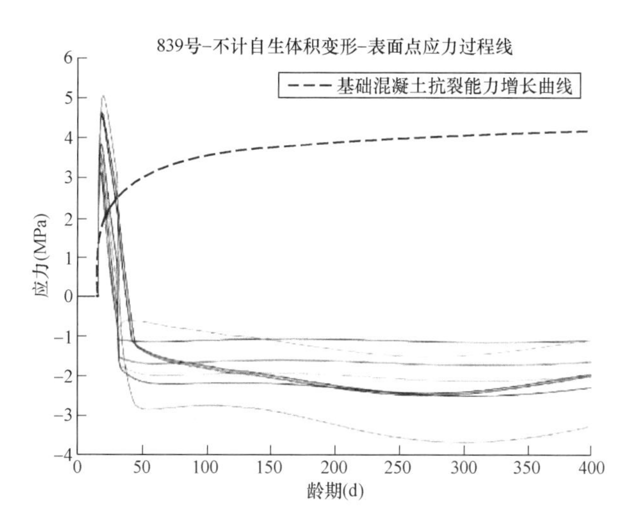

图 11-94　不计自生体积变形表面应力过程线

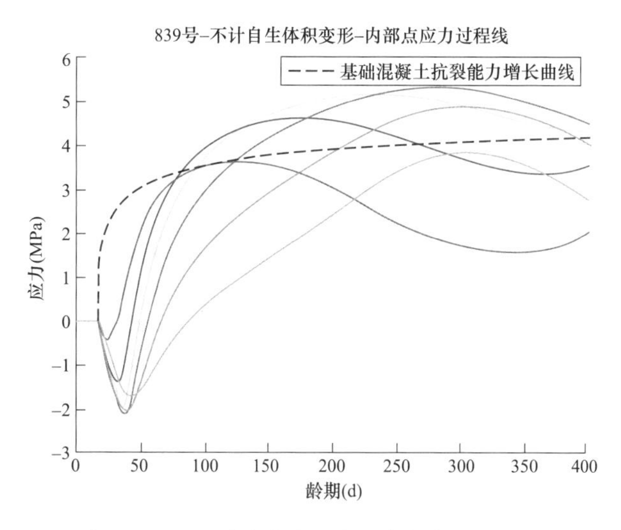

图 11-95　不计自生体积变形内部应力过程线

从图 11-94～图 11-105 中可以看出，掺加 MgO 后，表面点应力变化规律没有改变，都是在浇筑开始后即产生较大拉应力并超过允许抗裂能力，30 天以后，基本表面拉应力区就转化为压应力区。对于表面应力而言，各种掺加 MgO 的方式，都没有得到使表面

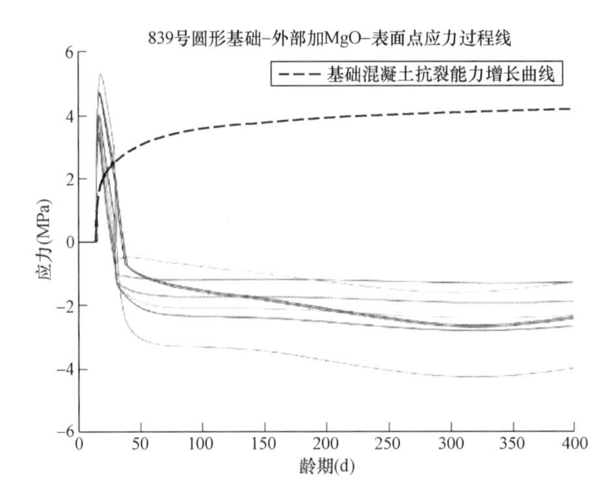

图 11-96　外部加 MgO 表面点应力过程线

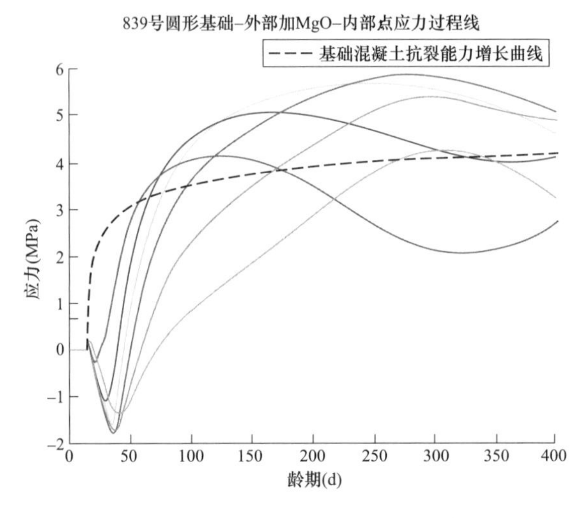

图 11-97　外部加 MgO 内部点应力过程线

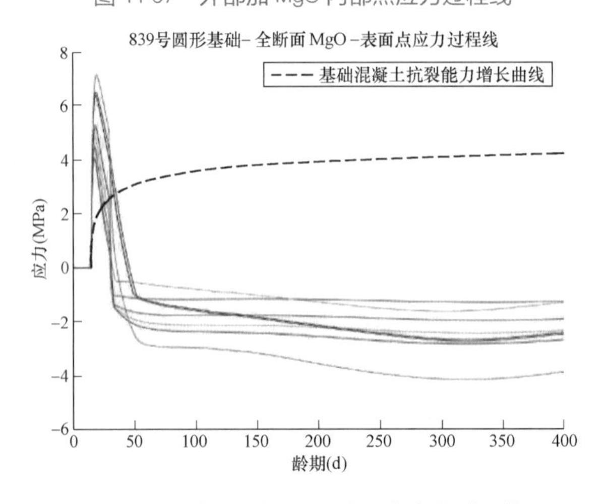

图 11-98　全断面加 MgO 表面点应力过程线

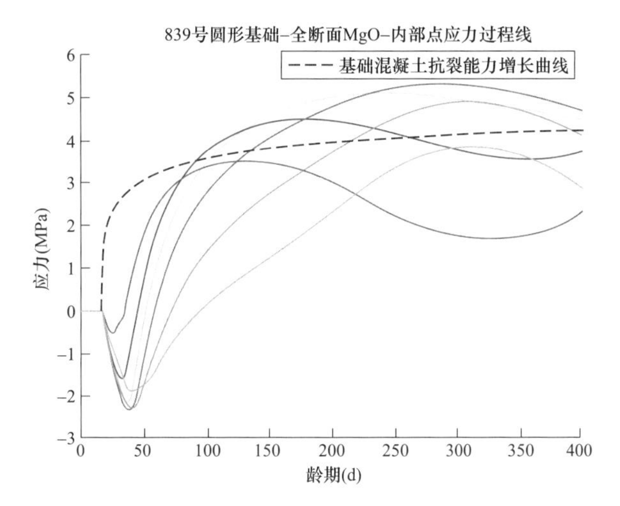

图 11-99　全断面加 MgO 内部点应力过程线

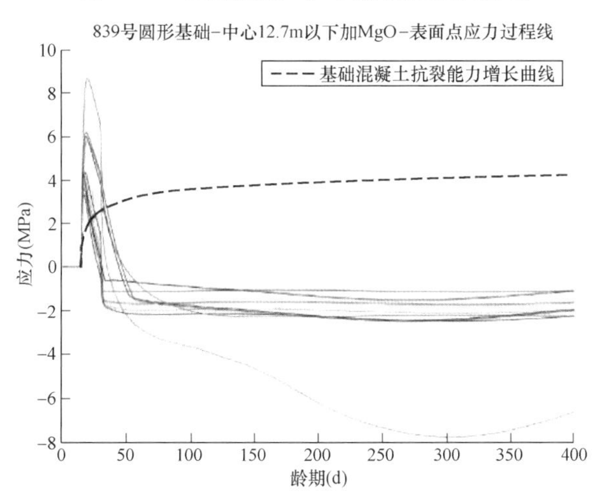

图 11-100　中心 12. 7m 以下加 MgO 表面应力过程线

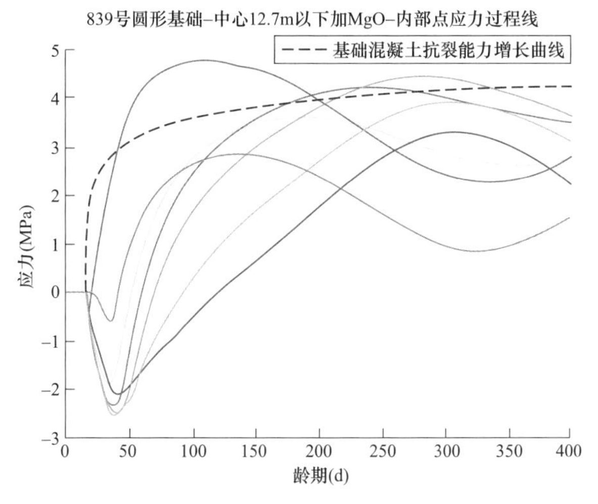

图 11-101　中心 12. 7m 以下加 MgO 内部应力过程线

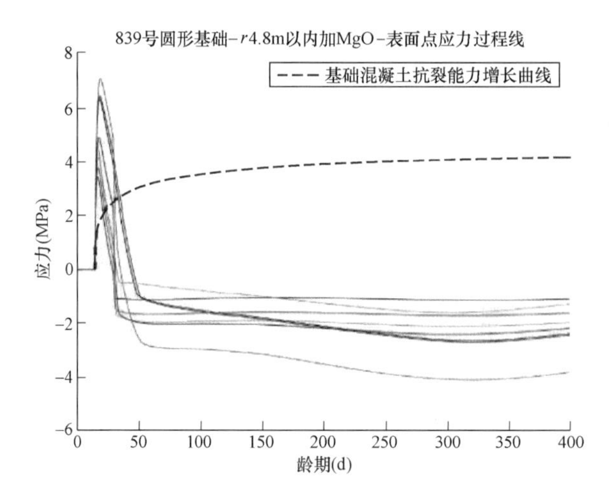

图 11-102　半径 4. 8m 以内加 MgO 表面应力过程线

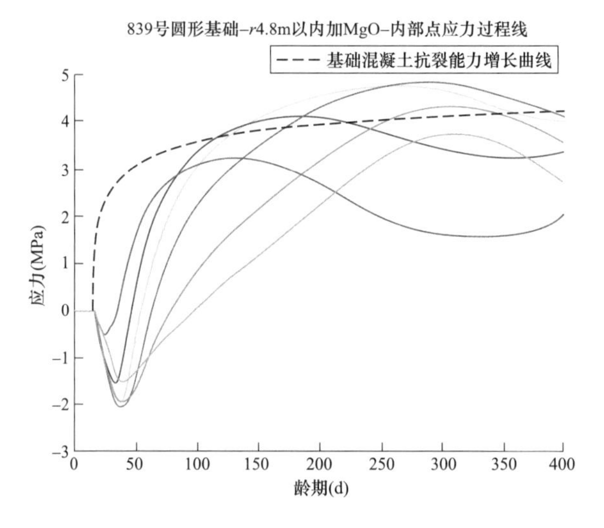

图 11-103　半径 4. 8m 以内加 MgO 内部应力过程线

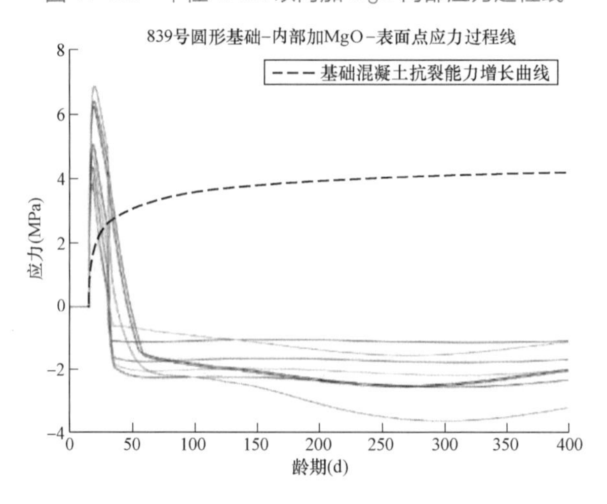

图 11-104　内部加 MgO 表面点应力过程线

应力显著降低的效果。对基础中心内部的应力变化过程存在一定的影响，但是总体上先受压后受拉的规律没有改变，同时也未能使内部后期的拉应力降低到允许拉应力以下。

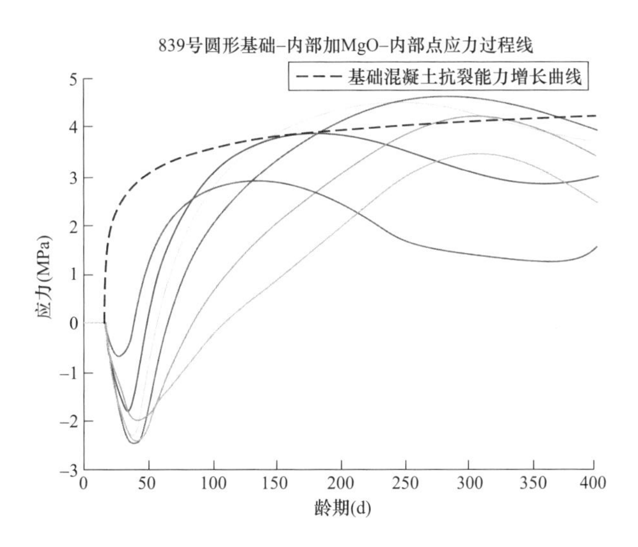

图 11-105　内部加 MgO 表面点应力过程线

综上所述，对于文献所载的掺加 MgO 后混凝土自生体积变形的变化规律，在 839 号风机基础所处的工程、环境条件下，目前各种掺加范围和方式，都没有取得显著的降低表面拉应力和内部拉应力的效果，并且可以看出，不合适的掺加方式和范围，还会造成风机基础表面拉应力的加大。

第12章　风机基础混凝土温控防裂工法

12.1　特　　点

（1）本工法对有限元计算软件 ANSYS 及其提供的 UPFs 用户可编程特性进行二次开发，编写考虑多种影响因素以及多种温控措施的具有一定通用性的风机基础温度场和应力场仿真模拟计算程序。可以在保证计算精度的前提下提高计算效率，为后续研究提供强大的数据支撑。

（2）本工法构建基于 BP 神经网络的风机基础温度应力预测模型，可以避免烦琐复杂的有限元仿真模拟计算，仅向预测模型中输入风机基础混凝土温度应力的各影响因素数值，便能快速得到风机基础混凝土温度应力的较高精度预测结果。

（3）本工法提出表面铺设保温层的温控措施，科学确定合适的保温材料及合理的保温时间，一方面可以减小基础表面的散热速率，降低基础内外温差，使混凝土表面产生的拉应力低于抗裂强度；另一方面可以降低因拆除保温层而产生的冷击应力，避免产生温度裂缝。

（4）本工法采用无线智能测温系统，在温度传感器上加装 Wi- Fi 模组实时采集混凝土内部的温度数据，构建高效无线监测网络提高了密集多点测温的便利性，实现全程无线采集、传输、存储、处理混凝土内部的温度数据，有效降低了传统测温技术中采用线缆传输的高成本和施工难度，具有良好的工程应用前景。

（5）该工法适用建于无地下水或地下水位低于基础建基面的圆盘式、空心式或筏板式的各类型风机基础。

12.2 工 艺 原 理

12.2.1 表面保温作用机理

混凝土在浇筑过程中，由于水泥的水化过程，风机基础内部会积蓄大量的水化热，当外表面拆模之后，表面温度骤降，内外形成的巨大温差导致内外应力不均衡，且此时混凝土强度较低，基础表面易产生温度裂缝。当在基础表面铺设合适厚度的保温层，可以有效降低基础混凝土内外温差，防止风机基础产生温度裂缝，保证风机基础混凝土的施工质量达到设计和规范要求的质量标准。

12.2.2 智能测温原理

无线测温系统由温度采集终端、温度数据集中器、温度监控中心三个部分构成。温度采集终端和温度数据集中器通过带 Wi-Fi 功能的 SoC 模块进行通信，使用 Wi-Fi 接口，在 PC 端和手机端同步接收。温度监控中心是最终的数据整合端，可以实时监控混凝土内部的温度变化，并对温度检测值进行存储、整理、分析等。

12.3 施工工艺流程及操作要点

12.3.1 施工工艺流程

施工工艺流程见图 12-1。

12.3.2 操作要点

1. 建立样本数据库要点

利用有限元软件 ANSYS 对不同风机基础计算方案进行温度场和应力场的模拟计算，将温度和应力计算结果与对应的方案参数建立一个数据库，为训练 BP 神经网络提供强大的数据支撑。在计算方案选择时应严格按照工程的作业环境、气候条件等方面的要

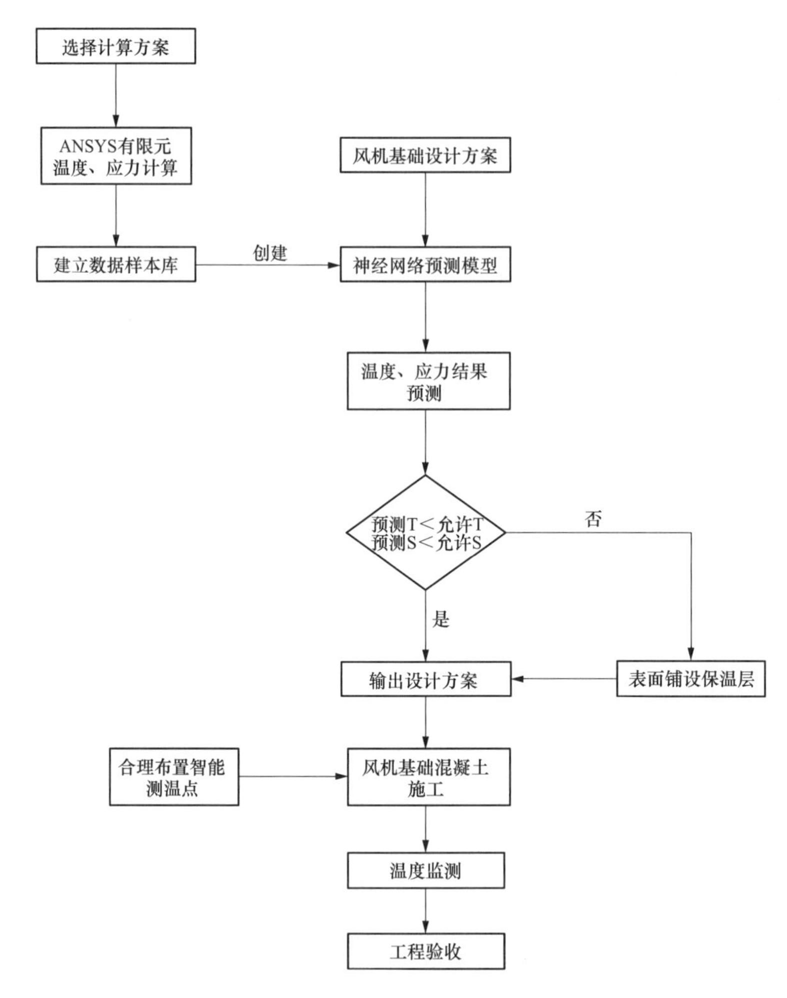

图 12-1　施工工艺流程图

求，合理优化混凝土的配比，尽可能选择低产热的材料。主要采取以下措施：

（1）选用水化热较低的水泥种类，并尽可能减少水泥的用量，如矿渣硅酸盐水泥。

（2）选择连续级配的石子，可以减少混凝土的收缩变形，而且应选择含泥量较小的骨料，不仅可以减小混凝土的收缩变形，而且会增强抗拉强度，提高抗拉性能。石子的含泥量控制在1%以内，砂的含泥量控制在2%以内。

（3）向混凝土中添加粉煤灰，不仅能够减少水泥用量降低水化热，而且能够增强混凝土的和易性，提高混凝土的强度。

（4）向混凝土中添加膨胀剂，其在水化过程中的水化产物可以使固相体积增大，因此在混凝土中掺入适量的膨胀剂，可抵消部分因后期降温产生的体积收缩，从而有效地防止混凝土出现开裂。

2. 表面保温层的铺设

理论分析和实践经验表明，表面保温是防止混凝土表面裂缝的最有效措施。本工法通过 BP 神经网络预测基础混凝土的温度应力场，通过与混凝土允许温度、允许应力的比对，若不满足应力要求，则根据温控策略选择合适的保温层类型及保温时间，且在保温层铺设过程中确保其与混凝土表面紧密接触，避免在保温层和混凝土之间形成流动空气空腔，造成混凝土表面热量的散失，以增大风机基础内外温差。同时由于风机基础包括斜面、直立面和水平面，因此在混凝土表面铺设保温层时，应针对不同部位采用不同的压实方法。

（1）聚苯乙烯泡沫板。聚苯乙烯泡沫板属于硬质板，施工方法通常有内贴法和外贴法两种，内贴法是在立模阶段直接将泡沫板钉在混凝土模板内侧，待混凝土浇筑完毕拆模后泡沫板留在混凝土面上，并与其紧密结合。外贴法是在拆模后，分别在混凝土表面和泡沫板内侧涂刷 A-1 型水泥复合胶结剂（或 704 胶加水泥），随后将保温板粘贴在结构面上，再用压板加压至紧密结合，4h 后拆除压板即可。若为永久保温，则需在保温板外表面刷一层 A-2 型聚合物水泥砂浆，以便对聚苯乙烯泡沫塑料板进行保护。

（2）聚乙烯泡沫保温被。聚乙烯泡沫保温被是以聚乙烯塑料颗粒为芯料制作成的保温材料，相较于聚苯乙烯泡沫板，其柔性好，弹性高，延伸率为 100%～255%，能够紧密贴合各种形状的混凝土表面和高低不平的仓面，不仅可用于风机基础斜面和环形直立面的保温，而且也可用在相邻浇筑层的间歇时段。由于易撕破，应在外部套一层帆布袋或者尼龙编织带。在施工过程中，靠近垫层部位的保温被用锚钉进行固定，四周边角用土压实，杜绝空气进入；在斜面和直立面上的保温被在铺设前应对其进行压实排气处理，并在其上用压板压实，为了防止保温被大风吹起，可在保温被上盖压沙袋。

（3）砂层保温。在正常情况下，两浇筑层之间停歇时间较短，在缺乏保温材料的情况下，也可用砂层进行保温。在实际施工中，为了防止产生干缩裂缝，砂层底部可以用湿砂，上部用干砂，中间用油毛毡隔开。

12.3.3 混凝土的测温技术

1. 测温点选择

测温区可以选择在基础混凝土对称轴线平面上，测温点的位置与数量可根据风机基础不同部位温度场和应力场的分布情况和变化规律进行确定。一方面，为了观测基础表面部位的温度变化情况，可沿距外表面 50mm 处的斜面、直立面和顶面分别布置测温点，且每个测温点的间距不宜大于 500mm；另一方面，可在表面测温点等高处的部位沿径向布置内部测温点，且每层测温点不宜少于 4 处。同时做好各部位测温点的编号记录。

2. 传感器固定

在传感器安装之前，应对其做好防水和密封处理，并紧密加装 Wi-Fi 模组，同时采用 ϕ6 圆钢做好钢筋笼保护罩，防止混凝土浇筑时的扰动。在固定传感器时尽量保证与结构钢筋和固定架金属体隔离。

3. 混凝土浇筑

混凝土浇筑和振捣时不得直接冲击和触及温度传感器。

4. 测温监控

风机基础混凝土内外温差是影响温度裂缝的重要原因，按照现行施工规范要求，大体积混凝土梯度温差不宜大于 25℃；在降温阶段，弹性模量迅速增加，约束拉应力也随时间不断增加，易因超过抗拉强度出现贯穿性裂缝。因此应实时监控降温过程中各部位的温度实时变化特性，降温速率不宜超过 2℃/d。可以设定每隔 30min 采集一次数据，以便更为精确地掌握混凝土内部和外部的温度变化，为研究基础内外温差变化规律提供最直接的数据。

12.3.4 温度监测质量控制

1. 质量标准

风机基础浇筑完成后，应实时通过温度传感器实时监测各部位的温度数据，监测标准应符合《大体积混凝土温度监测规范》的规定。

2. 质量把控

（1）测温点应在测点平面布置图上编号，确保每一个温度传感器输出数据与编号一一对应。

（2）测温过程中应派专人实时监控，动态管理。

（3）每隔 30min 进行一次观测，并将传导出来的温度数据进行整理归类，以防大量数据之间的错乱。

13

第13章 效 益 分 析

本书首次研制出大体积混凝土徐变温度应力的三维有限元模拟软件，使其具备进行大体积混凝土长历时温度场、徐变应力场有限元模拟的功能，并且软件可以计入详细的外界气温、风速、日照、表面保护、水管冷却等边界条件的变化过程，为今后国内外各种工况条件下的风机基础设计提供坚实的理论指导和高效便捷的计算手段。

基于大数据训练分析，首次研发出 BP 神经网络大体积混凝土温度应力预测模型。可根据不同风机基础结构类型的混凝土参数、外界环境参数及施工参数，高效精准地对大体积混凝土的温度应力进行预测。结合实际工程特点选择出最利于结构稳定的材料性能，通过优化混凝土配比，节约水泥用量，并为设计方案的选择和温控措施的选取提供参考。既提高了结构的整体性和安全性，又极力缩短了工程的设计周期。其对于延长风机基础工程寿命、提高施工质量等方面具有较大的发展前景和潜在的社会效益。

研究成果已成功应用于中国江苏、安徽，以及乌克兰、越南等多个依托工程，累计使用规模达 850MW。

利用 BP 神经网络大体积混凝土温度应力预测模型，准确计算出八边形筏板基础和空心圆盘基础在当地气候条件下的温度和应力情况，预算判断出基础混凝土的裂缝情况，并采用表面覆盖保温层的温控措施极大限度地控制基础内外温差，通过安装在内部的无线测温仪实时观测基础不同部位在运行期的温度数据，发现内外温差始终保持在 25℃以内，结构整体性良好，并未产生表面和内部裂缝，应用效果良好。

参 考 文 献

[1] 薛桁，朱瑞兆，杨振斌，袁春红．中国风能资源贮量估算 [J]. 太阳能学报，2001（2）：167-170.

[2] 林建宁，刘军华，李生庆，等．泵送混凝土施工裂缝的成因和防治 [J]. 混凝土，2000（5）：15-19.

[3] 张永存，李青宁．混凝土裂缝分析及其防治措施研究 [J]. 混凝土，2010（12）：137-140.

[4] 朱伯芳．大体积混凝土温度应力与温度控制 [M]. 北京：中国水利水电出版社，2012.

[5] 黄国兴，惠荣炎，王秀军．混凝土徐变与收缩 [M]. 北京：中国电力出版社，2011.

[6] 蒋子阳．TensorFlow 深度学习算法原理与编程实战 [M]. 北京：中国水利水电出版社，2018.

[7] 李思源．基于 BP 神经网络的重力坝深层抗滑稳定分析 [D]. 大连理工大学，2021.

[8] 唐静娟．坝体材料分区对混凝土重力坝温度应力的影响研究 [D]. 大连理工大学，2021.

[9] 朱伯芳．混凝土极限拉伸变形与龄期及抗拉、抗压强度的关系 [J]. 土木工程学报，1996（5）：72-76.

[10] 马跃峰．基于水化度的混凝土温度与应力研究 [D]. 河海大学，2006.

[11] 罗锦华，吕伟荣，卢倍嵘，等．风力发电机基础裂缝成因及性状分析 [J]. 科学技术创新，2022.

[12] 周民强，陈世堂，周季．基于风况的风力发电机组选型设计 [J]. 机电工程，2011.

[13] 吕鹏远，邓志勇．风电场建设中的风力发电机组选型 [J]. 水利水电技术，2009.

[14] 周文．风电机组主轴轴系结构设计方法的研究 [D]. 华北电力大学（北京），2018.

[15] 理倞哲．圆形扩展风机基础混凝土温度应力分析与预测研究 [D]. 大连理工大学，2022.

[16] 赵建忠，李振杰，宓群．宁海电厂块状风机基础竖向裂缝分析 [J]. 电力建设，2004.

[17] 陈亮，柯敏勇．风机基础温度裂缝控制及实施效果 [J]. 山西建筑，2016.

[18] 田丰新．现浇混凝土风机塔筒及基础施工技术研究 [D]. 三峡大学，2018.

[19] 韩瑞，赵红阳，白雪源．陆上风电场工程施工与管理 [M]. 北京：中国水利水电出版社，2020.

[20] 王世明，曹宇．风力发电概论 [M]. 上海：上海科学技术出版社，2019.

[21] 刘永前．风力发电场 [M]. 北京：机械工业出版社，2013.

[22] 王殿喜．不良地基土处理与加固浅议 [J]. 城市建设，2010（24）：381-382.

[23] 代海旭．软弱夹层及围岩蠕变对水工隧洞混凝土温度应力的影响 [D]. 大连理工大学，2020.

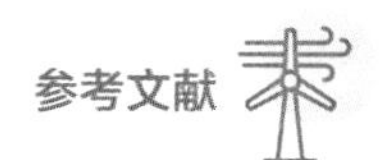

[24] 刘明华，杜志达，任金明，等．圆形扩展风机基础温度场和温度应力仿真分析［J］．水利与建筑工程学报，2022，20（2）：136-141.

[25] 朱兆聪．寒冷地区中小型碾压混凝土重力坝温控防裂措施研究［D］．大连理工大学，2019.